计算机系列教材

数据结构与算法
（Python版）

余久久 蔡政策 虞焰兴 主 编

凌　勇 李昌群 唐　珊 陈　杰 王　嫱 副主编

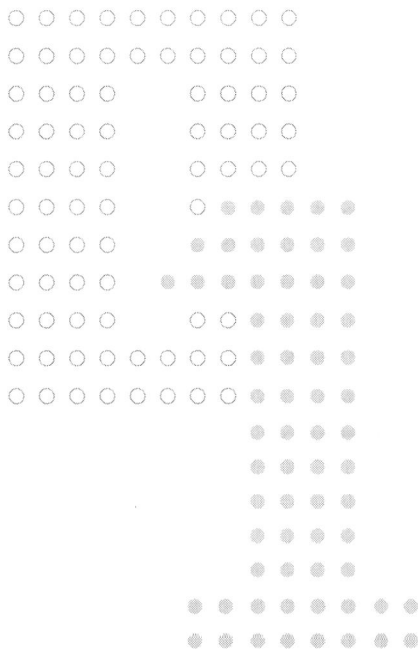

清华大学出版社
北 京

内 容 简 介

本书紧紧围绕《高等学校计算机专业核心课程教学实施方案》，并参照安徽省高等学校计算机教育研究会课程建设专业委员会提出的地方应用型本科"数据结构"课程教学大纲编写而成。全书共分为 8 章，第 1 章为绪论，主要介绍数据结构和算法的基本概念。第 2～4 章介绍线性数据结构的类型、特点及其操作算法等，其中，第 2 章具体介绍普通的线性表，第 3 章具体介绍栈与队列这样"操作受限"的线性表，第 4 章则具体介绍一些特殊的线性表(串)与推广的线性表(数组、广义表)。第 5、6 章介绍树与图，主要介绍具有非线性数据结构的树、图等较为复杂的数据结构特征及操作算法。第 7、8 章介绍查找与排序，主要介绍各种常见的查找与排序算法，以及优化存储结构的思想等。为了起到衔接课堂教学、方便实验教学的作用，本书附录给出了 6 个基础性的数据结构实验题，并配有完整的 Python 源代码，能够在 Python IDLE 环境下顺利运行，供学生上机调试参考。

本书难易适度，结构清晰，图文并茂，文字表达通俗易懂、实用性强。注重理论和实践的结合，强调 Python 程序算法设计素养与教育，可帮助读者进一步掌握数据结构的基本知识和技能，学会运用数据结构知识解决实际问题。

本书适合作为地方应用型本科高校计算机及相关专业"数据结构"课程的教材、计算机类专业硕士研究生入学考试"数据结构"课程的考研辅导书，也可作为高职院校软件技术类专业学生的课外学习辅导教材。还可以作为参加计算机程序算法设计相关学科竞赛的培训教材，以及对数据结构与算法知识感兴趣的各类企业 IT 人员与计算机爱好者的参考书。

图书在版编目(CIP)数据

数据结构与算法：Python 版/余久久，蔡政策，虞焰兴主编. -- 北京：清华大学出版社，2025.7.
(计算机系列教材). -- ISBN 978-7-302-69885-2

Ⅰ. TP311.12

中国国家版本馆 CIP 数据核字第 20252AS235 号

责任编辑：张　玥　薛　阳
封面设计：常雪影
责任校对：刘惠林
责任印制：刘　菲

出版发行：清华大学出版社
　　　　网　　　址：https://www.tup.com.cn，https://www.wqxuetang.com
　　　　地　　　址：北京清华大学学研大厦 A 座　　　　　　邮　　编：100084
　　　　社　总　机：010-83470000　　　　　　　　　　　　邮　　购：010-62786544
　　　　投稿与读者服务：010-62776969，c-service@tup.tsinghua.edu.cn
　　　　质量反馈：010-62772015，zhiliang@tup.tsinghua.edu.cn
　　　　课件下载：https://www.tup.com.cn，010-83470236
印　装　者：三河市少明印务有限公司
经　　　销：全国新华书店
开　　本：185mm×260mm　　　印　　张：15　　　字　　数：359 千字
版　　次：2025 年 8 月第 1 版　　　　　　　　　　印　　次：2025 年 8 月第 1 次印刷
定　　价：59.80 元

产品编号：106670-01

前　言

　　"数据结构"是本科计算机及相关专业的一门核心课程,也是计算机学科中的一门理论性较强的专业基础课。当我们用计算机求解实际问题时,必然涉及数据组织及数据处理,这些正是本课程的主要学习内容。所以,数据结构不仅是一般程序设计的必备知识,而且是设计其他应用系统程序的重要基础。数据结构与问题求解能力也是评判本科计算机类专业学生是否具有良好专业素养的标准。计算机类专业学生在学习时,要学会灵活运用各类数据结构和算法知识去解决生活中的一些实际问题。因此,掌握扎实的数据结构基本知识,对于今后的专业学习、各类中小型 Web 程序设计,以及大型软件系统开发与维护等格外重要。对于初学者来说,许多专业术语较为抽象,不容易理解和掌握,本书采用通俗的语言以及案例和图表讲解,便于读者真正理解和掌握。

　　党的二十大报告提出,坚持教育优先发展,科技自立自强,人才引领驱动,加快建设教育强国,科技强国,人才强国。随着国内人工智能及其相关技术的快速发展,作为学习人工智能技术的语言基础,Python 语言以语法简单易懂、开发速度快捷、擅长数据分析与处理、拥有强大的第三方工具库等优势,已被广泛地应用于诸多人工智能领域,已成为主流的计算机程序设计语言之一,受到越来越多的人青睐。国内各高校计算机类专业均开设了"Python程序设计"课程,因此,本书采用 Python 作为数据结构的描述语言,其相比于传统的 C/C++、Java 语言,更容易学习。通过学习本书的内容,读者既可以加深对数据结构基本概念的理解和认识,又能提高对各种数据结构进行运算分析与设计的能力,也为今后学习人工智能领域的相关知识打下坚实的语言基础。

　　本书共 8 章,面向地方应用型本科计算机类专业"数据结构"课程教学目标,系统地介绍了数据结构中的各类线性结构、树结构、图结构,以及查找、排序方法,并用通俗易懂的语言图文并茂地阐述了各种数据结构的逻辑关系,以及在计算机中的存储表示及其运算等,每章的学习目标中还都潜移默化地融入了元素。为了同步解决课程实验教学问题,附录部分详细给出了 6 个难度不大但具有代表性的数据结构实验。考虑到地方应用型本科计算机类专业学生的算法设计能力与编程水平有限,每个实验都给出了完整的 Python 源代码,能够在Python IDLE 环境下顺利运行,可供学生上机调试参考。本书参考学时为 52 学时(其中包括 12 个实验学时),各章的参考学时如表 1 所示。当然,在实际教学过程中,任课教师可根据实际教学安排适度增减教学内容或适时调整实验内容。需要说明的是,由于现在很多高校纷纷在国内一些知名 MOOC 平台上开设自己的"数据结构"课程,数据结构各类 MOOC/SPOC 学习资源也较为丰富,因此本课程若能采用"线上+线下"相结合的混合学习模式,教学效果会更佳,更好地培养学生的自主学习能力。

表1　学习内容参考学时分配表

学 习 内 容		参考学时
理论内容 （40 学时）	第 1 章　绪论	2
	第 2 章　线性表	4
	第 3 章　栈与队列	6
	第 4 章　串、数组与广义表	4
	第 5 章　树	8
	第 6 章　图	8
	第 7 章　查找	4
	第 8 章　排序	4
实验内容 （12 学时）	实验 1　顺序表的基本操作	2
	实验 2　链表的基本操作	2
	实验 3　利用顺序栈实现数制转换	2
	实验 4　二叉树的建立及递归遍历	2
	实验 5　二叉树的应用	2
	实验 6　折半插入排序算法的实现	2

　　本书是编者多年从事地方应用型本科高校"数据结构"课程的教学实践与感悟。是在对备课教案进行认真而系统的梳理后精心编写而成，同时也凝聚了多位一线任课教师的教学心血与教研成果。本书以安徽高校省级质量工程项目"卓越软件工程师培养计划"（编号：2023zybj062）、"课程视域下基于 OBE 的地方应用型软件工程人才培养模式创新与实践"（编号：2022jyxm494）、安徽省高校优秀拔尖人才培育项目"应用型本科软件工程专业新工科建设研究"（编号：gxbjZD2022087），以及安徽省高校优秀科研创新团队（编号：2023AH010064）为依托，系项目研究成果之一。

　　本书由安徽三联学院余久久、安徽国际商务职业学院蔡政策、安徽声讯信息技术有限公司虞焰兴担任主编。安徽财贸职业学院凌勇、安徽粮食工程职业学院李昌群与唐珊、滁州学院陈杰、安徽国际商务职业学院王嫱担任副主编，共同完成编写。余久久负责完成全书内容的统稿工作。在成书过程中，也得到了安徽三联学院智慧交通现代产业学院凤鹏飞、张继山以及我校相关领导的大力支持。此外，安徽声讯信息技术有限公司葛阿平、徐勇也为该书部分内容的编写工作提出了很多宝贵的建议，在此表示衷心的感谢。

　　本着学习与借鉴的目的，本书在编写过程中参考了大量同类数据结构与算法方面的书籍及相关文献资料，以及百度、IT 技术社区（论坛）、微信公众号、国内知名 MOOC 平台等推送的数据结构及算法应用方面的网络博文，在此谨向原作者表示诚挚的谢意。由于编者水平有限，加之时间仓促，书中的疏漏和不当之处仍在所难免，还望各位同行批评指正。

编　者

2024 年 7 月

目　录

第1章 绪 论

本章学习目标

- 了解数据结构的主要研究内容。
- 了解数据结构在计算机学科(专业)中的重要地位。
- 掌握数据结构中所涉及的一些基本概念和术语。
- 了解抽象数据类型。
- 了解算法的时间复杂度与空间复杂度。
- 掌握分析时间复杂度与空间复杂度的简易方法。

数据结构在计算机学科(专业)中拥有非常重要的地位和作用。数据结构是计算机有效存储、组织数据的方式,它决定了数据的存储效率和访问效率。数据结构的内容也是计算机及软件工程等领域的重要基础,对于提高程序运行效率、节省存储空间、保证数据正确性和解决实际问题等方面都具有重要的作用。

计算机发展至今,更多的是用于非数值计算,需要包括对各类字符(串)、图表等具有特定结构的数据进行处理,而这些数据之间往往是存在某种结构的。只有弄清楚数据之间存在的内在联系,才能合理地组织数据,并对它们进行有效处理。如何弄清楚数据之间的联系,通过合理地组织数据,设计出高效的算法,达到有效处理数据的目的,这就是数据结构课程主要学习的内容。本章主要介绍数据结构中的一些基本概念以及算法分析方法,强调算法设计应遵循的伦理规范和职业操守,培养学生的良好职业素养。

1.1 数据结构研究的内容

数据结构是什么?在正式回答这个问题之前,为了便于读者理解,本节先聊一聊传统家庭美食——红烧肉的烹饪过程。

红烧肉是一道大众菜肴,一般用铁锅烹饪。通常先在铁锅中加热适量的油,加入白糖,小火慢炒至糖融化并呈棕红色。选用肥瘦相间的优质五花肉,将其切成块状,把五花肉块放入锅中,用大火翻炒至两面微黄,并准备姜片、葱段、蒜片、八角、桂皮等香料,再加入料酒、生抽等调味料,翻炒均匀,如图1.1所示。再加入适量的汤汁,大火烧开后转小火,慢炖40分钟左右,直至肉块变酥软,汤汁收浓。最后把炖好的红烧肉盛出,至此美味的红烧肉烹饪完毕。

图1.1 烹饪红烧肉

在对红烧肉的烹饪过程中,锅里的食材(五花肉、香料、调味料、油、白糖、汤汁等)就可以看成红烧肉的"数据结构",其烹饪步骤就是制作红烧肉的"算法"。正所谓"处处是结构,处处皆算法!"当然,红烧肉的烹饪方法(做法)多达二三十种,不同的烹饪方法其口感是不同的。这也就说明,对于同样的数据结构,采用不同的算法,对结果的实现效果也是不相同的。

1.1.1　为什么要学习数据结构

计算机科学与技术是一门研究用计算机进行信息表示和处理的学科。这里涉及两个问题:信息的表示和组织,信息的处理。信息的表示和组织又直接关系到处理信息的程序的效率。随着应用问题的不断复杂化,导致信息量剧增与信息范围拓宽,使许多系统程序和应用程序的规模很大,结构又相当复杂。因此,必须分析待处理问题中的对象的特征及各对象之间存在的关系,这就是学习数据结构与算法这门课的重要原因。

1. 数据结构的地位

数据结构是计算机学科(专业)软件方向的核心,并为解决复杂的程序设计问题提供了基础。"数据结构"课程在计算机软件中的地位如图 1.2 所示。此外,从计算机应用能力的角度,数据结构也处于数学应用、计算机硬件和计算机软件中的核心地位,如图 1.3 所示。

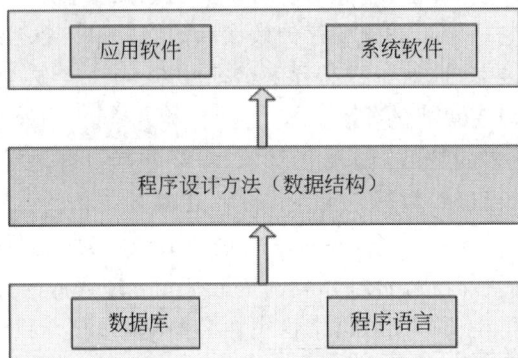

图 1.2　"数据结构"课程在计算机软件中的地位

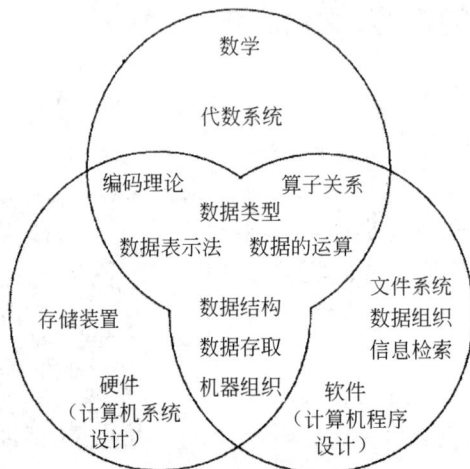

图 1.3　数据结构处在数学应用、计算机硬件和计算机软件中的核心地位

从提升解决问题的能力方面,数据结构又是解决各种计算问题的基石。学习数据结构有助于培养分析和解决复杂问题的思维能力,从而能够更迅速地找到问题的最佳解决方案。

从计算机类专业大学生学习的角度,表 1.1 列出了学好数据结构对于今后从事计算机程序设计及编程相关工作所起到的重要作用。

表 1.1　数据结构所起到的重要作用

重 要 作 用	内 容
提高编程能力	通过掌握数据结构和算法,程序员能更有效地组织和处理数据,从而提高代码的质量和可读性。这不仅使代码更加简洁和易于维护,还能确保其高效运行
提升解决问题的能力	数据结构和算法是解决各种计算问题的基石。学习它们有助于培养分析和解决复杂问题的思维能力,从而能够更迅速地找到问题的最佳解决方案
拓宽思维视野	学习数据结构和算法有助于拓宽编程和解决问题的思路。了解多种不同的数据结构和算法方法可以使用户在面对新问题时更加灵活多变,从而提高创新能力
建立复杂度意识	学习数据结构与算法让程序员建立时间复杂度和空间复杂度的意识,这对于编写高质量、性能优良的代码至关重要。通过权衡时间和空间成本,可以编写出既高效又经济的程序
优化资源利用	在计算资源有限的情况下,利用高效的数据结构和算法能够显著减少资源浪费。通过合理分配和使用内存、CPU 等计算资源,可以提高程序的执行效率,实现更快速的响应和更低的能耗

2. 数据结构的发展

N.沃思(Niklaus. Wirth)教授最早提出:计算机程序＝算法＋数据结构。关于计算机的主要用途,早期主要用于数值计算;后来其处理逐渐扩大到非数值计算领域,能处理多种复杂的具有一定结构关系的数据。在 20 世纪 60 年代,"数据结构"有关的内容初见于操作系统、编译原理和表处理语言等课程。到了 20 世纪 70 年代,"数据结构"被列入美国一些大学计算机学科的教学计划中。随着数据结构的概念不断扩充,逐渐包括网络、集合代数论、关系等"离散数学结构"的内容。自 20 世纪 80 年代后期,"数据结构"已成为我国高校计算机类相关专业的主干课程。

3. 为什么要学习数据结构

在说明为什么要学习数据结构之前,先看生活中的一个数学问题。

例如,有一块长 100cm、宽 60cm 的长方形纸板,需要平均切割成大小相等的正方形纸块,使得每个正方形纸块的面积能达到最大,请问最多可切割成多少个正方形纸块?

这个数学问题其实不难,归根结底还是对数值问题进行求解,可以通过 C/C++、Java、Python 等高级编程语言建立数学方程编程实现。从计算机程序设计求解问题的角度,人要和计算机进行有效交流,必须通过设计程序予以实现,如表 1.2 所示。简单地说,人是"问题求解"的设计方案者,计算机是"问题求解"的执行方案者,针对问题求解,图 1.4 则展示了设计方案与执行方案二者之间的过程联系。

表 1.2　程序设计中人与计算机的主要工作

主 体 类 别	工 作
人(程序设计者)	分析问题、确定解决方案、设计程序、编写程序
计算机	执行程序、最终获得问题的解

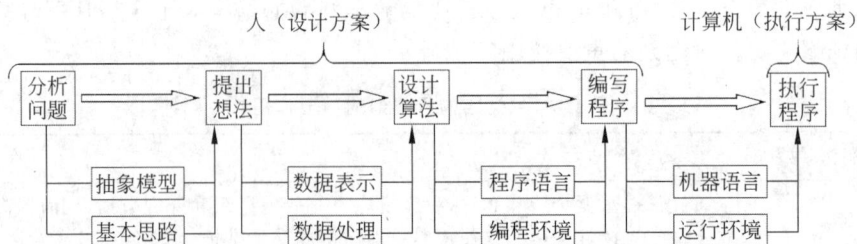

图 1.4　（人）设计方案与（计算机）执行方案二者之间的过程联系

但是在实际生活中，我们身边还会遇到很多非数值求解问题。

例如，新学期开始，某大一新生由于不熟悉校园环境，身边又没有老同学陪伴，不知道从食堂走哪条路能到上课的教室。当他用手机打开校园地图电子版，所在校园建筑物线路图便一目了然（如图 1.5 所示）。从当前食堂所在位置到教室有多条路，同样从上课教室返回食堂也有很多条回路，当然每条路径都可能会经历不同的校园建筑物（如体育馆、图书馆、篮球场等）。今后自己从食堂出发，如何选择一条"最短路径"到教室？在这个例子中，就充分体现了元素（校园建筑物）之间的多对多的关系。这种元素之间的"多对多"关系就不是数值求解问题，无法通过建立方程（函数）的形式进行求解，其实它反映的是一种数据结构中的"图结构"求解问题，是非数值求解问题。

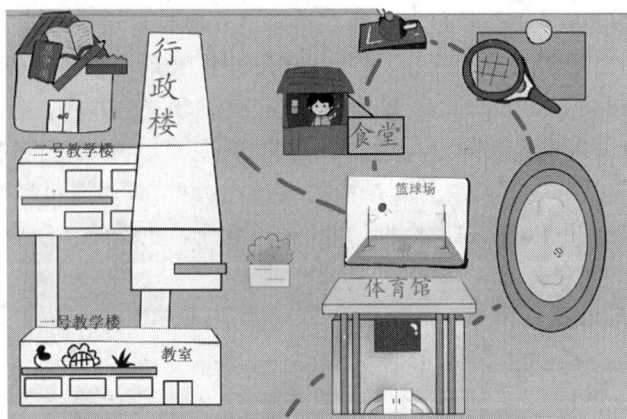

图 1.5　校园建筑物线路卡通图

再如，在某一栋楼房的楼梯间，我们拟从 1 楼到顶楼通过有线电视同轴电缆的分支器连接和分户，如何对同轴电缆布线，使得"家家都有电视看"并且所耗费的同轴电缆线长度最少？假设这种分支器输入为 1 个通道，输出为 n 个通道，分支器之间是一种层次关系的数据结构。实际上，其构成了一种"一对多"的关系，层层分支，整个线路就构成了树状结构。这就是数据结构中的"树（状）结构"求解问题，也是非数值求解问题。

1.1.2　数据结构中的例子

实际上，数据结构的研究内容就是研究非数值计算的程序设计问题中计算机的操作对象以及它们之间的关系和操作。通常，我们把数学问题求解归结为两大类数据求解模型，即对数值问题的求解和对非数值问题的求解，如表 1.3 所示。

表 1.3 数值问题和非数值问题的求解模型

数 学 问 题	数据求解模型
数值问题	各类数学方程
非数值问题	线性表、栈、队列、树、图等数据结构

对于数值问题的求解,可以建立相应的数学方程完成计算过程。例如,预测某地区人口增长情况,采用的数据求解模型为常微分方程;求解全球天气预报问题,就需要建立二阶椭圆偏微分方程作为数据(问题)求解模型。此外,像计算数学领域中的差分法、高斯消元法、拉格朗日插值法、有限元法等算法,都可以通过建立相应的数学方程来求解相应的数值问题。但是数据结构主要研究的是非数值求解(计算)问题,无法用数学方程建立数据求解模型。在介绍数据结构的研究内容之前,下面先通过生活中的几个例子予以说明。

1. 线性表——学生考勤查询系统

假设某班级为加强学风建设,欲对班级学生日常上课中出现的一些非正常出勤情况进行统一管理。通过建立考勤异常记录表,记录了每天班级学生的非正常出勤情况。数据应包括学生的学号、姓名、日期(时段)、课程和非正常出勤事由,如表 1.4 所示。辅导员可以在这张表中进行相应数据查询(查找)。班级每个学生(非正常考勤)信息按照其学号顺序排列,形成了学生基本信息记录的线性序列,不同的学生基本信息之间呈简单的线性关系。

表 1.4 班级考勤异常记录表

学　　号	姓名	日期(时段)	课　　程	非正常出勤事由
2021000023	李明	2023.9.8/1—2 节	软件需求分析	旷课
2021000027	何文	2023.9.8/3—4 节	软件项目管理	事假
2021000030	王飞	2023.9.8/3—4 节	软件项目管理	早退
2021000039	张荣	2023.9.8/5—6 节	计算机专业英语	旷课
2021000045	刘丽	2023.9.8/7—8 节	平面设计软件	病假
2021000047	赵勇	2023.9.8/7—8 节	平面设计软件	迟到

诸如此类的线性表结构还有很多,如学生信息管理系统中的学籍信息表、图书馆管理系统中的书目信息表等,在此就不一一列举。在这类问题中,计算机处理的对象是各类表,表中各元素(又称行元素、元组)之间存在的是简单的"一对一"线性关系。也就是说,表中除了第一行元素与最后一行元素之外,其余每个元素都有一个前驱(上一行)元素和一个后继(下一行)元素。这类问题的数据求解模型就是数据结构中的各种线性表。对于一个线性表,可以进行插入(新元素)、删除(已有元素)、查找(某个元素及其所在位置)等操作。

2. 树——磁盘目录文件系统与人机对弈(下棋)问题

计算机磁盘根目录下有很多子目录及文件,每个子目录里又可以包含多个子目录及文件,但每个子目录只有一个父目录,以此类推。例如,图 1.6 就是某计算机本地 C 磁盘下的目录文件结构。本问题是数据结构中一种典型的树(状)结构问题,数据与数据呈"一对多"的关系,即在文件存储结构中,一个父目录下会存在多个子目录,但是一个子目录的上面只有一个父目录。

图 1.6　C 磁盘的目录文件结构

同样，人工智能领域中的人机对弈（下棋）问题也是一个经典的数据结构中的树结构问题。人机之所以能够对弈，就是因为计算机已经预存了对弈的策略。人机对弈的过程是在一定规则下随机进行的，为了使计算机能够灵活应对，就必须考虑到其在与棋手（人）对弈过程中对所有可能发生的（棋手每一步走棋）情况进行预判以及实时做出相应的对策。

以具体的例子来说，如井字棋，初始状态是一个空的棋盘格局。对弈开始后，每下一步棋，都会构成一个新的棋盘格局，且对于上一个棋盘格局的情况可能有多种选择，从而整个对弈过程如同一棵"倒长"的树，如图 1.7 所示。

在如图 1.7 所示的"对弈树"中，从初始状态（可以视为"树根"）到某一最终格局（可以视为"叶子"）的一条路径，就是一次具体的对弈过程。这整个过程可以视为一棵"倒长"的树，这就是数据结构中的一种树结构数据模型，具有重要的研究意义。在这类树结构问题中，元素之间存在的是一种"一对多"的层次关系。在数据结构中，这类数据模型称为"树"。

总的来说，人机对弈问题在数据结构中主要关注的是计算机如何有效地表示和处理对弈过程中的各种状态，以及如何利用预设策略来指导计算机做出下一步决策。

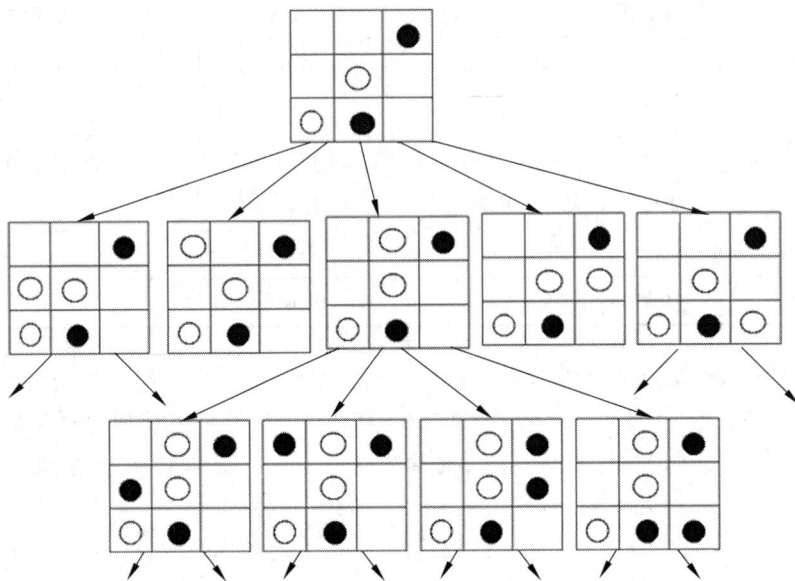

图 1.7　人机（井字棋）对弈树

3. 图——城市交通图

当我们打开某一省份的交通地图时，会看到该区域从一个城市到另一个城市可以有多条路径。本问题是一种典型的网状结构问题，数据与数据呈多对多的关系，是一种非线性关系结构。例如，如图 1.8 所示为某一省份部分城市之间的交通模拟图。

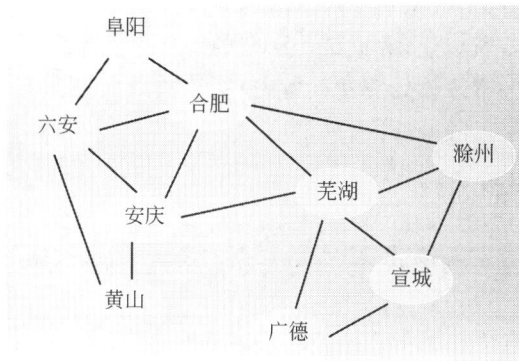

图 1.8　城市交通模拟图

实际中,当我们从一个城市到达另一个城市时,假设这两个城市之间存在多条道路(路径),由于历经的每条路线交通费不同,我们可能会思考"到底选择哪一条路线所花费的交通费会最少"。所以,这就是数据结构中的最短路径问题,也是计算机图论研究中的一个经典算法问题,旨在寻找图(由结点和路径组成的)中两结点之间的最短路径。

最短路径问题的数据求解模型就是数据结构中典型的图结构,核心算法是求解图中任意两个结点之间的最短路径。在图结构中,一个结点与另一个结点之间可能存在的是"多对多"关系,这类数据模型称为"图"。还有像网络通信图(图 1.9)、关键路径图(图 1.10)等都是数据结构中的图结构。

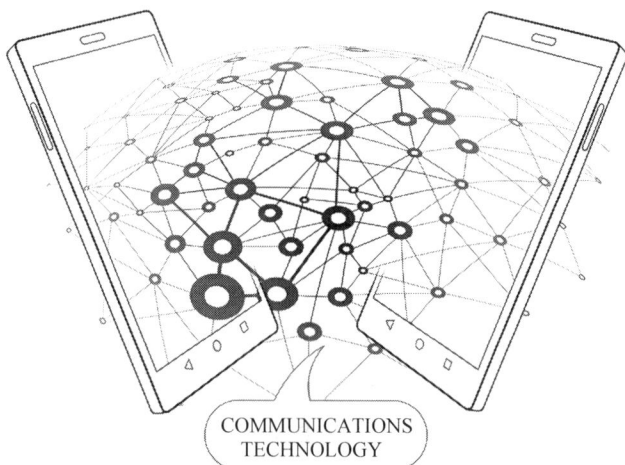

图 1.9　网络通信图

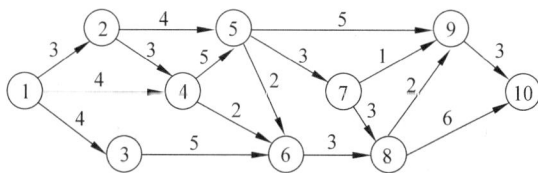

图 1.10　关键路径图

从上面的实例可以看出，数据结构中求解的问题并不是数值（计算）问题，而是诸如线性表、树、图等非数值问题。所以说，数据结构研究的是非数值计算问题。进一步说，数据结构研究非数值计算领域中的程序设计算法问题，包括算法中的操作对象及这些操作对象之间的关系。

1.1.3 数据结构研究的内容

数据结构研究的内容主要包括三方面：数据的逻辑结构、数据的存储结构，以及定义在这些结构上的数据运算。

数据的逻辑结构：这是从逻辑关系上描述数据的，它与数据的存储无关，是独立于计算机的。数据的逻辑结构可以看作从具体问题抽象出来的数学模型。

数据的存储结构：这是逻辑结构在计算机存储器中的表示（又称映像），它包括数据元素的表示和关系的表示。数据的存储结构是逻辑结构用计算机语言的实现，它依赖计算机语言。对机器语言而言，存储结构是具体的，但一般把逻辑结构称为抽象的，而介于逻辑与存储之间的是数据的表示。

数据的运算：定义在数据结构上的运算，即对数据的操作。这些运算的定义是依赖逻辑结构的，运算的实现是依赖存储结构的。

总的来说，数据结构是计算机存储、组织数据的方式，是指相互之间存在一种或多种特定关系的数据元素的集合。它是计算机科学的一个重要基础，无论是编译程序、操作系统、数据库，还是人工智能、模式识别等领域，都离不开数据结构。

1.2 数据结构中的基本概念

本节将对数据结构中所涉及的一些基本概念给出确切的定义，并通过生活中的实例予以充分描述，初学者需要认真学习并领会，不能混淆。

1.2.1 基本概念与术语

1. 数据

数据一词是抽象的，通常指对客观事物的抽象描述（一般用符号表示）。在计算机科学领域，数据指的是所有能输入计算机中并被计算机加工（处理）的一切信息的总称，一般以符号形式描述客观事物。例如，数学计算中的整数与小数、文本编辑中的字符串、多媒体程序中的视频与声音，以及学籍管理系统中的学生户籍表等。可见，数据可以分为数值性数据与非数值性数据两大类。

2. 数据元素

数据元素是数据的基本单位，也称为结点或记录，是一个数据整体中可以标识和访问的数据个体。数据元素用于完整地描述一个对象。例如，在前面的实例中，班级考勤异常记录表中的某条学生记录、人机（井字棋）对弈树中的一个"棋盘格局"、城市交通图中某个（城市）结点等都可以看作一个数据元素。

3. 数据项

数据项是对客观事物某方面特性的数据描述，是数据的不可分割的最小单位。对于班级考勤异常记录表中的某条学生记录,其每一列就是一个数据项。数据项是具有独立含义的数据最小单位,也称为"数据域"。

4. 数据对象

数据对象是具有相同特性数据元素的集合,是数据的一个子集,对于数值性数据对象,通常可以用集合的形式描述。例如,整数数据对象描述为 $N=\{0,1,2,3,\cdots\}$;26 个大写英文字母数据对象描述为 $\{A,B,C,\cdots,Z\}$。当然,班级考勤异常记录表也可以是一个数据对象。实际上,无论是数值性数据对象,还是非数值性数据对象,都是数据对象,因为数据对象中的每个元素的性质均相同。

为了方便初学者理解,图 1.11 通过一个学生信息表的形式形象地描述了数据、数据元素、数据项,以及数据对象的概念及联系。

姓名	班级	学号
小明	30201	12
小红	30202	7
小方	30202	32

姓名	课程名	成绩
小明	高数	85
小红	高数	90
小红	英语	88

图 1.11 学生信息表中的数据、数据元素、数据项与数据对象

1.2.2 数据结构

数据结构是相互之间存在的一种或多种特定关系的数据元素的集合。简单地说,数据结构是带"结构"的数据元素的集合,"结构"就是指数据元素之间存在的关系。数据结构包括数据的逻辑结构与数据的存储结构两个层次。

1. 数据的逻辑结构

数据的逻辑结构是从逻辑关系上来描述数据,与数据的存储(位置)无关。数据的逻辑结构有两个重要的要素,一是数据元素,二是数据之间的关系。这里的关系指的是数据之间的逻辑(抽象化的、独立于具体计算机磁盘位置的)关系,是从具体问题抽象出来的数据模型。在数据结构中,逻辑结构分为以下 4 类。

1) 集合结构

数据元素之间除了同属于一个集合的关系外,无任何其他关系。例如,如图 1.12 所示为一个负整数集合,即该集合内的所有元素都是负整数。如图 1.13 所示为一个正实数集合,即该集合内的所有元素都是正实数。

2) 线性结构

结构中的数据元素之间存在着某种"一对一"的线性结构。例如,在图 1.14 中,数据元素之间就存在一种先后(顺序)的次序关系,A 是 B 的前驱,C 是 B 的后继。当然,在线性结构中,数据元素之间存在的可以不是一种先后的次序关系,但相互之间必须是"一对一"的链式关系,如图 1.15 所示。

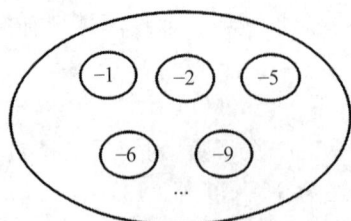

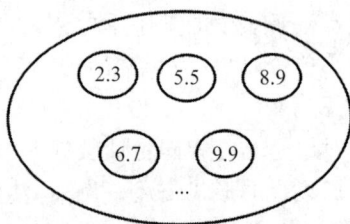

图 1.12　负整数集合　　　　　　　　　　图 1.13　正实数集合

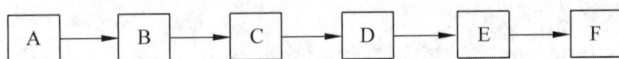

图 1.14　数据元素之间的先后（顺序）关系

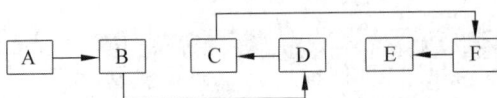

图 1.15　数据元素之间的链式关系

在数据结构中，线性表、栈、队列、串、数组都是线性结构，树与图则是非线性结构①。

3）树结构

树结构中的数据元素之间通常存在着一对多的层次关系。例如，在一些企业人事管理体系中，一名企业高管会管理多个项目组长，一个项目组长会管理多个项目成员，这就是一种典型的树结构。树结构如图 1.16 所示。

需要说明的是，树结构中并不要求所有的元素与元素之间必须存在“一对多”的关系。例如，在图 1.16 中，元素 C 与元素 G 之间存在的仍是“一对一”关系，这是允许的，请初学者务必注意。

4）图结构

在图结构中，数据元素之间存在着多对多的关系。例如，多个城市之间的交通路线图就是一种典型的图结构，如图 1.17 所示。图中的数据元素（圆圈结点）可以表示具体的城市，结点之间的数值可以表示城市之间的距离、行车时间、交通费用等权值，结点之间是多对多的关系。

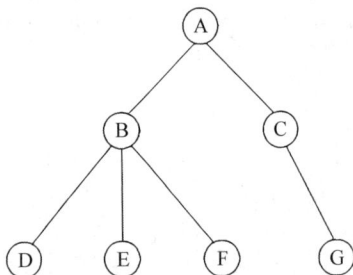

图 1.16　树结构

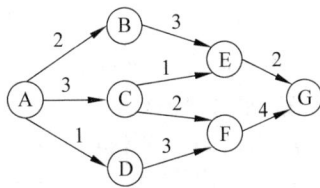

图 1.17　图结构

① 关于数据结构中的广义表，普遍观点认为，广义表是线性表的推广，是推广的线性结构。但是也有观点认为其是一种非线性结构。

2. 数据的存储结构

数据的存储结构又称为数据的物理结构,即数据对象在计算机(存储器)中的存储及其逻辑关系的表现,通常用一个结点表示计算机内的一个数据元素。数据的物理结构有顺序存储与链式存储两种结构。

1) 顺序存储

顺序存储结构中,用元素之间存储的相对位置表示元素之间的关系。例如,C 程序设计中的数组类型结构中,元素与元素之间就是一种顺序存储结构。也就是说,只要知道数组中首元素的物理地址与元素的数据类型长度(即一个元素在计算机中所占的字节数),就可以计算出该数组中其余元素所在的物理位置。

例如,图 1.18 表示某一维数组元素在计算机中的顺序存储位置,每个元素占 m 字节单元(长度为 m)。假设元素 1 的地址为 L_0,则元素 i 的地址 $\mathrm{Loc}(元素\ i) = L_0 + (i-1) \times m$。

此外,如前面的"班级考勤异常记录表"中,每个学生数据元素(记录)为一个结点,表中不同的学生元素之间也是顺序存储结构。假设每个学生元素在计算机中占 100 字节单元,"李明"同学所在的学生数据元素的(首)地址为 80,数据元素按照由低地址向高地址方向存储,则每个学生数据元素的地址如表 1.5 所示。

存储地址	存储内容
L_0	元素1
L_0+m	元素2
	…
$L_0+(i-1)\times m$	元素i
	…
$L_0+(n-1)\times m$	元素n

图 1.18　一维数组元素在计算机中的顺序存储位置

表 1.5　附带数据元素(首)地址的班级考勤异常记录表

(首)地址	学　号	姓名	日期(时段)	课　程	非正常出勤事由
80	2021000023	李明	2023.9.8/1—2 节	软件需求分析	旷课
180	2021000027	何文	2023.9.8/3—4 节	软件项目管理	事假
280	2021000030	王飞	2023.9.8/3—4 节	软件项目管理	早退
380	2021000039	张荣	2023.9.8/5—6 节	计算机专业英语	旷课
480	2021000045	刘丽	2023.9.8/7—8 节	平面设计软件	病假
580	2021000047	赵勇	2023.9.8/7—8 节	平面设计软件	迟到

2) 链式存储

在链式存储结构中,为了表示数据元素(结点)之间的关系,需要给每个数据元素后面附加指针字段,用于存放其后继元素的存储地址。在高级程序语言设计中,链式存储结构通常借助指针(变量)来描述。在 C 语言或 Python 语言中,指针变量中存储的不是这个元素具体的内容(数值),而是这个元素所在的计算机存储器中的地址。

假设对如表 1.5 所示的班级考勤异常记录表中的每个学生数据元素(结点)附加一个"下一个结点地址",即后继指针字段,用于存放当前元素"后继(下一个)"元素的首地址,从而可以得到如表 1.6 所示的班级考勤异常记录表链式存储结构。当然,为了更清晰地反映链式存储结构,班级考勤异常记录表可以用直观的链式存储结构示意图来表示,如图 1.19 所示。

表 1.6　班级考勤异常记录表链式存储结构

（首）地址	…	姓　名	…	后继结点的首地址
80	…	李明	…	180
480	…	刘丽	…	580
280	…	王飞	…	380
180	…	何文	…	280
580	…	赵勇	…	^
380	…	张荣	…	480

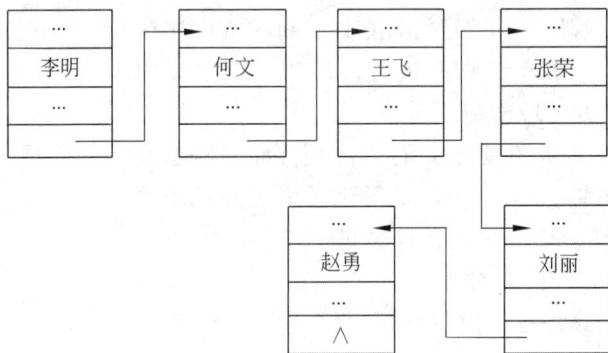

图 1.19　链式存储结构示意图

3. 数据的运算

在数据结构中，对于数据的任意一种逻辑结构，对数据元素常见的运算有插入、删除、查找、排序及修改等，后文会一一介绍。

1.3　数据类型的表示与实现

数据类型表示数据的种类，如整数、浮点数、字符串等，并通过程序设计语言中的特定关键字或结构来定义。数据类型的实现则涉及在内存中如何存储这些数据，以及如何执行与这些数据相关的操作。本节将对数据类型和抽象数据类型两个概念进行介绍。

1.3.1　数据类型

数据类型（Data Type）由一组值的集合和在该集合之上可以进行的操作两部分组成。数据类型与程序设计语言相关，它定义了存储在计算机内存中数据的种类，决定了数据在计算机中的存储方式、取值范围以及可以进行的操作。例如，Python 语言中的整型数据是整数（取值范围与机器相关），整型数据可以进行的操作有加、减、乘、除、幂和取模等算术运算，等于、不等于、大于和小于等比较运算，按位与、按位或、左移和右移等位运算；字符串类型数据是字符的有序集合，字符串不能进行算术运算，可以进行比较运算、索引和切片等操作。Python 语言提供的数据类型有整型、浮点型、复数、字符串等基本数据类型，列表、元组、集合、字典等组合数据类型，还允许用户定义自己的数据类型，即类。Python 是一种动态类型语言,变量不需要提前声明类型,其类型会在运行时根据赋值的内容自动确定。

变量赋值和查看变量类型示例,用 Python 代码段描述如下。

```
>>> #整数
>>> num=123456
>>> type(num)
<class 'int'>
>>> #浮点数
>>> float_num = 123.456
>>> type(float_num)
<class 'float'>
>>> #字符串
>>> text = "Hello!"
>>> type(text)
<class 'str'>
>>> #列表
>>> my_list = [1,2,3,'a','b','c']
>>> type(my_list)
<class 'list'>
>>> #类
>>> class Student():
def __init__(self,name,age):
self.name = name
self.age = age
>>> Ning = Student("NingX", 20)
>>> type(Ning)
<class '__main__.Student'>
```

1.3.2 抽象数据类型

抽象数据类型(Abstract Data Type,ADT)可被视作一种数学模型,它定义了具有共通行为特性的特定类别数据结构,或是为一种或多种程序设计语言提供具有类似语义的数据类型。其定义取决于一组逻辑特性,而非直接关联计算机内部的物理表示方式。因此,不论抽象数据类型的内部结构如何调整、变化,只要其数学基础与核心特性保持不变,其对外界的应用与交互便不会受到影响。这一特性赋予了抽象数据类型高度的灵活性和适应性,使得开发者能够专注于数据的逻辑行为,而无须过分纠结具体的实现细节。

抽象数据类型的具体定义一般包括三部分:数据对象、数据对象上关系的集合,以及对数据对象的基本操作的集合。定义格式如下。

```
ADT 抽象数据类型名
{
    数据对象: <数据对象的定义>
    数据关系: <数据关系的定义>
    基本操作: <基本操作的定义>
}
```

其中,数据对象是具有相同特性的数据元素的集合,数据关系是对这些数据元素之间逻辑关系的描述,基本操作是定义在该数据对象和数据关系上的一组预先指定的、标准的操作或方法,这些操作定义了如何创建、访问、修改和删除数据元素,以及如何管理这些元素之间的关系。

下面以字符串为例,给出其抽象数据类型的定义,具体如表 1.7 所示。

表 1.7　字符串的抽象数据类型定义

数据对象	DataSet＝$\{a_i \mid a_i \in$ 字符组成的序列,$i=1,2,\cdots,n,n \geqslant 0\}$ 每个字符可以是字母、数字、标点符号、空格或其他 Unicode 字符		
数据关系	$R=\{<a_{i-1},a_i> \mid a_i-1,a_i \in$ DataSet$,i=1,2,\cdots,n\}$ 字符串中的字符按照它们在序列中出现的顺序排列。 字符串有一个起始位置和一个终止位置。 字符串的长度是其中字符的数量		
基本操作	**序号**	**操 作 名 称**	**操 作 说 明**
	1	length(S)	返回字符串 S 的长度,即字符的数量
	2	get(index)	返回字符串中指定索引 index 处的字符。 如果索引超出范围,则抛出异常
	3	is_empty()	返回一个布尔值,表示字符串是否为空(即长度为 0)
	4	substring(start,end)	返回一个新的字符串,它包含从索引 start(包含)到索引 end(不包含)之间的字符。 如果索引超出范围,则抛出异常
	5	concat(other_string)	将另一个字符串 other_string 连接到当前字符串的末尾,并返回结果字符串
	6	contains(substring)	返回一个布尔值,表示当前字符串是否包含指定的子字符串
	7	index_of(substring)	返回子字符串在当前字符串中首次出现的位置的索引。如果子字符串不存在,则返回-1
	8	replace(old_substring, new_substring)	在当前字符串中,将所有出现的 old_substring 替换为 new_substring,并返回结果字符串
	9	to_upper(S)	返回一个新字符串,其中当前字符串 S 的所有字符都被转换为大写
	10	to_lower(S)	返回一个新字符串,其中当前字符串 S 的所有字符都被转换为小写
	11	copy(S,new_string)	由字符串 S 复制产生新字符串 new_string
	12	compare(S,T)	若 $S>T$,则返回值>0;若 $S=T$,则返回值$=0$;若 $S<T$,则返回值<0

抽象数据类型通过定义数据对象及其相关操作,为数据结构提供了明确的规范。这使得数据结构的设计者能够清晰地知道数据结构应该支持哪些操作,以及这些操作应该如何实现。同时,也为数据结构的使用者提供了明确的接口,使得他们可以在不了解数据结构具体实现细节的情况下,正确地使用数据结构。

抽象数据类型将数据的表示与操作相分离,隐藏了数据的具体实现细节。这种分离使得数据结构的实现可以更加灵活,可以根据具体需求选择不同的表示方式。同时,也保护了数据的内部状态,防止了外部对数据的非法访问和修改。

通过抽象数据类型,可以将数据结构的设计和实现封装成独立的模块。这些模块可以在不同的程序之间重用,提高了代码的复用性和可维护性。此外,抽象数据类型还可以作为软件设计的基本构件,通过组合和扩展抽象数据类型,可以构建出更加复杂、功能更加丰富的软件系统。

抽象数据类型为数据结构的教学和学习提供了清晰的框架。通过学习和理解抽象数据类型的概念和原理,学生可以更好地掌握数据结构的基本知识和技能,为后续的学习和实践打下坚实的基础。

抽象数据类型与面向对象编程中的类的概念非常相似。在面向对象编程中,类是对现实世界中的事物进行抽象和建模的基本单位,而抽象数据类型则是对数据及其相关操作进行抽象和建模的基本工具。因此,抽象数据类型为面向对象编程提供了重要的理论支持和实践指导。

综上所述,抽象数据类型在数据结构设计中有非常重要的作用。通过定义明确、隐藏实现细节、模块化和重用、便于教学和学习以及支持面向对象编程等方面的作用,抽象数据类型为数据结构的设计、实现和应用提供了强大的支持和便利。

1.4　算法与算法分析

算法是解决问题的步骤序列,而算法分析是评估这些步骤序列的性能(如时间复杂度、空间复杂度)以确定其效率和可行性。本节将从算法的定义及特性、算法的时间复杂度和空间复杂度分析方面对算法与算法分析进行介绍。

1.4.1　算法的定义及特性

算法(Algorithm)是解决问题的步骤的精确描述或一系列指令的集合,这些指令使计算机能够执行特定的任务或解决特定的问题。

算法通常具有以下特性。

1. 明确性

算法的每个步骤都必须是明确且没有歧义的。这意味着对于算法的每一步,都必须有精确的定义和明确的操作。

2. 有限性

算法必须在有限的时间内完成,即算法的步骤数量是有限的。这意味着算法不能包含无限循环或无限递归等可能导致无限执行时间的结构。

3. 无二义性

对于相同的输入,算法应该总是产生相同的输出。这意味着算法的执行结果应该是确定的,不受其他外部因素的影响。

4. 可行性

算法的每一步都必须是可行的,即每一步都可以在有限的时间内完成。这意味着算法不能包含无法在计算机上执行的操作或步骤。

5. 输入

算法通常接收一个或多个输入值。这些输入值可以是数据、参数或其他信息，用于指导算法的执行。

6. 输出

算法必须产生一个或多个输出值。这些输出值可以是计算结果、决策或其他信息，用于表示算法对输入数据的处理结果。

7. 有效性

算法应该能够有效地解决问题。这意味着算法应该具有合理的执行时间和空间复杂度，以便在实际应用中能够高效地运行。

8. 可描述性

算法应该可以用自然语言或编程语言进行描述。这使得人们可以理解和实现算法，并将其应用于实际问题中。

一个简单的算法示例是计算两个整数的和。这个算法可以描述为以下步骤。

（1）接收两个整数作为输入（例如，A 和 B）。

（2）将 A 和 B 相加得到结果 C（即 $C=A+B$）。

（3）输出结果 C。

这个算法是明确的、有限的、无二义的、可行的、有效的和可描述的，并且可以接收输入并产生输出。

需要说明的是，算法和程序不是同一个概念。算法是解决问题的方法和步骤的抽象描述，而程序是算法在具体编程语言中的实现和实例化。算法是独立于任何实现技术的，它可以用自然语言、伪代码、流程图或其他形式来描述。程序是算法用某种编程语言的具体实现，是计算机可以直接执行的一组指令，通常被编译或解释成机器语言来执行。

在运用计算机解决实际应用问题时，不仅要精心挑选与问题相匹配的数据结构，更要确保拥有优质的算法来支持问题的求解过程。算法的卓越性，通常基于其是否能够在以下几方面表现出色来进行评判。

（1）正确性。正确性指算法能够正确地解决给定的问题。正确的算法应该能够对于所有合法的输入，能在有限的时间内得出正确的结果。

（2）可读性。可读性指人们理解和阅读算法的难易程度。好的算法应该具有清晰的逻辑结构和简洁明了的代码实现，方便人们理解和维护。

（3）健壮性。健壮性指在异常情况下，算法能够正确处理并给出相应的提示或错误信息，而不是崩溃或产生不可预知的结果。一个健壮的算法能够更好地适应各种复杂环境和异常情况。

（4）高效性。高效性指算法在解决特定问题时所表现出的性能优势，特别是在执行时间和资源消耗（如内存空间、处理器时间等）方面。一个高效的算法能够在较短的时间内完成计算任务，同时消耗较少的计算资源。通常用时间复杂度来度量算法的时间效率，用空间复杂度来度量算法的空间效率。

1.4.2　算法的时间复杂度

算法效率分析的目的在于评估算法的性能，以便在实际应用中选择最适合的算法。衡量算法效率的方法主要有以下两种。

1. 事后统计法

直接通过实际运行算法程序并记录其运行时间和空间消耗来评估算法效率的方法。这种方法依赖实际的计算机环境和测试数据，容易掩盖算法本身的优劣。

2. 事前分析估算法

在设计算法阶段就对其效率进行评估的方法。它通过分析算法中基本操作的执行次数和频率，预测算法在不同问题规模下的性能表现。这种方法有助于在算法设计阶段就发现问题并进行优化，提高算法的效率。

事前分析估算法在计算机程序编制前，依据统计方法对算法进行估算。这意味着它不需要将算法转换为可执行程序，从而避免了将算法效率与特定编程语言、编译器或硬件性能等因素混淆。因此，它可以更准确地反映算法本身的优劣性，是通常采用的算法效率分析方法。

事前分析估算法关注问题规模对算法执行时间的影响。问题规模是输入数据量的多少，一般用整数 n 表示。问题规模 n 在不同的问题中有不同的含义，对于数组、列表、集合等线性数据结构，问题规模通常指的是元素数量；对于树、图等非线性数据结构，问题规模可以包括结点数量和分支、边的数量；对于矩阵、多维数组等多维数据结构，问题规模可能是这些结构的维度，如在矩阵乘法运算中，矩阵的行数和列数决定了算法的问题规模。显然，算法的执行时间一般会随着问题规模 n 的增大而增大，时间复杂度关注的就是算法执行时间随问题规模 n 增长的趋势，它通常被描述为 n 的函数。这个函数描述了当问题规模发生变化时，算法所需基本操作次数的变化情况。

算法的基本操作是指在算法执行过程中被频繁、重复执行的最底层的计算步骤或指令语句。这些基本操作通常是算法中不可再分的、最基本的计算单元，如加、减、乘、除、比较、赋值等语句。语句的执行时间是该条语句执行一次所需时间和语句频度（即语句重复执行次数）的乘积。设每条语句执行一次所需的时间都是单位时间，则算法的执行时间是该算法中所有语句频度之和。例 1.1 是计算算法执行时间的示例代码。

例 1.1 求 n 阶矩阵元素和。

用 Python 代码段描述如下。

```
def Matrix_sum(A, n):
sum = 0                          #频度为 1
for i in range(0,n):             #频度为 n+1
for j in range(0,n):             #频度为 n×(n+1)
sum = sum+A[i][j]                #频度为 n×n
print(sum)                       #频度为 1
```

该算法中语句频度之和是与矩阵阶数 n 相关的函数，记作 $f(n)$。

$$f(n) = 1 + (n+1) + n \times (n+1) + n \times n + 1 = 2n^2 + 2n + 3$$

像例 1.1 这样的简单的算法，可以直接计算出所有语句的频度，但是在多数情况下，直接计算语句频度和是比较困难的，而且可能计算出的是一个非常复杂的函数。因此，算法的时间复杂度并不考量精准的语句频度和，而是考量当问题规模充分大时，语句频度和在渐进意义下的阶。如例 1.1 的矩阵元素求和算法，当 n 趋于无穷大时：

$$\lim_{n \to \infty} \frac{f(n)}{n^2} = \lim_{n \to \infty} \frac{2n^2 + 2n + 3}{n^2} = 2$$

即当 n 充分大时，$f(n)$ 和 n^2 是同阶的，或者说它们的数量级是相同的。

用 O（即数量级 Order 的首字母）来表示数量级，则算法的执行时间 $T(n)$，记作 $T(n) = O(f(n))$，表示随着 n 的增大，$T(n)$ 的增长率与 $f(n)$ 的增长率相同，称作算法的渐进时间复杂度，简称为时间复杂度。

根据渐进性，在计算时间复杂度时，是忽略低阶项和常系数的，所以如例 1.1 所示算法的时间复杂度是 $O(n^2)$，忽略了线性阶 n、常数阶 3 和两个常系数 2。通常，算法中如果不存在循环，时间复杂度与问题规模无关，为常量阶，记作 $O(1)$；如果算法中存在单重循环，则时间复杂度与循环次数 n 有关，为线性阶，记作 $O(n)$；如果算法中存在多重循环，则时间复杂度与层次最深的循环内基本语句的执行次数有关。示例算法如例 1.2～例 1.4 所示。

例 1.2 常量阶算法示例。

用 Python 代码段描述如下。

```python
x = 10;
for i in range(0, x):
print(i)                        #时间复杂度 T(n)=O(1)
```

该算法的执行时间与 x 有关，x 是一个常数，不会随着问题规模 n 的变化而变化，所以算法的执行时间不会变化，是一个与问题规模 n 无关的常数。

例 1.3 线性阶算法示例。

用 Python 代码段描述如下。

```python
x = 0
for i in range(0, n):
x += 1                          #时间复杂度 T(n)=O(n)
```

该算法有单重循环，循环体内基本语句执行频度与循环次数相同，$f(n) = n$，所以时间复杂度 $T(n) = O(f(n)) = O(n)$，称为线性阶。

例 1.4 平方阶算法示例。

用 Python 代码段描述如下。

```python
x = 0
for i in range(0, n):
for j in range(0, n):
x += 1                          #时间复杂度 T(n)=O(n²)
```

该算法有双重循环，层次最深的循环体内，基本语句执行频度是 n^2，所以时间复杂度 $T(n) = O(n^2)$，称为平方阶。

例 1.5 对数阶算法示例。

用 Python 代码段描述如下。

```python
i = 1
while(i <= n):
i *= 2
```

该算法有单重循环，循环体内基本语句执行频度 $f(n)$ 与问题规模 n 的关系是 $2^{f(n)} \leq n \Rightarrow f(n) \leq \log_2 n$，所以时间复杂度 $T(n) = O(f(n)) = O(\log_2 n)$，称为对数阶。

常见的时间复杂度按数量级递增的次序排列如下。

$O(1)$：常量阶时间复杂度。无论问题规模如何,算法的执行时间都是固定的。

$O(\log n)$：对数阶时间复杂度。算法的执行时间与问题规模的对数成正比。例如,二分查找算法的时间复杂度。

$O(n)$：线性阶时间复杂度。算法的执行时间与问题规模成正比。例如,遍历一个数组或链表的算法通常具有 $O(n)$ 的时间复杂度。

$O(n\log n)$：线性对数时间复杂度。这是许多高效排序算法(如归并排序、快速排序和堆排序)的时间复杂度。

$O(n^2)$：平方阶时间复杂度。算法的执行时间与问题规模的平方成正比。例如,简单的冒泡排序算法在平均情况下的时间复杂度。

$O(n^k)$：k 次方阶时间复杂度。算法的执行时间与问题规模的 k 次方成正比。从常量阶到 k 次方阶数量级的时间复杂度,可以统称为多项式阶时间复杂度。

$O(2^n)$：指数阶时间复杂度。这通常表示算法的效率非常低,因为随着问题规模的增加,执行时间将急剧增长。

表 1.8 列举了这几种常见时间复杂度函数随着 n 的增大而变化的情况。可以看出,当 $n=10^3$ 时,多项式阶中数量级最高的 $n^3=10^9$,而指数阶 $2^n=1.1\times10^{301}$。假设每执行一条基本语句需要花费 1 毫微秒(10^{-9}秒)时间,那么求解时间的复杂度为 $O(n^3)$ 的问题需要的时间大约是 $10^9\times10^{-9}$ 秒,这在实际应用中是可以接受的;而求解时间的复杂度为 $O(2^n)$ 的问题需要的时间大约是 $1.1\times10^{301}\times10^{-9}=1.1\times10^{292}$ 秒,换算成以"年"为单位是 $1.1\times10^{292}/(3600\times24\times365)\approx3.4\times10^{284}$ 年,这在实际应用中是不可接受的。所以,在算法设计中,应该尽量选择使用多项式阶时间复杂度的算法,而避免选用指数阶的算法。

表 1.8　常见时间复杂度函数随着 n 增大的取值情况

n	$O(\log_2 n)$	$O(n)$	$O(n\log_2 n)$	$O(n^2)$	$O(n^3)$	$O(2^n)$
10	3.3	10	3.3×10^1	10^2	10^3	1024
10^2	6.6	10^2	6.6×10^2	10^4	10^6	1.3×10^{30}
10^3	10	10^3	10×10^3	10^6	10^9	1.1×10^{301}
10^4	13.3	10^4	13.3×10^4	10^8	10^{12}	
10^5	16.6	10^5	16.6×10^5	10^{10}	10^{15}	
10^6	19.9	10^6	19.9×10^6	10^{12}	10^{18}	

在有些应用中,基本语句的执行频度不仅与问题规模有关,还受数据的分布、存储等状态的影响。如查找算法,如果需要查找的数据刚好位于查找表的首位,则比较次数 $f(n)=1$,这是最好的情况;如果需要查找的数据刚好在查找表的末位,则比较次数 $f(n)=n$,这是最坏的情况;如果需要查找的数据在查找表中的位置是等概率分布的,则比较次数是在各个位置上查找数据次数的加权平均值,即 $f(n)=(1+2+3+\cdots+n)/n=(n+1)/2$,这是平均的情况。在度量算法的时间复杂度时,更应关注的是最坏情况下和平均情况下的时间复杂度。

1.4.3　算法的空间复杂度

算法的空间复杂度是描述算法在运行过程中所需额外空间大小的量度。这里的"额外空间"指的是除了输入数据所占用的存储空间之外，算法还需要占用的辅助存储空间，它也是问题规模 n 的函数，与时间复杂度类似，采用渐进空间复杂度进行空间耗用量的度量，记作 $S(n)=O(f(n))$。

如果算法执行时，除了输入数据所占用的存储空间外，额外所需的辅助存储空间相对于输入数据量而言是一个常数，与输入数据量 n 无关，则称这个算法是原地工作的，空间复杂度是 $O(1)$。如例 1.6 和本节前面的所有示例，都是原地工作的算法。

例 1.6　数组逆置（也称为数组反转），将数组中的 n 个数逆序存放到原数组中。用 Python 代码段描述如下。

```
算法 1:
def reverse_array(arr):
left = 0
right = len(arr) - 1
while left < right:
arr[left], arr[right] = arr[right], arr[left]
left += 1
right -= 1
return arr
#示例
arr = [1, 2, 3, 4, 5]
print(reverse_array(arr))          #输出[5, 4, 3, 2, 1]
算法 2:
def reverse_array_with_temp(arr):
temp = arr.copy()
for i in range(len(arr)):
arr[i] = temp[len(arr) - 1 - i]
#示例
arr = [1, 2, 3, 4, 5]
reverse_array_with_temp(arr)
print(arr)                         #输出 [5, 4, 3, 2, 1]
```

算法 1 没有使用与输入数组 arr 的大小成比例的额外空间，只是使用了几个固定的变量（left 和 right）来追踪数组的索引，并在原地修改了数组 arr 的内容。因此，无论输入数组的大小如何，算法所使用的额外空间都是不变的，$S(n)=O(1)$。

算法 2 创建了一个与 arr 大小相同的临时数组，用于存储 arr 的原始数据。然后，遍历 arr 的索引，将 temp 中对应逆序索引的元素复制回 arr。算法中使用了额外的 n 个辅助存储空间，所以它的空间复杂度是线性的，与输入数组的大小成正比，$S(n)=O(n)$。

在设计算法时，通常需要权衡时间复杂度和空间复杂度。在某些情况下，为了降低时间复杂度，可能需要增加额外的存储空间；而在另一些情况下，为了节省存储空间，可能需要牺牲一些时间效率。因此，在算法设计中，需要根据具体的应用场景和需求来选择合适的优化策略。

1.5　Python 语言简介

本节将介绍 Python 语言的基础知识,包括 Python 的标准数据类型、输入/输出和文件操作,以及面向对象编程的方法。鉴于本书编写的目的并非介绍 Python 语言的特性,而是将 Python 作为实现代码的工具进行应用,因此,本节对 Python 的相关内容仅进行简单的列举和阐述。

1.5.1　Python 的标准数据类型

Python 中有 7 种标准的数据类型,包括数字、字符串、列表、元组、集合、字典、空值。其中,数字、字符串、元组和空值是不可变的数据类型,列表、字典和集合是可变的数据类型。

数字类型包括整数(int)、浮点数(float)、复数(complex)和布尔值(bool)。整数是不带小数点的数字,可以是正数、负数或零;浮点数是带有小数点的数字;复数是由实部和虚部组成的数字,形式为 $a+bj$,其中,a 和 b 是浮点数,j(或 J)表示虚部单位;布尔值只有两种取值:True(真)和 False(假),通常用于条件判断或循环控制。

字符串类型是由一系列字符(包括字母、数字、标点符号和特殊字符)组成的文本。在 Python 中,字符串用引号(单引号、双引号或三引号)括起来。

列表是由一系列元素(可以是任何数据类型)组成的有序集合,用方括号[]表示。列表中的元素可以通过索引访问,索引从 0 开始。

元组与列表类似,也是由一系列元素组成的有序集合,但元组是不可变的,即一旦创建后就不能修改。元组用圆括号()表示。

集合是一个无序且不包含重复元素的集合类型,用花括号{}或 set()函数表示。集合主要用于成员检测和消除重复元素。

字典是一个无序的键值对集合,用花括号{}表示。字典中的每个元素都是一个键值对,键必须是唯一的,而值可以是任何数据类型。

空值 None 是 Python 中的一个特殊常量,表示空值或没有值。它经常用于表示变量尚未被赋值或函数没有返回值。

1.5.2　输入/输出和文件操作

1. 输入/输出

Python 使用内置的 input()函数来获取用户输入,默认的标准输入是从键盘输入。该函数会将输入作为字符串返回。如果需要其他类型的数据(如整数或浮点数),可以使用适当的函数(如 int()或 float())来转换输入。input 函数的一般使用形式是:

```
变量名=input("提示信息")
```

例如:

```
>>> name = input("请输入你的名字: ")
请输入你的名字: Ning
>>> age = int(input("请输入你的年龄: "))      #注意这里使用了 int()来转换输入为整数
请输入你的年龄: 12
```

Python 使用 print() 函数来输出信息到控制台，在控制台上显示文本、变量值或表达式的结果。其基本语法格式是：

```
print( * objects, sep=' ', end='\n', file=sys.stdout, flush=False)
```

其中，* objects 表示可以传递一个或多个对象给 print() 函数，它们之间用逗号分隔；sep 表示用什么符号来间隔多个输出字符串，默认是一个空格；end 表示在最后一个对象后添加的字符串，默认为换行符(\n)，这样每次调用 print() 函数后都会开始新的一行；file 用于指定将输出写入哪个文件，默认为标准输出设备（如显示器）；flush 是一个布尔值，用于控制输出是否立即被刷新到文件，在交互式模式下总是为 True，在文件模式下，如果 file 参数指定的流不是交互式的，并且没有指定 flush 参数或 flush 为 False，则输出可能不会被立即刷新到文件，默认为 False。例如：

```
>>> print("你好," + name + ",你今年" + str(age) + "岁了。")
你好,Ning,你今年 12 岁了。
>>> print("你好","Ning","你今年 12 岁了。", sep=",")    #设置间隔符为逗号
你好,Ning,你今年 12 岁了。
```

2. 文件操作

Python 提供了丰富的文件操作功能，允许读取、写入、修改和删除文件。

首先，可以使用 open() 函数打开文件。这个函数接收两个参数：文件名和模式（如'r'表示只读，'w'表示写入，'a'表示追加等），默认文件访问模式为只读。例如：

```
file = open('filename.txt', 'r')        #打开文件以读取
```

以该语句的形式打开一个文件 filename.txt 后，产生了一个 file 对象，可以通过 file 对象的属性获取该文件的各种信息，并实现文件的读写操作。例如：

```
#读取整个文件
file = open('filename.txt', 'r')
content = file.read()
print(content)
#逐行读取
file = open('filename.txt', 'r')
for line in file:
print(line, end='')    #end='' 用于避免打印额外的换行符
#写入文件
file = open('filename.txt', 'w')
file.write('Hello, World!')
#追加内容到文件
file = open('filename.txt', 'a')
file.write('\nAnother line of text.')
#关闭文件
file = open('filename.txt', 'r')
#…进行一些操作…
file.close()    #对于一个打开的文件,最后必须用 close()方法关闭
```

1.5.3　面向对象编程

Python 支持面向过程编程、函数式编程和面向对象编程等多种编程范式。Python 主

要采用的是面向对象编程(Object-Oriented Programming,OOP),但也支持面向过程编程的元素。在 Python 中,可以很容易地定义类(class)和对象(object),并通过这些类来封装数据和行为。面向对象编程的许多概念,如封装、继承、多态等,在 Python 中都得到了很好的支持。Python 的这种面向对象特性使得代码更加模块化、可重用和易于维护。同时,Python 也支持使用函数(function)和过程(procedure)来编写代码,这就是面向过程编程的元素。在 Python 中,函数是组织代码的基本单元,可以将一段代码封装在一个函数中,并通过函数名来调用它。这种方式在某些情况下可能比面向对象编程更加直接和简单。

总的来说,Python 是一种多范式的编程语言。在实际编程中,可以根据问题的特性和需求来选择适合的编程范式。不过,由于面向对象编程的许多优点(如代码重用、模块化、可维护性等),面向对象编程在 Python 中得到了更广泛的应用。本节主要讨论 Python 面向对象编程方法。在面向对象编程中,万物皆对象,每个对象都是类的实例,而类则定义了对象的属性和方法。

1. 类

类是一个用户定义的数据类型,它包含属性和方法。属性是类的数据成员(变量),方法是类的操作(函数)。Python 中使用关键字 class 来定义类,其基本语法格式如下。

```
class ClassName:          #ClassName 是类的名称
class_variable = value    #类的属性(通常作为类变量定义)
#类的构造方法(也叫初始化方法),当创建类的新对象时,它会自动被调用
def __init__(self, attribute1, attribute2, …):
#self 参数是对对象本身的引用,必须作为第一个参数传递给任何对象方法
#初始化对象变量
self.attribute1 = attribute1
self.attribute2 = attribute2
#在 __init__ 方法中,可以通过 self.attribute 的形式定义对象变量
#类的方法
def method_name(self, other_parameters):
#方法体
#使用对象变量时,需要通过 self.变量名来访问
pass
#…可以定义更多的方法和属性
```

定义一个学生类示例:

```
class Student:
def __init__(self, name, gender, age):
self.name = name
self.gender = gender
self.age = age
def get_age(self):
print(self.age)
def set_age(self, age):
self.age = age
```

类的名称是 Student。第一个方法__init__用来对该类实例化的对象进行初始化,可以设置学生类对象的姓名(name)、性别(gender)和年龄(age)。第二个方法 get_age 用来打印对象的年龄,self 参数指代该对象。第三个方法 set_age 用来设置对象的年龄。

2. 对象

对象是类的实例化，每个对象都是类的一个具体实例，拥有类的属性和方法。

```
#类的使用
#创建类的实例
instance_name = ClassName(value1, value2, …)
#访问实例的属性和方法
print(instance_name.attribute1)
instance_name.method_name(other_values)
#如果类有类变量，也可以这样访问
print(ClassName.class_variable)
```

创建一个具体的学生对象示例：

```
Zhang = Student(name = "张明", gender = "男", age = 18)
#根据学生类 Student 创建了一个学生对象 Zhang
#这个对象的名字是张明，性别是男，年龄是 18
print(Zhang.age)          #可以直接用属性的方式获得对象的年龄属性，该语句输出：18
Zhang.get_age()           #也可以通过 get_age 方法获得对象的年龄，该语句输出：18
Zhang.set_age(age=20)     #通过 set_age 方法可以修改对象的年龄
Zhang.get_age()           #输出：20
```

类是对象的抽象，对象是类的具体化。一般来说，类所定义的属性和方法，对象都具备。但是，对象是非常具体、明确的内容。例如，定义的学生类有名字、性别、年龄属性，学生类的对象 Zhang，要有具体的名字——张明、性别——男、年龄——18。而且可以通过继承和多态来生成新的子类或重写类的方法，使对象具备类的共有特性，同时可以灵活地产生个体的特性。所以，对象就是类的实例化，类是将所有对象抽象之后，得到一个整体的概念，或者整体的集合。

小结

本章首先明确了数据结构的学习目的和重要性。通过阐述为什么要学习数据结构、生活中常见的数据结构问题以及数据结构在计算机学科中的地位，帮助读者对数据结构有一个初步的认识。

接着，详细介绍了数据结构的基本概念和术语，包括数据的逻辑结构和存储结构，以及数据的基本运算。这些概念和术语是后续学习数据结构的基础，对于理解各种数据结构的特点和应用至关重要。

在数据类型的表示与实现部分，讲解了数据类型和抽象数据类型的概念，并强调了抽象数据类型在数据结构设计中的重要性。抽象数据类型能够帮助我们更好地理解数据的抽象属性和操作，从而设计出更加灵活和高效的数据结构。

此外，本章还介绍了算法与算法分析的基本知识，包括算法的定义和特性，以及时间复杂度和空间复杂度的概念。算法是数据结构的核心，一个好的算法能够大幅提高程序的运行效率。因此，了解算法的基本知识和分析方法对于学习数据结构至关重要。

最后，本章简要介绍了 Python 语言的相关知识，包括 Python 的标准数据类型、输入/输出和文件操作，以及面向对象编程。Python 作为一种简单易学且功能强大的编程语言，在数据结构的学习和实践中具有广泛的应用。通过掌握 Python 语言的基本知识和编程技巧,可以更加高效地进行数据结构的实现和应用。

本章作为数据结构教程的绪论部分,为读者提供了必要的前置知识和基础概念,为后续章节的学习奠定了基础。同时,本章也强调了学习数据结构和算法的重要性,鼓励读者通过实践来加深对数据结构和算法的理解和掌握。

习题

1. 请结合学生成绩表(如表 1.9 所示),简述数据结构相关的基本概念和专业术语,包括数据、数据元素、数据项、数据对象、数据结构、逻辑结构、存储结构和抽象数据类型。

表 1.9　学生成绩表

序号	姓名	数学	语文	英语	总分
1	刘一诺	98	99	97	294
2	于双双	99	97	96	292
3	王珊珊	98	96	100	294
4	司雅萌	96	96	99	291
5	吴宇轩	95	94	96	285
6	陆秉泽	96	97	96	289

2. 数据的逻辑结构有哪些分类? 各自有什么特点?

3. 数据的存储结构有哪些类型?

4. 数据的逻辑结构和存储结构有什么关系?

5. 简述算法的特性。

6. 举例说明数据结构的设计和选择对程序的效率和性能的影响。

7. 简述 Python 中类和对象的关系。

8. 试分析下列用 Python 代码段描述的各算法的时间复杂度。

```
(1) x = 0
for i in range(1000):
x += 1
(2) for i in range(n):
for j in range(m):
print(arr[i][j],end='')
(3) s = 1;
for i in range(1,n):
for j in range(1,i):
for k in range(1,j):
s += 1
(4) y = 1
while(y * y<n):
y += 1
```

```
(5) i = 1
sum_val = 0
while i <= n:
for j in range(0, n):
sum_val += 1
i *= 2
print(sum_val)
(6) k = 2
while k<n/2:
k *= 2
```

第2章 线 性 表

本章学习目标

- 能够定义线性表,并理解其作为数据结构的基本特征。
- 介绍线性表作为一种抽象数据类型(ADT),理解其操作接口。
- 理解内存中元素的连续存储方式,以及这种存储方式对效率的影响,掌握如何使用数组实现线性表。
- 学习结点的定义、指针的使用,以及如何通过指针链接实现动态存储管理,掌握线性表的链式存储结构。
- 对线性表操作的每种算法,能够分析其在最坏情况、平均情况下的时间复杂度和空间复杂度。

线性表是计算机科学中数据结构领域的重要组成部分,是最简单也是最常用的数据结构,它主要研究线性表的定义、性质、存储结构以及基本操作。通过本章的学习,学生将掌握线性表的基本概念和应用。通过线性表中的元素间的关系,比喻人与人之间的相互联系与合作,强调在解决复杂问题时,如同线性表中的元素通过指针相连一样,团队成员需要紧密配合,共同推进项目进展,培养学生的团队协作精神和社会责任感;分析线性表操作的时间和空间复杂度,借机讨论资源优化利用的重要性,启发学生思考在日常生活和工作中如何高效利用有限资源,培养学生的成本意识和可持续发展观念;鼓励学生探索线性表的新应用或改进现有实现方法,激发学生的创新意识,通过实践项目,让学生体验从初步想法到不断试错、优化直至解决问题的过程,培养持之以恒和勇于创新的精神。这将有助于学生在未来的学习和工作中更好地应对挑战,为社会发展做出贡献。

2.1 线性表的基本概念

2.1.1 线性表的定义

线性表(Linear List)是由 $n(n \geqslant 0)$ 个具有相同特性的数据元素组成的有限序列。这些元素按照某种线性顺序排列,即除首尾元素外,每个元素有且仅有一个前驱和一个后继。线性表中的数据元素个数是有限的,且同一线性表中的元素必定具有相同的特性,即属于同一数据对象,具有相同的数据类型,例如,英文字母表、学生信息列表或者排队等候的人群,它们都符合线性表的特性。

生活中的一个常见例子是糖葫芦。一串糖葫芦由多个相同类型的元素(即糖葫芦上的果子)构成,这些元素按照一定顺序排列(由签子串起),形成一个线性的序列。在这个例子中,每串糖葫芦上的果子就是线性表中的一个元素,签子则代表了元素之间的线性关系,如图 2.1 所示。

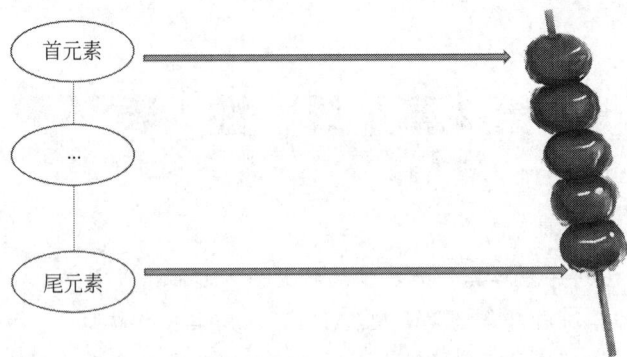

图 2.1　线性表定义图

1. 线性表的特性

1）有序性

线性表中的元素按照某种顺序排列，元素之间的相对位置反映了它们之间的逻辑关系。每个元素在线性表中都有一个唯一的序号，可以通过序号来访问和操作元素。

2）有限性

线性表中的元素个数是有限的，即线性表的长度是一个确定的数值。这个数值可以根据具体的应用场景动态变化，但在某一时刻，线性表中的元素个数是确定的。

3）同类型

线性表中的元素具有相同的数据类型，这使得我们可以对表中的元素进行统一的操作和处理。同类型的数据元素也意味着它们占用相同的存储空间。

4）前驱和后继

除第一个元素外，线性表中的每个元素有且仅有一个前驱元素；除最后一个元素外，线性表中的每个元素有且仅有一个后继元素。第一个元素没有前驱元素，称为表头元素；最后一个元素没有后继元素，称为表尾元素。这种前驱和后继关系体现了线性表的线性特性。

5）可修改性

线性表中的数据元素可以在表中任意位置进行插入或删除操作，这使得线性表具有很强的灵活性。当然，插入和删除操作可能需要移动表中的其他元素以保持线性表的特性。

基于这些特性，线性表在实际应用中具有广泛的应用，如数组、链表等都是线性表的具体实现形式。线性表可以方便地实现数据的存储、查找、插入和删除等操作，是许多算法和数据结构的基础。

2. 线性表的逻辑结构

线性表是由 $n(n \geqslant 0)$ 个数据元素组成的一个有限序列，其中每个元素在逻辑上都有一个唯一的位置，并且除了第一个元素没有前驱、最后一个元素没有后继之外，其他每个元素都有一个前驱和一个后继。这些元素在逻辑上按照某种顺序排列，构成了一个有序的线性集合。线性表的长度即为其中元素的个数，而元素之间的类型必须相同，以保证它们可以进行相同的操作。

线性表的逻辑结构并不关注数据元素在计算机中的物理存储方式，而是关注数据元素之间的逻辑关系。这种逻辑关系是线性的、有序的，使得我们可以按照顺序对数据进行访问和操作。实际的物理存储方式(如顺序存储或链式存储)会影响线性表的具体实现和操作效率。

基于这种逻辑结构,可以定义一系列的基本操作,如插入、删除、查找等。这些操作的具体实现方式会依赖线性表的物理存储结构,但无论采用何种存储方式,线性表的逻辑结构都保持不变,确保了数据元素之间的一对一相邻关系和有序性。

下面是一个线性表逻辑结构的例子。

假设有一个线性表 L,它包含的元素为 $a_1, a_2, a_3, \cdots, a_n$。这些元素按照线性顺序排列,即 a_1 是第一个元素,a_2 是 a_1 的后继元素,a_3 是 a_2 的后继元素,以此类推,直到 a_n 是最后一个元素。同时,a_2 是 a_1 的后继元素,意味着 a_1 是 a_2 的前驱元素;a_3 是 a_2 的后继元素,意味着 a_2 是 a_3 的前驱元素,以此类推。线性表逻辑结构如图 2.2 所示。

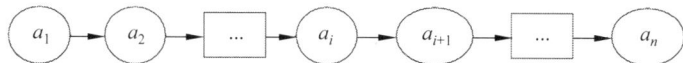

图 2.2   线性表的逻辑结构

在这个逻辑结构中,我们可以通过元素的索引(或位置)来访问和操作元素。例如,如果要访问线性表 L 中的第三个元素,可以直接通过索引 2(索引通常从 0 开始计数)来获取该元素,即 a_3。同样地,也可以执行其他操作,如插入新元素到指定位置、删除指定位置的元素等。

以数组为例,数组是一种典型的顺序存储的线性表实现。在数组中,元素按照索引顺序连续存储在内存空间中,通过索引可以直接访问任意位置的元素。数组的实现简单且高效,但在插入和删除操作时可能需要移动大量元素,导致性能下降。

另一种线性表的实现方式是链表。链表中的元素通过指针或引用相互连接,形成一个链式的结构。链表的插入和删除操作相对灵活,只需要修改相关指针或引用即可,但在访问指定位置的元素时可能需要遍历链表,导致时间复杂度较高。

无论是数组还是链表,它们都是线性表逻辑结构的具体实现方式,根据实际应用场景和需求选择合适的实现方式是非常重要的。

因此,线性表的逻辑结构为我们提供了一种抽象的数据模型,使得我们可以独立于具体的物理存储方式来理解和操作线性数据集合。这种抽象为数据结构的设计和实现提供了灵活性,也使得线性表成为计算机科学中广泛应用的一种基本数据结构。

2.1.2   线性表的抽象数据类型描述

线性表是一种常见的数据结构,其元素之间具有一对一的线性关系。以下是对线性表的抽象数据类型(Abstract Data Type,ADT)的描述。

ADT List{

1. 数据对象

线性表的数据对象集合为 $\{a_1, a_2, \cdots, a_n\}$,其中,$a_i (i = 1, 2, \cdots, n)$ 属于某个数据对象集。每个元素 a_i 都是线性表中的一个数据项,可以是任何类型的数据,如整型、浮点型、字符型、结构体等。

2. 数据关系

线性表中的数据元素之间存在着一对一的线性关系。除了第一个元素 a_1 没有直接前驱元素和最后一个元素 a_n 没有直接后继元素外，其他每个元素 $a_i(1 < i < n)$ 都有且仅有一个直接前驱元素 a_{i-1} 和一个直接后继元素 a_{i+1}。这种关系决定了线性表的逻辑结构是线性的，即数据元素按照某种顺序排列，且这种顺序是固定的。

3. 基本操作

线性表的基本操作集合包括以下几种。

InitList(&L)：初始化操作，建立一个空的线性表 L。

DestroyList(&L)：销毁操作，销毁线性表 L，释放其占用的内存空间。

ListEmpty(L)：判空操作，若线性表 L 为空表，则返回 True，否则返回 False。

ListLength(L)：求长度操作，返回线性表 L 的长度，即 L 中数据元素的个数。

GetElem(L,i,&e)：获取元素操作，用 e 返回线性表 L 中第 i 个位置的元素。i 的合法取值范围为 $1 \leqslant i \leqslant$ ListLength(L)。

LocateElem(L,e,&i)：定位元素操作，在线性表 L 中查找与给定值 e 相等的元素，如果查找成功，则用 i 返回其序位；否则返回 0，表示该元素不存在于 L 中。

ListInsert(&L,i,e)：插入元素操作，在线性表 L 的第 i 个位置插入新的元素 e，L 的长度加 1。i 的合法取值范围为 $1 \leqslant i \leqslant$ ListLength(L)$+1$。

ListDelete(&L,i,&e)：删除元素操作，删除线性表 L 的第 i 个元素，并用 e 返回其值，L 的长度减 1。i 的合法取值范围为 $1 \leqslant i \leqslant$ ListLength(L)。

ClearList(&L)：清空操作，将线性表 L 重置为空表。

2.2 线性表的顺序存储结构

2.2.1 线性表的顺序表示

1. 顺序表的概念

线性表的顺序表示也被称为顺序表，是线性表的一种物理存储实现方式。在顺序表中，数据元素被存储在一块地址连续的存储单元中，使得逻辑上相邻的元素在物理位置上也相邻。这种存储结构充分利用了内存空间的连续性，使得元素的访问和定位变得高效。

设长度为 n 的线性表存放在顺序表中，在 Python 语言实现中使用列表 data 来实现顺序表，用 size 来表示列表中的元素个数，顺序表的概念如图 2.3 所示。

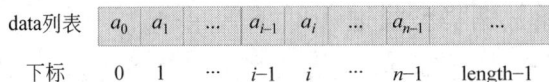

图 2.3　线性表的顺序表示

提示：因为 Python 中列表的可扩展性，在此指定该线性表的容量为 length，但是随着线性表的插入、删除等一系列操作之后，size 的大小会发生变化。当 size 的值达到 length 大小时，再插入元素则会提示上溢出，此时可以将列表的容量扩大为 size 的两倍以适应顺序表的增长趋势，当 size 的值足够小时可以缩小列表的容量，从而实现顺序表的可扩展性。

用 Python 代码段定义的顺序表描述如下。

```
class SeqList:
```

```
def__init__(self,max_size=float(inf')):
#初始化顺序表,使用 Python 列表作为底层存储
#max_size 表示顺序表的最大容量,默认为无穷大
self.max_size = max_size
self.data=[]
#…其他方法…
```

线性表的顺序表示在生活中有着广泛的应用,下面将结合一个生活中的实际案例——超市收银系统来描述线性表的顺序表示。

在超市收银系统中,顾客购买的商品会按照购买顺序被录入收银机的内存中,形成一个商品列表。这个商品列表就是一个典型的线性表顺序表示的应用。

具体来说,每个商品可以看作顺序表中的一个元素,商品列表则是由这些元素按照购买顺序组成的一个有序序列。收银机会为这个商品列表分配一段连续的内存空间,用于存储每个商品的信息(如商品编码、名称、价格等)。

当顾客将商品放到收银台上时,收银员会扫描商品的条形码,将商品信息录入商品列表中。这个过程就相当于在线性表的末尾插入一个新的元素。收银机会按照顺序存储这些商品信息,确保每个商品在内存中的位置与其在商品列表中的位置相对应。超市收银系统如图 2.4 所示。

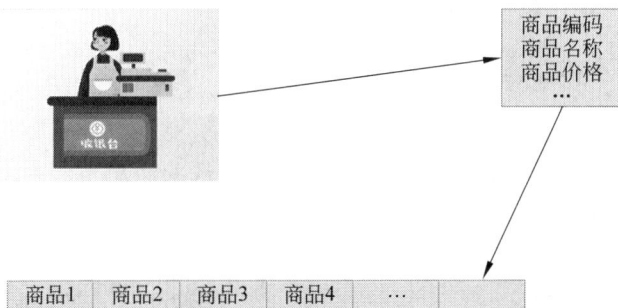

图 2.4　超市收银系统

在顾客完成购物并准备结账时,收银机会遍历整个商品列表,计算商品的总价,并显示给顾客。这个过程就相当于遍历线性表中的每个元素,并对它们进行累加操作。

此外,如果顾客需要退货或修改某个商品的数量,收银员可以在商品列表中找到对应的商品信息,并进行相应的修改操作。这就像是在线性表中查找并修改指定位置的元素。

通过这个案例,可以看到线性表的顺序表示在超市收银系统中的应用。它利用连续存储空间来存储商品信息,通过插入、遍历和修改等操作来管理商品列表,从而实现了快速、高效的收银流程。

这个例子也展示了线性表顺序表示的一些特点:元素之间是有序的,可以通过下标直接访问任意位置的元素;在内存中是连续存储的,因此访问速度较快;但由于空间是预先分配的,因此在元素数量不确定的情况下可能会存在空间浪费或空间不足的问题。

2. 顺序表的特点

顺序表的特点主要体现在以下几方面。

(1) 物理存储空间的连续性。顺序表在内存中使用一段连续的存储空间来存储元素。

这意味着顺序表中的元素在内存中的位置是相邻的，通过计算基地址和偏移量，可以直接定位到任意位置的元素。

（2）随机访问。由于顺序表在内存中是连续存储的，因此可以通过下标（或索引）直接访问任意位置的元素，时间复杂度为 $O(1)$。这种特性使得顺序表在需要频繁访问特定位置元素时具有较高的效率。

（3）插入和删除操作的局限性。在顺序表中插入或删除元素时，可能需要移动大量的元素以保持连续性。具体来说，如果在顺序表的中间位置插入元素，则需要将插入位置及之后的所有元素向后移动一位；同样地，删除中间位置的元素也需要将删除位置之后的元素向前移动一位。这种操作可能导致较高的时间复杂度，特别是在元素数量较大时。

（4）空间利用率。顺序表在创建时需要预先分配一块连续的内存空间。如果预估的元素数量不准确，可能会导致空间浪费（实际元素数量远小于分配的空间）或空间不足（实际元素数量超过分配的空间）。因此，在使用顺序表时需要根据实际情况合理预估元素数量。

（5）元素类型的同一性。顺序表中的元素通常具有相同的数据类型，这使得顺序表在处理同类型数据的集合时非常高效。然而，这也限制了顺序表在处理异构数据时的灵活性。

综上所述，顺序表具有物理存储空间的连续性、随机访问的优点，但在插入和删除操作、空间利用率以及元素类型方面存在一定的局限性。在实际应用中，需要根据具体需求选择合适的数据结构来平衡这些特点。

2.2.2　顺序表的基本操作

1. 建立顺序表

从一个空的顺序表开始，对列表 a 中的所有元素，依次添加到列表 a 的末尾，当出现上溢出时，即按照实际的元素个数 size 的两倍空间来设置顺序表的容量。用 Python 代码段描述具体的算法表示如下。

```
def CreateList(self,a):
for i in range(0,len(a)):
if self.size==self.length:
Self.resize(2 * self.size)
Self.data[self.size]=a[i];
Self.size=Self.size+1
```

该算法的时间复杂度是 $O(n)$，n 是指该顺序表中的元素个数。

线性表的基本操作主要包括对线性表中元素的插入、删除、查找、修改以及遍历等。这些操作是线性表数据结构的核心，下面将详细解释每个操作的含义和一般实现方式。

2. 插入

顺序表的插入操作是在指定位置将一个新元素添加到顺序表中。由于顺序表使用连续的内存空间来存储元素，因此插入操作可能需要移动插入点之后的所有元素，以便为新元素腾出空间。以下是顺序表插入操作的基本步骤。

（1）检查插入位置的合法性。确保插入位置在顺序表的有效范围内（通常是 0 到顺序表当前长度之间，包括 0 但不包括顺序表当前长度）。

（2）检查顺序表是否已满。如果顺序表已满（即当前长度等于容量），则无法进行插入操作，除非进行扩容。如果需要扩容，则分配一个更大的数组，将原数组中的元素复制到新数组中,然后释放原数组的内存。

(3) 移动元素。从插入位置开始,将后面的所有元素向后移动一个位置,为新元素腾出空间。这通常通过从后向前遍历顺序表并逐个移动元素来实现,以避免覆盖尚未移动的元素。

(4) 插入新元素。在腾出的空间中插入新元素。

(5) 更新顺序表长度。由于添加了一个新元素,因此需要增加顺序表的长度计数。

以下是一个简化的插入操作的 Python 代码段描述示例。

```
function insert(seqList,element,index):
if index<0 or index>seqList.length:
throw IndexOutOfBoundsException
if seqList.length==seqList.capacity:
seqList=resize(seqList)                        //扩容操作,如果需要
for i from seqList.length-1 down to index:
seqList.data[i+1]=seqList.data[i]              //将元素向后移动
seqList.data[index]=element                    //插入新元素
seqList.length=seqList.length+1                //更新顺序表长度
```

插入操作的时间复杂度主要取决于移动元素的数量。在最好的情况下(即插入位置是顺序表的末尾),不需要移动任何元素,时间复杂度为 $O(1)$。在最坏的情况下(即插入位置是顺序表的开始),需要移动顺序表中所有的元素,因此时间复杂度为 $O(n)$。插入操作的平均移动次数取决于插入位置的概率分布。如果假设插入顺序表中任何一个位置的概率是相等的,那么可以计算出平均移动次数。考虑一个长度为 n 的顺序表,插入一个新元素可能需要在 $n+1$ 个位置中的任何一个(包括表头和表尾)。对于每个可能的插入位置 i($0 \sim n$,共 $n+1$ 个位置),需要移动的元素数量是 $n-i$(在位置 i 之后的所有元素都需要向后移动一位)。平均移动次数是所有可能移动次数的平均值,计算方法如下。

$$平均移动次数 = (\Sigma(n-i))/(n+1)$$

其中,i 的取值为 $0 \sim n$。

将求和公式展开,得到:

$$平均移动次数 = (n+(n-1)+(n-2)+\cdots+1+0)/(n+1)$$
$$= (n \times (n+1)/2)/(n+1)$$
$$= n/2$$

因此,在平均情况下,插入操作需要移动大约 $n/2$ 个元素,其中,n 是插入之前的顺序表长度。这意味着,随着顺序表大小的增加,插入操作的平均代价也会增加,但由于常数因子可以忽略,所以通常说插入操作的时间复杂度为 $O(n)$。

线性表插入操作如图 2.5 所示。

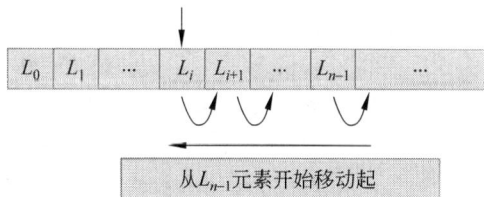

图 2.5 线性表的插入操作示意图

用 Python 代码段描述如下。

```python
class SeqList:
def __init__(self,capacity=10):
self.data=[None] * capacity        #初始化一个固定容量的数组
self.length=0                      #当前顺序表的长度
self.capacity=capacity             #顺序表的最大容量
def resize(self):
#简单的扩容策略,将容量翻倍
new_capacity=self.capacity * 2
new_data=[None] * new_capacity
for i in range(self.length):
new_data[i]=self.data[i]
self.data=new_data
self.capacity=new_capacity
def insert(self,index,element):
#检查插入位置的合法性
if index<0 or index>self.length:
raise IndexError("Index out of range")
#检查顺序表是否已满,如果满了则扩容
if self.length==self.capacity:
self.resize()
#移动元素,为新元素腾出空间
for i in range(self.length,index,-1):
self.data[i]=self.data[i-1]
#插入新元素
self.data[index]=element
#更新顺序表长度
self.length+=1
#使用示例
seq_list=SeqList()
seq_list.insert(0,10)
seq_list.insert(1,20)
seq_list.insert(1,15)                          #在索引 1 的位置插入元素 15
#打印顺序表内容
print(seq_list.data[:seq_list.length])  #输出[10,15,20]
```

在这个实现中,SeqList 类包含一个 resize 方法来处理扩容逻辑,以及一个 insert 方法来实现插入操作。insert 方法首先检查索引的合法性,然后检查是否需要扩容。接着,它通过从后向前遍历顺序表并移动元素来为新元素腾出空间,最后插入新元素并更新顺序表的长度。

3. 删除

顺序表的删除操作主要是从表中移除指定位置上的元素,并将后续元素前移以填补空缺。线性表删除操作如图 2.6 所示。

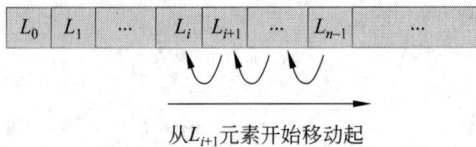

图 2.6　线性表的删除操作示意图

以下是顺序表删除操作的基本步骤。

（1）检查索引有效性。确保待删除元素的索引在有效范围内（0 到顺序表当前长度减 1）。

（2）移动元素。从待删除元素的下一个位置开始，将后续元素逐个前移一位，以覆盖待删除元素的位置。

（3）更新顺序表长度。由于已删除一个元素，因此顺序表的长度需要减 1。

用 Python 代码段描述如下。

```python
def delete(self,index):
#删除指定索引处的元素
if index<0 or index>=self.length:
raise IndexError("Index out of range")
del self.data[index]              #使用 Python 列表的删除操作
self.length-=1                    #更新顺序表长度
```

注意：这个实现是基于 Python 列表的，它本身已经提供了动态调整大小的功能。因此，不需要像使用静态数组那样担心扩容或缩容的问题。然而，在实际的"数据结构"课程中或使用更低级别的编程语言时，可能需要手动管理顺序表的内存分配。

在顺序表（数组）中执行删除操作时，需要移动的元素数量取决于被删除元素在顺序表中的位置。假设顺序表的长度为 n，并且要删除索引为 i 的元素（索引从 0 开始），则需要移动的元素数量计算如下。

（1）如果删除的是顺序表的最后一个元素（即 $i=n-1$），则不需要移动任何元素，因为该位置之后没有其他元素。

（2）如果删除的是顺序表中的其他元素（即 $0 \leqslant i < n-1$），则需要将从索引 $i+1$ 到 $n-1$ 的所有元素向前移动一个位置，以填补被删除元素留下的空白。这样就需要移动 $n-i-1$ 个元素。

综上所述，删除操作的移动次数是：

（1）0，如果 $i=n-1$（删除最后一个元素）。

（2）$n-i-1$，如果 $0 \leqslant i < n-1$（删除其他位置的元素）。

请注意，这里的分析是基于数组（顺序表）没有额外空间来进行元素移动的情况。在某些实现中，如果存在额外的空间或者使用了特殊的数据结构（如循环数组），可能会有不同的移动策略和优化方法。

如果考虑删除操作的平均情况，并假设删除顺序表中任何一个元素的概率是相等的，那么平均移动次数将取决于顺序表的长度 n。对于长度为 n 的顺序表，每个位置被删除的概率是 $1/n$，所以平均移动次数可以通过以下方式计算。

$$平均移动次数 = \Sigma[(n-i-1) \times (1/n)]$$

其中，i 的取值为 $0 \sim n-2$。

这个求和可以通过数学方法简化，但通常这个计算不是必要的，因为可以通过上述规则直接得出特定删除操作的移动次数。在实际应用中，更关注的是最好情况（不移动，即删除最后一个元素）和最坏情况（移动 $n-1$ 次，即删除第一个元素）的分析。

4. 查找

1）按值查找

顺序表的按值查找是指在一个已排序或未排序的顺序表中查找某个特定值的元素，并返回其位置。如果顺序表未排序，那么查找操作需要遍历整个表；如果顺序表已排序，则可以使用更高效的查找算法，如二分查找。

（1）按值查找的伪代码示例。

假设顺序表未排序，需要线性查找。

```
线性搜索(顺序表 A,目标值 target):
从 i=0 开始到 i<顺序表 A 的长度:
如果 A[i]==目标值:
返回 i          //元素的索引
返回-1          //如果没有找到目标值。这个算法会遍历顺序表中的每个元素,直到找到与给定值相
                //匹配的元素。如果遍历完整个表都没有找到,则返回-1表示未找到
```

如果顺序表是已排序的，那么可以使用二分查找算法来提高查找效率。二分查找的基本思想是将查找范围不断缩小为原来的一半，直到找到目标值或确定目标值不存在于顺序表中。

（2）二分查找的 Python 代码段描述。

```
二分搜索(已排序的顺序表 A,目标值 target):
left<0
right<顺序表 A 的长度-1
当 left<=right:
mid<(left+ right)//2        //找到中间索引
如果 A[mid]==目标值:
返回 mid                    //目标值的索引
如果 A[mid]<目标值:
left<mid+ 1                 //目标值在右侧
否则:
right< mid- 1              //目标值在左侧
返回-1                      //如果没有找到目标值。二分查找算法要求顺序表必须是已
                           //排序的,否则结果将不可预测
```

该算法的时间复杂度为 $O(\log n)$，其中，n 是顺序表的长度，因此它通常比线性查找更快，特别是对于大型顺序表。

（3）线性搜索（Linear Search）的 Python 实现。

```python
def linear_search(arr,target):
for i in range(len(arr)):
if arr[i]==target:
return i                    #返回元素的索引
return -1                       #如果没有找到目标值
```

（4）二分搜索（Binary Search）的 Python 实现。

```python
def binary_search(arr,target):
left,right=0,len(arr)-1
while left<=right:
mid=(left+right) //2            #计算中间索引
if arr[mid]==target:
return mid                      #返回目标值的索引
if arr[mid]<target:
left=mid+1                      #目标值在右侧
else:
```

```
right=mid-1                    #目标值在左侧
return -1                      #如果没有找到目标值
```

2) 按位查找

在按位查找中,我们直接通过元素的索引来访问它。如果索引是有效的(即它位于数组的边界内),就可以直接获取该索引处的元素。

按位查找的伪代码如下。

```
函数按位查找(数组,索引):
如果索引<0 或索引≥数组的长度:
返回错误信息或 None              //索引无效
否则:
返回数组[索引]                   //返回索引处的元素
//示例使用
数组=[10,20,30,40,50]
索引=2
结果=按位查找(数组,索引)
如果结果不为空:
输出"索引"+索引+"处的元素是:"+结果
否则:
输出"索引无效"
```

用 Python 代码段描述如下。

```
def find_by_index(array,index):
if index<0 or index>=len(array):
return None   #或者返回错误信息,如 raise IndexError("Index out of range")
else:
return array[index]
#示例使用
my_list=[10,20,30,40,50]
index_to_find=2
result=find_by_index(my_list,index_to_find)
if result is not None:
print(f"索引{index_to_find}处的元素是:{result}")
else:
print(f"索引{index_to_find}无效。")
```

按位查找(Direct Access Search 或 Indexed Search)的时间复杂度是 $O(1)$,这是因为查找操作是直接根据索引来访问数组中的元素,不需要遍历数组中的其他元素。也就是说,无论数组的大小如何,查找操作所需的时间都是固定的(在平均和最坏情况下都是如此),因此时间复杂度为常数时间复杂度 $O(1)$。

2.2.3 顺序表的应用案例

顺序表的 Python 应用案例通常涉及使用列表(list)作为底层数据结构来实现顺序表的基本操作,如添加元素、删除元素、查找元素以及遍历元素等。下面是一个顺序表的应用案例,演示了如何创建一个顺序表类,并实现了初始化、插入、删除、查找和遍历等功能。

1. 问题描述

实现一个整数顺序表类 IntSeqList,支持以下操作。

（1）初始化一个空的顺序表。

（2）在顺序表的指定位置插入一个整数。

（3）从顺序表中删除指定位置的整数。

（4）查找顺序表中指定整数的位置。

（5）遍历顺序表并打印所有元素。

2. 解决方案

用 Python 代码段描述如下。

```python
class IntSeqList:
def __init__(self):
self.data=[]                        #使用列表作为顺序表的底层数据结构
#在顺序表的指定位置插入一个整数
def insert(self,index,value):
if 0<=index<=len(self.data):
self.data.insert(index,value)
else:
print("索引无效,无法插入元素")
#从顺序表中删除指定位置的整数
def delete(self,index):
if 0<=index<len(self.data):
del self.data[index]
else:
print("索引无效,无法删除元素")
#查找顺序表中指定整数的位置,返回索引,若不存在则返回-1
def find(self,value):
try:
return self.data.index(value)
except ValueError:
return -1
#遍历顺序表并打印所有元素
def print_list(self):
print(self.data)
#使用示例
seq_list=IntSeqList()
#初始化顺序表并添加元素
seq_list.insert(0,10)
seq_list.insert(1,20)
seq_list.insert(2,30)
seq_list.print_list()                   #输出[10,20,30]
#查找整数 20 的位置
index=seq_list.find(20)
print(f"整数 20 的位置是:{index}")       #输出整数 20 的位置是:1
#在位置 1 插入整数 15
seq_list.insert(1,15)
seq_list.print_list()                   #输出[10,15,20,30]
#删除位置 2 的整数
seq_list.delete(2)
seq_list.print_list()                   #输出[10,15,30]
#尝试删除一个不存在的位置
```

```
seq_list.delete(5)                          #输出索引无效,无法删除元素
```
输出结果如下。
```
[10,20,30]
```
整数 20 的位置是:1
```
[10,15,20,30]
[10,15,30]
```
索引无效,无法删除元素

3. 答案解析

初始化顺序表:通过__init__方法,创建了一个空的列表 self.data 作为顺序表的底层数据结构。

在顺序表的指定位置插入一个整数:insert 方法。使用列表的 insert 方法将整数插入指定位置。如果索引有效(即在 0 到列表长度之间,包括列表长度,表示在末尾插入),则执行插入操作;否则,打印错误消息。

从顺序表中删除指定位置的整数:delete 方法。首先检查索引是否有效(即在 0 到列表长度减 1 的范围内),如果有效,则使用 delete 方法删除指定位置的元素;否则,打印错误消息。

查找顺序表中指定整数的位置:index 方法。利用列表的 index 方法查找指定整数在顺序表中的位置。如果整数不存在于列表中,index 方法会抛出一个 ValueError 异常,我们通过捕获这个异常并返回−1 来处理这种情况。

遍历顺序表并打印所有元素:print_list 方法。直接打印顺序表的底层列表,即打印所有元素。

这个案例展示了如何使用 Python 的列表来实现一个基本的整数顺序表,并通过定义类的方法来实现对顺序表的各种操作。顺序表在实际应用中常用于存储和操作一系列相同类型的数据元素,并且由于列表提供了动态调整大小的能力,顺序表可以方便地扩展或缩小。通过封装底层数据结构并提供清晰的接口,可以更加灵活地管理和使用这些数据元素。

2.3 线性表的链式表示和实现

顺序表(Sequential Table)是一种基础的数据结构,通常指的是数组(Array)或类似的结构,其中元素按照一定的顺序存储,无需额外存储元素之间的逻辑关系。但它也有其局限性,具体表现在如下几方面。

(1)固定大小的扩展性问题。静态顺序表的大小在声明时就固定了,如果需要存储更多的元素,可能需要创建一个更大的新数组并复制旧元素。

(2)插入和删除的开销。在顺序表中的非末尾位置插入或删除元素通常需要移动后续或前面的元素,这可能导致较高的时间开销。

(3)空间局部性。虽然顺序表有助于提高缓存利用率,但在某些情况下,如频繁地插入和删除,可能会导致缓存失效,降低性能。

鉴于上述不足,在某些情况下,链表的性能可能更好一点。

2.3.1 链表的存储结构

链表(Linked List)是一种基本的数据结构,它由一系列结点(Node)组成,每个结点包

含两部分：数据和地址。其中，数据部分用来存储数据，称为数据域（data）；地址部分用来

$$(L_0, L_1, \cdots, L_i, L_{i+1}, \cdots, L_{n-1})$$

图 2.7　线性表与链表的映射关系

存储指向下一个结点的地址，称为指针域（next）。链表中的结点不必在内存中连续存储，它们可以通过指针连接起来，形成一个线性序列。这种表示方式的优点是可以动态地分配内存空间，插入和删除操作较为方便。线性表与链表的映射关系如图 2.7 所示。

为了便于进行链表的插入和删除操作，通常在链表的头部增加一个头结点。头结点（Head）是链表的第一个结点，它是链表的起始点。头结点在链表中扮演着非常重要的角色，它是访问链表的入口，通过头结点可以访问链表中的所有其他结点。在本书中若无特殊说明，本书中的结点均包含头结点。

单链表是一种线性数据结构，其中的每个元素（通常称为结点）都包含一个数据字段和一个指向下一个结点的指针字段。单链表的结构如图 2.8 所示。

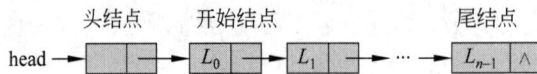

图 2.8　单链表

双向链表由结点（Node）组成，每个结点包含数据域和两个指针域，一个指向前驱结点（prev），另一个指向后继结点（next）。双向链表的第一个结点的前驱指针通常指向 None 或 null，最后一个结点的后继指针也指向 None 或 null。双向链表的结构如图 2.9 所示。

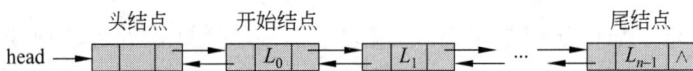

图 2.9　双向链表

以火车站的列车时刻表为例，每趟列车可以看作链表中的一个结点，包含列车的各种信息（如车次、出发时间等）。这些列车按照时间顺序排列，形成了一个线性的链表。链表中的指针域则表现为列车之间的顺序关系，即一趟列车之后紧接着下一趟列车。当需要调整时刻表时，就像在链表中插入或删除结点一样，我们可以轻松地添加或取消某趟列车，而不需要重新排列整个时刻表。

在这个案例中，秩序与规则体现在列车时刻表的固定性和规律性上，每趟列车都按照既定的时间运行。灵活性与适应性则体现在对时刻表的调整上，当遇到特殊情况时，可以灵活地调整列车的运行计划，以适应变化的需求。

同样地，超市的购物车也可以被看作一个链表的具象化表示。每件商品是链表中的一个结点，包含商品的信息（如名称、价格等）。购物车中的商品按照放入的顺序排列，形成了一个线性的链表。当我们往购物车里添加或取出商品时，就像是在链表中插入或删除结点一样。在这个过程中，也体现出了责任与自律、诚信与合作的元素。

综合来看，线性表的链式表示不仅是一种数据结构的概念，更是一种生活中普遍存在的现象。它体现了事物之间的顺序关系和相互连接的方式，同时也蕴含丰富的元素，如秩序、规则、灵活、适应、责任、自律、诚信和合作等。通过学习和理解线性表的链式表示，可以更好地认识和理解生活中的各种现象和问题，同时也能够提升我们的思想道德素质和实践能力。

2.3.2 单链表的基本操作

1. 建表

1) 头插法建表

单链表的头插法建表是指在单链表的头部进行插入操作,以构建整个链表。这种方法特别适用于需要频繁插入数据的场景,因为头插法可以直接在链表的头部添加新结点,而不需要遍历整个链表。

头插法建表的步骤如下。

(1) 初始化头结点。创建一个头结点,它的 next 指针初始时指向 null。这个头结点可以作为一个参照点,使得链表的头部操作更加方便。

(2) 插入新结点。对于每个要插入的数据,创建一个新的结点,并将其插入链表的头部。

(3) 更新头结点。每次插入新结点后,需要更新头结点的 next 指针,使其指向新的头部结点。

(4) 重复插入。重复步骤(2)和(3),直到所有数据都插入完毕。

头插法建表的伪代码如下。

```
类 Node:
数据域 data
指针域 next
类 SinglyLinkedList:
头指针 head 初始化为 null
过程 InsertAtHead(data):
创建新结点 new_node,其数据域为 data
如果 head 是 null:
head=new_node
否则:
new_node.next=head
head=new_node
过程 PrintList():
如果 head 是 null:
打印"链表为空"
否则:
创建一个临时指针 current 指向 head 的下一个结点(跳过哑结点)
循环:
打印 current.data
如果 current.next 不等于 null:
打印"->"
current=current.next
打印"None"
主程序:
创建链表对象 sll
对于每个元素 data 在要插入的数据集合中:
调用 sll.InsertAtHead(data)
调用 sll.PrintList()
```

在这段伪代码中:

- Node 类代表链表的结点，包含数据域和指向下一个结点的指针域。
- SinglyLinkedList 类代表单链表，包含一个头指针 head。
- InsertAtHead 过程用于在链表头部插入一个新结点。
- PrintList 过程用于打印链表的所有结点数据，从头部开始，直到链表末尾。
- 主程序部分展示了如何创建链表对象，使用头插法插入一系列数据，并打印最终的链表。

请注意，伪代码中的"新建 Node""不等于""等于"等表述应根据具体的编程语言进行调整。此外，伪代码中的"主程序"部分是算法的入口，展示了如何使用定义好的过程和类。

头插法对应的用 Python 代码段描述如下。

```python
class Node:
def __init__(self,data):
self.data=data
self.next=None
class SinglyLinkedList:
def __init__(self):
self.head=None               #初始化头结点为 None
def insert_at_head(self,data):
if not self.head:            #如果链表为空，新结点也是尾结点
self.head=Node(data)
else:
new_node=Node(data)
new_node.next=self.head      #新结点指向当前头结点
self.head=new_node           #更新头结点为新结点
def print_list(self):
current=self.head            #从头结点开始遍历
while current:
print(current.data,end="->")
current=current.next
print("None")
#使用头插法建表
sll=SinglyLinkedList()
elements=[5,3,1,4,2]
for element in elements:
sll.insert_at_head(element)
sll.print_list()                 #输出 5->3->1->4->2->None
```

在这个实现中，SinglyLinkedList 类有一个 head 属性，它指向链表的头结点。insert_at_head 方法用于在链表头部插入新结点。通过头插法，可以方便地构建整个链表，并且每次插入操作的时间复杂度为 $O(1)$，即常数时间复杂度。

2）尾插法建表

尾插法建表是一种在链表尾部添加元素的方法，以构建整个链表。这种方法特别适用于事先知道要插入的元素数量的场景，因为尾插法可以直接在链表的尾部添加新结点，而不需要遍历整个链表。

尾插法建表的过程如下。

（1）初始化链表。创建一个空链表或一个包含初始元素的链表。

（2）找到尾结点。在插入新结点之前，需要找到当前链表的尾结点。

（3）插入新结点。创建一个新的结点，并将其链接到尾结点的后面。

（4）更新尾结点。新插入的结点成为新的尾结点，更新尾结点的引用。

（5）重复插入。重复步骤（2）～（4），直到所有元素都插入完毕。

尾插法建表的伪代码如下。

```
类 Node:
数据域 data
指针域 next
类 SinglyLinkedList:
头指针 head 初始化为 null
尾指针 tail 初始化为 null
过程 InitializeList():
如果 head 是 null:
创建头结点 dummy 并将其赋值给 head
tail=head
过程 Append(data):
创建新结点 new_node,其数据域为 data
如果 tail 是 null:
head=new_node
tail=new_node
否则:
tail.next=new_node
tail=new_node
过程 PrintList():
如果 head 是 null:
打印"链表为空"
否则:
创建一个临时指针 current 从 head 开始
循环:
打印 current.data
如果 current.next 不等于 null:
打印"->"
current=current.next
打印"None"
主程序:
创建链表对象 sll
调用 sll.InitializeList()
对于每个元素 data 在要插入的数据集合中:
调用 sll.Append(data)
调用 sll.PrintList()
```

在这段伪代码中：

- Node 类代表链表的结点，包含数据域和指向下一个结点的指针域。
- SinglyLinkedList 类代表单链表，包含头指针 head 和尾指针 tail。
- InitializeList 过程用于初始化链表，如果链表为空，则创建一个头结点。
- Append 过程用于在链表尾部添加一个新结点。
- PrintList 过程用于打印链表的所有结点数据。

- 主程序部分展示了如何创建链表对象，初始化链表，使用尾插法插入一系列数据，并打印最终的链表。

基于上述，用 Python 代码段描述如下。

```python
class Node:
def __init__(self,data):
self.data=data
self.next=None
class SinglyLinkedList:
def __init__(self):
self.head=None
self.tail=None                    #初始化尾指针
def initialize_list(self):
#如果链表为空，创建一个哑结点作为头结点
if not self.head:
self.head=Node(None)          #创建一个哑结点作为链表的起始点
self.tail=self.head           #初始时，尾指针也指向哑结点
def append(self,data):
new_node=Node(data)
if self.tail is None:             #如果链表为空，新结点既是头结点也是尾结点
self.head=new_node
self.tail=new_node
else:
self.tail.next=new_node       #将新结点链接到当前尾结点的后面
self.tail=new_node            #更新尾结点为新结点
def print_list(self):
current=self.head
while current:
if current.next:                  #如果当前结点不是尾结点，打印数据后加箭头
print(current.data,end="->")
else:                             #如果当前结点是尾结点，只打印数据
print(current.data)
current=current.next
#使用尾插法建表
sll=SinglyLinkedList()
sll.initialize_list()                 #初始化链表
#假设这是要插入的数据集合
elements=[1,2,3,4,5]
#使用尾插法插入元素
for element in elements:
sll.append(element)
#打印链表
sll.print_list()                      #输出 1->2->3->4->5
```

在这个实现中，SinglyLinkedList 类有两个属性 head 和 tail。initialize_list 方法用于初始化链表，如果链表为空，创建一个哑结点作为头结点。append 方法用于在链表尾部添加新结点，print_list 方法用于打印链表中的所有元素。

请注意，这里创建了一个哑结点作为链表的起始点，它不存储实际的数据，而是用来简化空链表的管理和操作。这样做的好处是可以在链表为空时避免空指针异常，并简化尾部

插入操作。

2. 插入

单链表的插入操作主要涉及在链表中的特定位置添加新结点。

（1）在链表开头插入结点。首先创建一个新结点，将其数据域设置为所需的值，然后将其 next 指针指向原链表的头结点。最后，更新头结点为新创建的结点。

（2）在链表末尾插入结点。遍历链表直到找到最后一个结点（即 next 指针为 null 的结点），然后创建一个新结点，将其 next 指针设置为 null，并将原最后一个结点的 next 指针指向新结点。

（3）在指定位置插入结点。首先找到要插入位置的前一个结点，然后创建一个新结点，将其 next 指针指向原位置的下一个结点，并将前一个结点的 next 指针指向新结点。

链表的插入操作过程如图 2.10 所示。

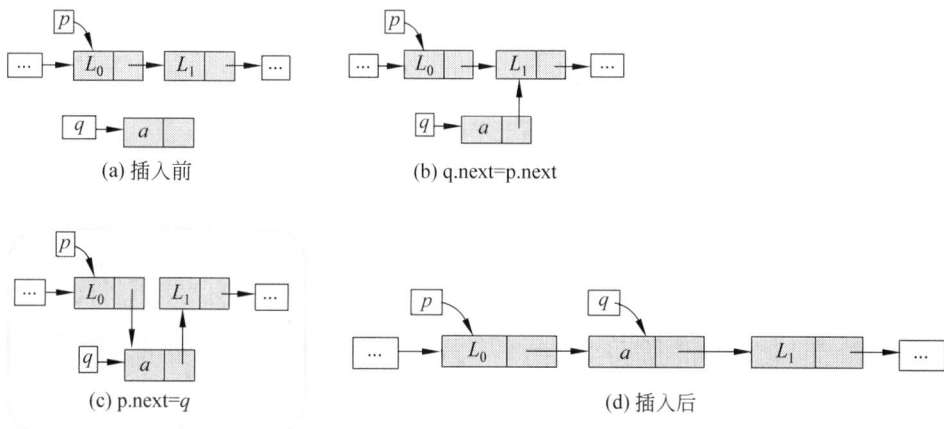

图 2.10　链表的插入过程示意图

插入操作的 Python 代码段描述如下。

```
在链表头部插入(头插法):
过程 InsertAtHead(链表 head,数据 data):
创建新结点 new_node 并设置其数据域为 data
new_node.next=head.next
head.next=new_node
如果 head 是空(即链表为空),则将 head 设置为 new_node(更新头指针)
在链表尾部插入(尾插法):
过程 AppendToTail(链表 head,数据 data):
创建新结点 new_node 并设置其数据域为 data
如果 head 是空(即链表为空):
head=new_node(更新头指针,因为链表是空的)
否则:
创建指针 current 指向 head
遍历到链表的最后一个结点:
检查 current.next 是否为 null
如果是 null,执行插入
current.next=new_node
new_node.next=null(更新新结点的 next 指针为 null)
```

在链表中间插入：
过程 InsertInMiddle(链表 head,数据 data,目标结点目标位置 position)：
创建新结点 new_node 并设置其数据域为 data
如果 position 为 1(即在头部之后插入)：
new_node.next=head.next
head.next=new_node
否则：
创建计数器 count 初始化为 1
创建指针 current 指向 head
遍历链表直到 position-1：
count=count+1
current=current.next
如果 count>position：
中断循环(position 无效)
new_node.next=current.next
current.next=new_node
删除并插入结点：
过程 InsertAfterNode(链表 head,数据 data,目标结点指针 target_node)：
如果 target_node 是
null：
返回(目标结点不存在)
创建新结点 new_node 并设置其数据域为 data
new_node.next=target_node.next
target_node.next=new_node

以上伪代码描述了在单链表中进行插入操作的基本步骤。在实际编程中,需要根据所使用的编程语言的具体语法来实现这些操作。

用 Python 代码段描述如下。

```python
class Node:
def __init__(self,data):
self.data=data
self.next=None
class SinglyLinkedList:
def __init__(self):
self.head=None
#在链表头部插入
def insert_at_head(self,data):
new_node=Node(data)
new_node.next=self.head.next
self.head.next=new_node
if not self.head:                    #如果链表为空,更新头指针
self.head=new_node
#在链表尾部插入
def append_to_tail(self,data):
new_node=Node(data)
if not self.head:                    #如果链表为空
self.head=new_node
return
current=self.head
while current.next:                  #遍历到链表最后一个结点
```

```
current=current.next
current.next=new_node                    #在尾部插入新结点
#在链表中间插入
def insert_in_middle(self, data, position):
new_node=Node(data)
if position==1:                          #在头部之后插入
new_node.next=self.head.next
self.head.next=new_node
return
count=1
current=self.head
while current.next:
if count==position-1:                    #找到插入位置前一个结点
new_node.next=current.next
current.next=new_node
return
count+=1
current=current.next
#如果 position 超出链表长度，不执行插入
#在某个结点之后插入
def insert_after_node(self,data,target_node):
if not target_node:                      #如果目标结点为空
return
new_node=Node(data)
new_node.next=target_node.next
target_node.next=new_node
def print_list(self):
current=self.head.next                    #跳过哑结点
while current:
print(current.data,end="->")
current=current.next
print("None")
#使用单链表插入操作
sll=SinglyLinkedList()
sll.head=Node(None)                       #创建一个哑结点作为头结点
#插入元素
sll.insert_at_head(10)
sll.append_to_tail(20)
sll.insert_in_middle(15,2)
first_node=sll.head.next
sll.insert_after_node(25,first_node)
sll.print_list()                          #输出 10->25->15->20->None
```

在这个实现中，SinglyLinkedList 类有一个 head 属性，它指向链表的头结点。我们创建了一个哑结点作为头结点，以简化头部插入操作。insert_at_head、append to tail、insert in_middle 和 insert_after_node 方法分别用于在链表的不同位置插入新结点。print_list 方法用于打印链表中的所有元素。

请注意，insert_in_middle 方法中的 position 参数是从 1 开始的，这与伪代码中的约定一致。如果 position 超出了链表的实际长度，该方法不会执行插入操作。

3. 删除

单链表的删除操作通常涉及找到特定结点，并将其从链表中移除。

（1）删除链表开头结点。如果链表不为空，将头结点设置为头结点的下一个结点，并释放原头结点的内存。

（2）删除链表末尾结点。遍历链表直到找到倒数第二个结点，并将其 next 指针设置为 null，然后释放原末尾结点的内存。

（3）删除指定结点。首先找到要删除结点的前一个结点，然后将前一个结点的 next 指针指向要删除结点的下一个结点，并释放要删除结点的内存。

链表的删除操作过程如图 2.11 所示。

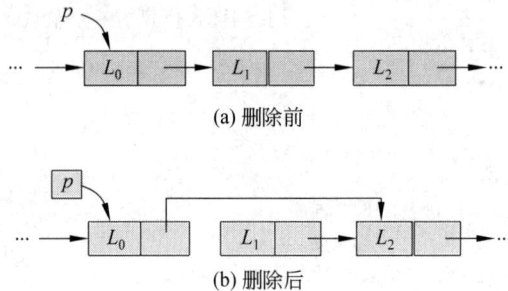

(a) 删除前

(b) 删除后

图 2.11　链表的删除过程示意图

对应的 Python 代码段描述如下。

```
类 Node:
数据域 data
指针域 next
类 SinglyLinkedList:
头指针 head
过程 DeleteAtHead(链表 head):
如果 head 不为空:
head=head.next
过程 DeleteAtTail(链表 head):
如果 head 不为空:
如果 head.next 为空:
head=null
否则:
创建指针 prev 指向 head
创建指针 current
遍历链表直到倒数第二个结点:
prev=current
current=current.next
prev.next=null
过程 DeleteByValue(链表 head,数据 data):
创建指针 current 指向 head
创建指针 prev 指向 null
循环:
如果 current 不为空并且 current.data==data:
如果 prev 为空:
head=current.next
```

否则：
prev.next=current.next
返回
break
prev=current
current=current.next
过程 DeleteAtPosition(链表 head, 整数 position)：
如果 position==1：
调用 DeleteAtHead(head)
返回
创建指针 current 指向 head
创建指针 prev 指向 null
计数器 count 初始化为 1
循环：
如果 count==position 或者 current 是 null：
break
prev=current
current=current.next
count=count+1
如果 current 不为空：
prev.next=current.next
过程 PrintList(链表 head)：
创建指针 current 指向 head 的下一个结点
循环：
如果 current 不为空：
打印 current.data
如果 current.next 不等于 null：
打印 "->"
current=current.next
打印 "None"

在伪代码中，定义了 Node 和 SinglyLinkedList 类，并提供了 4 种删除操作：删除头结点、删除尾结点、删除特定值结点和删除特定位置结点。每个过程都包含必要的逻辑来更新结点的指针，以确保被删除结点从链表中移除。PrintList 过程用于打印链表中的所有结点数据。

对应的 Python 代码段描述如下。

```python
class Node:
def__init__(self,data):
self.data=data
self.next=None
class SinglyLinkedList:
def__init__(self):
self.head=None
#删除链表头结点
def delete_at_head(self):
if self.head:
self.head = self.head.next
#删除链表尾结点
def delete_at_tail(self):
```

```
if self.head:
if self.head.next is None:
self.head=None
else:
current=self.head
while current.next.next:
current=current.next
current.next=None
#删除链表中特定值结点
def delete_by_value(self,data):
current=self.head
prev=None
while current:
if current.data==data:
if prev:
prev.next=current.next
else:
self.head=current.next
return
prev=current
current=current.next
#删除链表中特定位置结点
def delete_at_position(self,position):
if position==1:
self.delete_at_head()
return
current=self.head
count=1
while current and count<position:
prev=current
current=current.next
count+=1
if current:
prev.next=current.next
#打印链表
def print_list(self):
current=self.head
while current:
print(current.data,end="->")
current=current.next
print("None")
#示例
sll=SinglyLinkedList()
#假设链表已经通过某种方式被填充
#sll.print_list()
#sll.delete_at_head()
#sll.delete_at_tail()
#sll.delete_by_value(某个值)
#sll.delete_at_position(某个位置)
#sll.print_list()
```

4. 查找

1）按值查找

遍历链表,逐个比较结点的数据域与目标值,直到找到匹配的结点或遍历完整个链表。对应的伪代码如下。

```
类 Node:
数据域 data
指针域 next
类 SinglyLinkedList:
头指针 head
过程 SearchByValue(链表 head,数据 data):
创建指针 current 指向 head
循环:
如果 current 不为空:
如果 current.data==data:
返回 current
current=current.next
返回 null
过程 PrintList(链表 head):
创建指针 current 指向 head 的下一个结点
循环:
如果 current 不为空:
打印 current.data
如果 current.next 不等于 null:
打印 "->"
current=current.next
打印 "None"
```

在伪代码中,SearchByValue 过程从头结点开始遍历链表,比较每个结点的数据域与给定的值。如果找到匹配的结点,则返回该结点;如果遍历完整个链表都没有找到,则返回 null 表示未找到。

请注意,按值查找操作的时间复杂度是 $O(n)$,其中,n 是链表的长度,因为最坏情况下可能需要遍历整个链表。

对应的 Python 代码段描述如下。

```python
class Node:
def __init__(self,data):
self.data=data
self.next=None
class SinglyLinkedList:
def __init__(self):
self.head=None
#按值查找结点
def search_by_value(self,data):
current=self.head
while current:
if current.data==data:
return current   #返回找到的结点
current=current.next
return None   #如果没有找到,返回 None
```

```
#打印链表
def print_list(self):
current=self.head
while current:
print(current.data,end="->")
current=current.next
print("None")
#示例
sll=SinglyLinkedList()
#假设链表已经通过某种方式被填充
#sll.print_list()
found_node=sll.search_by_value(某个值)
if found_node:
print(f"Node with value{某个值}found.")
else:
print(f"Node with value{某个值} not found.")
```

2）按位置查找

单链表的按位置查找是指根据给定的索引（位置）来查找链表中的特定结点。由于单链表不支持随机访问，所以查找操作需要从头结点开始，顺序地遍历链表直到达到所需的索引位置。

对应的伪代码如下。

```
类 Node:
数据域 data
指针域 next
类 SinglyLinkedList:
头指针 head
过程 SearchByPosition(链表 head,整数 position):
创建指针 current 指向 head
计数器 count 初始化为 0
循环:
如果 current 为空:
返回 null
如果 count==position-1:
返回 current
current=current.next
count=count+1
过程 PrintList(链表 head):
创建指针 current 指向 head 的下一个结点
循环:
如果 current 不为空:
打印 current.data
如果 current.next 不等于 null:
打印"->"
current=current.next
打印"None"
```

在伪代码中，SearchByPosition 过程从链表的头结点开始遍历，使用计数器 count 来跟踪当前结点的位置。当计数器与目标索引匹配时，返回当前结点。如果遍历结束还没有找到匹配的索引,则返回 null。

请注意,按位置查找操作的时间复杂度是 $O(n)$,其中,n 是链表的长度,因为最坏情况下可能需要遍历整个链表直到达到目标索引位置。此外,索引通常从 1 开始,但在编程实现中,数组和列表的索引通常从 0 开始,因此可能需要根据实际情况调整索引值。在上述 Python 实现中,在比较时使用了 position−1 来适应这种差异。

对应的 Python 代码段描述如下。

```python
class Node:
def __init__(self,data):
self.data=data
self.next=None
class SinglyLinkedList:
def __init__(self):
self.head=None
#按位置查找结点
def search_by_position(self,position):
current=self.head
count=0
while current:
if count==position-1:    #索引从 1 开始,需要减 1
return current
current=current.next
count+=1
return None    #如果索引超出链表长度,返回 None
#打印链表
def print_list(self):
current=self.head
while current:
print(current.data,end="->")
current=current.next
print("None")
#示例
sll=SinglyLinkedList()
#假设链表已经通过某种方式被填充
#sll.print_list()
node_at_position=sll.search_by_position(某个索引)
if node_at_position:
print(f"Node at position{某个索引} has value {node_at_position.data}.")
else:
print(f"Position{某个索引} is out of bounds.")
```

5. 反转链表

遍历链表,将每个结点的 next 指针指向前一个结点,同时更新前一个结点和当前结点的引用。

反转单链表是一个常见的算法问题,可以通过迭代或递归的方式来实现。以下是使用 Python 语言实现单链表反转的两种方法。

(1)迭代方法。

用 Python 代码段描述如下。

```
class Node:
def __init__(self,data):
self.data=data
self.next=None
class SinglyLinkedList:
def __init__(self):
self.head=None
def reverse(self):
prev=None
current=self.head
while current:
next_node=current.next          #保存下一个结点
current.next=prev               #反转当前结点的指针
prev=current                    #前一个结点移动到当前结点
current=next_node               #当前结点移动到下一个结点
self.head=prev                  #更新头指针为反转后的第一个结点
def print_list(self):
current=self.head
while current:
print(current.data,end="->")
current=current.next
print("None")
#示例
sll=SinglyLinkedList()
#假设链表已经通过某种方式被填充
#sll.print_list()
sll.reverse()
sll.print_list()                    #打印反转后的链表
```

（2）递归方法。

用 Python 代码段描述如下。

```
def reverse_recursive(self,current=None):
if current is None:
current=self.head
if current.next is None:            #到达链表尾部
self.head=current               #更新头指针
return
self.reverse_recursive(current.next)   #递归反转后续链表
current.next.next=current              #反转当前结点的指针
current.next=None                      #断开当前结点与原下一个结点的连接
#示例
sll=SinglyLinkedList()
#假设链表已经通过某种方式被填充
#sll.print_list()
sll.reverse_recursive()
sll.print_list()                    #打印反转后的链表
```

在迭代方法中，使用三个指针 prev、current 和 next_node 来遍历链表并反转结点的指针。在递归方法中，递归地反转链表的后半部分，然后调整头尾结点的指针以完成反转。

两种方法都会修改原始链表的结点链接，最终使链表的头指针指向反转后的第一个结点。

6. 合并链表

合并两个单链表通常指的是将两个有序单链表合并为一个有序单链表。以下是使用 Python 代码段描述实现合并两个有序单链表。

```python
class Node:
    def __init__(self,data):
        self.data=data
        self.next=None
class SinglyLinkedList:
    def __init__(self):
        self.head=None
    #合并两个有序单链表
    def merge_sorted_lists(self,list1,list2):
        dummy=Node(0)              #创建一个哑结点作为合并后链表的头结点
        tail=dummy                 #初始化 tail 为哑结点,用于构建合并后的链表
        current1=list1.head
        current2=list2.head
        while current1 and current2:
            if current1.data<current2.data:
                tail.next=current1
                current1=current1.next
            else:
                tail.next=current2
                current2=current2.next
            tail=tail.next
        #连接剩余的结点
        If current1:
            tail.next=current1
        elif current2:
            tail.next=current2
        return dummy.next          #返回合并后链表的头结点
    #打印链表
    def print_list(self):
        current=self.head
        while current:
            print(current.data,end="->")
            current=current.next
        print("None")
#示例
sll1=SinglyLinkedList()
sll2=SinglyLinkedList()
#假设两个链表已经通过某种方式被填充,并保持有序
#sll1.print_list()
#sll2.print_list()
#合并两个有序链表
merged_list=SinglyLinkedList()
merged_list.head=sll1.merge_sorted_lists(sll1,sll2)
#打印合并后的链表
merged_list.print_list()
```

在这个实现中，定义了一个 Node 类来表示链表的结点，以及一个 SinglyLinkedList 类来管理单链表。merge_sorted_lists 方法接收两个有序链表作为参数，并返回合并后的有序链表的头结点。使用一个哑结点（dummy node）来简化合并过程，并在必要时连接剩余的结点。

请注意，这个方法假设两个输入链表 list1 和 list2 已经是有序的。如果链表不是有序的，需要在合并之前对它们进行排序，或者使用其他方法来合并它们。

合并两个有序单链表的时间复杂度是 $O(n+m)$，其中，n 和 m 分别是两个链表的长度。这是因为只需要遍历两个链表一次，比较并连接结点。

7. 单链表的应用案例

LRU（Least Recently Used，最近最少使用）缓存是一种常用的缓存淘汰策略，它在缓存满时淘汰最长时间未被使用的缓存项。LRU 缓存可以用单链表来实现，其中，链表的头部存放最近使用的数据，尾部存放最久未使用的数据。

对应的 Python 代码段描述如下。

```python
class Node:
    def __init__(self,key,value):
        self.key=key
        self.value=value
        self.prev=None
        self.next=None
class LRUCache:
    def __init__(self,capacity: int):
        self.capacity=capacity
        self.head=Node(0,0)                 #虚拟头结点
        self.tail=Node(0,0)                 #虚拟尾结点
        self.head.next=self.tail
        self.tail.prev=self.head
        self.cache={}                       #用于快速查找结点
    def get(self,key:int)->int:
        if key in self.cache:
            node=self.cache[key]
            self._remove(node)
            self._add(node)
            return node.value
        return -1
    def put(self,key:int,value:int)->None:
        if key in self.cache:
            self._remove(self.cache[key])
        node=Node(key,value)
        self._add(node)
        self.cache[key]=node
        if len(self.cache)>self.capacity:
            #移除最老的结点
            old=self.head.next
            self._remove(old)
            del self.cache[old.key]
    def _remove(self,node):
```

```
p=node.prev
n=node.next
p.next=n
n.prev=p
def add(self,node):
n=self.tail.prev
node.prev=n
node.next=self.tail
n.next=node
self.tail.prev=node
def print cache(self):
current=self.head.next
while current !=self.tail:
print(f"Key:{current.key},Value:{current.value}")
current=current.next
#示例
lru_cache=LRUCache(2)
lru_cache.put(1,1)                            #缓存是{1=1}
lru_cache.print_cache()
print(lru_cache.get(1))                       #返回 1,缓存是{1=1}
lru_cache.put(2,2)                            #缓存是{1=1,2=2}
lru_cache.print_cache()
lru_cache.put(3,3)                            #缓存是{2=2,3=3}
lru_cache.print_cache()                       #淘汰 1
print(lru_cache.get(1))                       #返回-1(未找到)
print(lru_cache.get(2))                       #返回 2,缓存是{3=3,2=2}
lru_cache.put(4,4)                            #缓存是{4=4,2=2}
lru_cache.print_cache()                       #淘汰 3
```

在这个实现中,Node 类表示单链表的结点,包含键和值。LRUCache 类实现了 LRU 缓存机制,使用单链表存储缓存项,并在头部添加或获取缓存项,在尾部淘汰缓存项。

get 方法用于获取缓存项,如果项存在,则将其移动到链表头部。put 方法用于添加缓存项,如果缓存已满,则淘汰链表尾部的项。_remove 和_add 方法用于在链表中添加和删除结点。

此示例演示了如何使用单链表实现一个简单的 LRU 缓存机制,它展示了单链表在实际应用中的灵活性和有效性。

2.3.3 双向链表

1. 建表

1)头插法建表

双向链表的头插法建表是指在双向链表的头部进行插入操作,以构建整个链表。头插法特别适用于需要频繁在列表开头插入元素的场景,因为它可以直接在头部添加新结点,而不需要遍历整个链表或调整其他结点的指针。

头插法建表的步骤如下。

(1)初始化头结点。创建一个头结点,它的 prev 和 next 指针初始时都指向 null(或 None)。

（2）插入新结点。对于每个要插入的数据，创建一个新的结点，并将其插入头结点的后面，成为新的头部结点。

（3）更新头结点。每次插入新结点后，需要更新头结点的引用，使其指向新的头部结点。

（4）重复插入。重复步骤（2）和（3），直到所有数据都插入完毕。

下面是一个用 Python 代码段描述实现的简单双向链表示例。

```
class Node:
def __init__(self,data):
self.data=data
self.prev=None
self.next=None
class DoublyLinkedList:
def __init__(self):
self.head=Node(None)                          #初始化头结点
def insert_at_head(self,data):
new_node=Node(data)
new_node.next=self.head.next
if self.head.next:
self.head.next.prev=new_node
self.head.next=new_node
new_node.prev=self.head
def print_list(self):
current=self.head.next
while current:
print(current.data,end="<->")
current=current.next
print("None")
#使用头插法建表
dll=DoublyLinkedList()
elements=[5,3,1,4,2]
for element in elements:
dll.insert_at_head(element)
dll.print_list()                                #输出 2<->4<->1<->3<->5<->None
```

在这个实现中，DoublyLinkedList 类有一个 head 属性，它指向链表的头结点。insert_at_head 方法用于在链表头部插入新结点。通过头插法，可以方便地构建整个链表，并且每次插入操作的时间复杂度为 $O(1)$，即常数时间复杂度。

头插法建表特别适合于实现栈这种后进先出（Last In First Out，LIFO）的数据结构，因为栈的 push 操作就是在栈顶（类似链表头部）插入元素。此外，头插法也适用于那些需要快速访问和插入开头元素的场景。

2）尾插法建表

双向链表的尾插法建表是指在双向链表的尾部进行插入操作，以构建整个链表。这种方法适用于事先知道要插入的元素数量的场景，因为尾插法可以直接在链表的尾部添加新结点，而不需要遍历整个链表。

尾插法建表的步骤如下。

（1）初始化链表。创建一个空链表或一个包含初始元素的链表。

（2）找到尾结点。在插入新结点之前，需要找到当前链表的尾结点。

（3）插入新结点。创建一个新的结点，并将其链接到尾结点的后面。

（4）更新尾结点。新插入的结点成为新的尾结点，更新尾结点的引用。

（5）重复插入。重复步骤（2）～（4），直到所有元素都插入完毕。

用 Python 代码段描述实现尾插法建表如下。

```python
class Node:
def__init__(self,data):
self.data=data
self.prev=None
self.next=None
class DoublyLinkedList:
def__init__(self):
self.head=None
self.tail=None
def append_to_tail(self,data):
new_node=Node(data)
if not self.head:            #如果链表为空,新结点既是头结点也是尾结点
self.head=new_node
self.tail=new_node
else:
new_node.prev=self.tail
self.tail.next=new_node
self.tail=new_node
def print_list(self):
current=self.head
while current:
print(current.data,end="<->")
current=current.next
print("None")
#使用尾插法建表
dll=DoublyLinkedList()
elements=[1,2,3,4,5]
for element in elements:
dll.append_to_tail(element)
dll.print_list()                #输出 1<->2<->3<->4<->5<->None
```

在这个实现中，DoublyLinkedList 类有两个属性：head 和 tail。append_to_tail 方法用于在链表尾部添加新结点。print_list 方法用于打印链表中的所有元素。

尾插法建表适合于实现队列这种先进先出（First In First Out，FIFO）的数据结构，因为队列的 enqueue 操作就是在队尾（类似链表尾部）插入元素。尾插法也适用于那些需要保持元素插入顺序的场景。

2. 插入结点

双向链表的插入操作可以在列表的头部、尾部或指定位置进行。以下是几种常见的双向链表插入操作的 Python 代码段实现方法。

在链表头部插入：

```python
def insert_at_head(self,data):
```

```
new_node=Node(data)
new_node.next=self.head
if self.head:
self.head.prev=new_node
else:
self.tail=new_node          #如果链表为空,同时更新尾指针
self.head=new_node
```

在链表尾部插入：

```
def insert_at_tail(self,data):
new_node=Node(data)
if self.head is None:          #链表为空,更新头尾指针
self.head=new_node
self.tail=new_node
else:                          #链表不为空,更新尾指针和前一个结点的 next 指针
new_node.prev=self.tail
self.tail.next=new_node
self.tail=new_node
```

在链表中间插入：

```
def insert_in_middle(self,data,position):
new_node=Node(data)
if position==1:                #如果插入位置是头部
self.insert_at_head(data)
else:
current=self.head
count=1
while current and count<position:
current=current.next
count+=1
if current:                    #找到插入点前一个结点
new_node.next=current.next
new_node.prev=current
if current.next:               #如果插入点不是尾部
current.next.prev=new_node
current.next=new_node
else:                          #如果插入点是尾部,更新尾指针
self.tail=new_node
```

在某个结点之后插入：

```
def insert_after_node(self,node,data):
if not node:
return
new_node=Node(data)
new_node.next=node.next
new_node.prev=node
node.next=new_node
if new_node.next:              #如果插入点不是尾部
new_node.next.prev=new_node
else:                          #如果插入点是尾部,更新尾指针
self.tail=new_node
```

在某个结点之前插入：

```
def insert_before_node(self,node,data):
if not node:
return
if node.prev is None:        #如果插入点是头部
self.insert_at_head(data)
else:
new_node=Node(data)
new_node.prev=node.prev
new_node.next=node
node.prev.next=new_node
node.prev=new_node
```

这些方法可以根据需要插入新结点到双向链表的指定位置。在实际编程中，可能需要根据双向链表的具体实现和需求来调整这些方法。

请注意，以上代码片段是作为示例提供的，需要在 DoublyLinkedList 类的上下文中使用，并且可能需要根据不同的类定义进行调整。此外，insert_at_head、insert_at_tail、insert_in_middle、insert_after_node 和 insert_before_node 方法都需要在适当的类定义中实现。

3. 删除

双向链表的删除操作涉及找到特定结点，并将其从链表中移除。这通常包括更新相邻结点的指针以及（如果被删除结点是头结点或尾结点）更新头尾指针。以下是用 Python 代码段描述双向链表删除操作的方法。

```
class Node:
def __init__(self,data):
self.data=data
self.prev=None
self.next=None
class DoublyLinkedList:
def __init__(self):
self.head=None
self.tail=None
```

删除链表头结点：

```
def delete_at_head(self):
if self.head:
self.head=self.head.next
if self.head:
self.head.prev=None
else:
self.tail=None
```

删除链表尾结点：

```
def delete_at_tail(self):
if self.tail:
self.tail=self.tail.prev
if self.tail:
self.tail.next=None
else:
```

```
self.head=None
```

删除链表中特定值结点：

```python
def delete_by_value(self,data):
current=self.head
while current:
if current.data==data:
if current.prev:
current.prev.next=current.next
else:
self.head=current.next
if current.next:
current.next.prev=current.prev
else:
self.tail=current.prev
return
current=current.next
```

删除链表中特定结点：

```python
def delete_node(self,node):
if not node:
return
if node.prev:
node.prev.next=node.next
else:
self.head=node.next
if node.next:
node.next.prev=node.prev
else:
self.tail=node.prev
```

打印链表：

```python
def print_list(self):
current=self.head
while current:
print(current.data,end="<->")
current=current.next
print("None")
#示例
dll=DoublyLinkedList()
#假设链表已经通过某种方式被填充
#dll.print_list()
#删除操作
dll.delete_at_head()          #删除头结点
dll.delete_at_tail()          #删除尾结点
dll.delete_by_value(某个值)    #删除值为某个值的结点
#假设我们知道要删除的具体结点
特定结点=dll.head              #举例,删除头结点
dll.delete_node(特定结点)
#打印删除后的链表
dll.print_list()
```

请注意,如果被删除结点是头结点或尾结点,删除操作的时间复杂度是 $O(1)$;如果需要搜索具有特定值的结点,则时间复杂度将为 $O(n)$,其中 n 是链表的长度。

4. 双向链表的应用案例

在文本编辑器中,双向链表可以用来实现撤销(Undo)和重做(Redo)功能。每个文本变更可以作为一个结点存储在双向链表中,每次变更后,当前状态作为新结点添加到链表头部。撤销操作可以通过删除头结点并移动到上一个结点来实现,而重做操作可以通过将删除的结点重新添加到链表头部来实现。

用 Python 代码段描述如下。

```python
class TextNode:
def __init__(self,text):
self.text=text
self.prev=None
self.next=None
class TextHistory:
def __init__(self):
self.head=None                    #表示当前文本状态
self.tail=None                    #表示历史文本状态的最后一个结点
self.redos=[]                     #用于存储重做操作的结点
def append_text(self,text):
new_node=TextNode(text)
if self.head:
#将当前头结点的文本追加到新结点
new_node.text+=self.head.text
#连接新结点到当前头结点的下一个结点(如果有)
new_node.next=self.head.next
if self.head.next:
self.head.next.prev=new_node
#更新头结点
self.head=new_node
self.head.prev=self.tail
self.tail.next=self.head
else:
#如果链表为空,创建头结点和尾结点
self.head=new_node
self.tail=new_node
def undo(self):
if self.head:
if self.head.prev:                #如果不是第一个结点
self.head=self.head.prev
self.redos.append(self.head.next)
self.head.next=None
self.tail=self.head
if not self.head.next
else self.head.next.prev
else:
print("No more history to undo.")
def redo(self):
if self.redos:
```

```
new_node=self.redos.pop()
new_node.prev.next=new_node
new_node.next.prev=self.head
self.head.next=new_node
self.head=new_node
else:
print("No more history to redo.")
def print_history(self):
current=self.head
while current:
print(current.text)
current=current.next
#示例
text_history=TextHistory()
text_history.append_text("Hello")
text_history.append_text("World")
text_history.append_text("!")
text_history.print_history()          #打印:Hello World!
text_history.undo()                   #撤销到"Hello World"
text_history.print_history()
text_history.undo()                   #撤销到"Hello"
text_history.print_history()
text_history.redo()                   #重做回"Hello World"
text_history.print_history()
```

在这个实现中，TextNode 类表示双向链表的结点，包含文本数据和指向前后结点的指针。TextHistory 类管理文本变更历史，使用双向链表存储每个文本状态。append_text 方法用于添加新的文本状态到链表头部。undo 方法用于撤销操作，它将链表的头指针移动到前一个结点，并将当前结点存储到重做列表中。redo 方法用于重做操作，它从重做列表中取出结点并重新添加到链表头部。这个案例演示了双向链表如何在需要维护顺序和可逆操作的场景中发挥作用。

2.3.4 循环链表

循环链表是一种特殊的链表结构，其中最后一个结点指向第一个结点，从而形成一个闭环。这样，链表中的结点就可以通过连续的"下一个"指针遍历，最终回到起始结点。循环链表通常用于实现循环队列或其他需要循环访问元素的数据结构。循环链表可分为循环单链表和循环双向链表。

1. 循环单链表

循环单链表（Circular Singly Linked List）是一种特殊类型的单链表，其中最后一个结点的 next 指针不是指向 null（或 None），而是指向链表的第一个结点，形成一个闭合的循环。这种结构使得链表中的数据可以从前到后循环遍历，直到再次回到起始点。

循环单链表的特点如下。

（1）无尾指针：循环单链表没有尾指针，因为最后一个结点指向头结点。

（2）循环遍历：可以从链表中的任意一个结点开始遍历，最终会回到这个结点。

（3）插入和删除操作：在循环单链表中进行插入和删除操作时，需要维护 next 指针的循环特性。

（4）入口点：通常有一个入口点（或称为锚点）指向链表的开始位置，以便于访问和管理链表。

循环单链表的结构如图 2.12 所示。

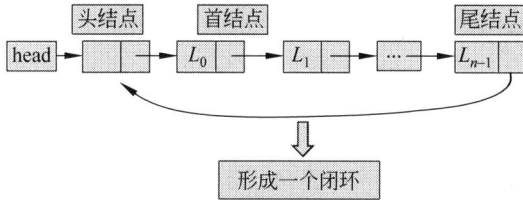

图 2.12 循环单链表的结构

用 Python 代码段描述实现循环单链表如下。

```
class Node:
def __init__(self,data):
self.data=data
self.next=None
class CircularSinglyLinkedList:
def __init__(self):
self.anchor=None                    #锚点,指向链表的开始位置
def insert_at_beginning(self,data):
new_node=Node(data)
if not self.anchor:                  #如果链表为空
new_node.next=new_node              #新结点指向自己形成循环
self.anchor=new_node
else:
(1) 插入当前头结点前,并更新循环链接
last_node=self.anchor.next
new_node.next=last_node
self.anchor.next=new_node
self.anchor=new_node
def append_at_end(self,data):
new_node=Node(data)
if not self.anchor:                  #如果链表为空
new_node.next=new_node              #新结点指向自己形成循环
self.anchor=new_node
else:
(2) 找到最后一个结点并插入新结点
current=self.anchor
while current.next!=self.anchor:
current=current.next
current.next=new_node
new_node.next=self.anchor
def delete_node(self,data):
if not self.anchor:
return
current=self.anchor
while True:
```

```
next_node=current.next
if next_node.data==data:
if current==next_node:                  #删除的是唯一一个结点
self.anchor=None
else:
current.next=next_node.next
if next_node.next==self.anchor:         #删除的是尾结点
self.anchor=current
current=next_node
if current==self.anchor:
break
def print_list(self):
if not self.anchor:
print("List is empty.")
return
current=self.anchor
while True:
print(current.data,end=" ")
current=current.next
if current==self.anchor:
break
print()
#示例
csll=CircularSinglyLinkedList()
csll.insert_at_beginning(3)
csll.insert_at_beginning(2)
csll.insert_at_beginning(1)
csll.print_list()                       #输出 1 2 3
csll.append_at_end(4)
csll.print_list()                       #输出 1 2 3 4
csll.delete_node(2)
csll.print_list()                       #输出 1 3 4
```

在这个实现中，CircularSinglyLinkedList 类有一个 anchor 属性，它作为链表的入口点。insert_at_beginning 方法在链表头部插入新结点，append_at_end 方法在链表尾部追加新结点，delete_node 方法删除具有指定数据的结点，print_list 方法打印链表中的所有元素。循环单链表适用于需要循环遍历数据或实现固定大小队列（如循环缓冲区）的场景。

循环单链表的插入和删除操作与非循环单链表的操作相同，二者的主要区别如下。

（1）插入操作：在循环单链表中插入新结点时，需要更新前后结点的 next 指针，以保持循环的特性。而非循环单链表的插入操作也涉及类似的指针更新，只是不需要考虑循环闭合的问题。

（2）删除操作：在循环单链表中删除结点时，同样需要更新相邻结点的 next 指针，确保维持循环结构。非循环单链表的删除操作也是基于指针的更新，但需要注意保持链表末尾的 null 状态。

2. 循环双向链表

循环双向链表（Circular Doubly Linked List）是一种特殊的数据结构，它在双向链表的基础上增加了循环的特性。在循环双向链表中，不仅第一个结点的 next 指针指向第二个结点,而且最后一个结点的 prev 指针也指向第一个结点,形成一个闭合的循环。

循环双向链表的特点如下。

(1) 无尾指针:与循环单链表类似,循环双向链表也没有尾指针,因为最后一个结点的 prev 指针指向头结点。

(2) 循环遍历:可以从任意结点开始向前或向后遍历整个链表。

(3) 插入和删除操作:在循环双向链表中进行插入和删除操作时,需要同时维护 next 和 prev 指针的循环特性。

(4) 灵活的访问方式:由于每个结点都有指向前一个结点和后一个结点的指针,因此可以灵活地从任一结点开始访问链表。

循环双向链表的结构如图 2.13 所示。

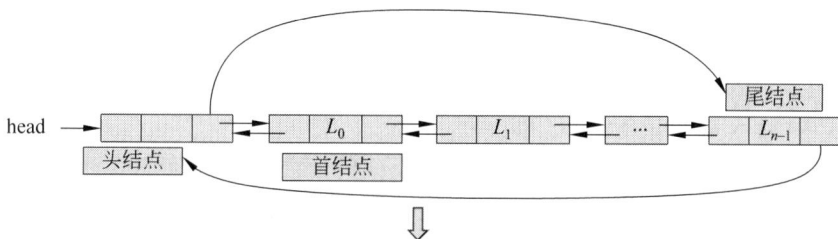

● 形成两个闭环

● 可以快速找到头、尾结点

图 2.13　循环双向链表的结构

用 Python 代码段描述实现循环双向链表如下。

```python
class Node:
def __init__(self,data):
self.data=data
self.prev=None
self.next=None
class CircularDoublyLinkedList:
def __init__(self):
self.anchor=None                        #锚点,指向链表的开始位置
def insert_at_beginning(self,data):
new_node=Node(data)
if not self.anchor:                     #如果链表为空
new_node.prev=new_node
new_node.next=new_node
self.anchor=new_node
else:
new_node.prev=self.anchor.prev
new_node.next=self.anchor
self.anchor.prev.next=new_node
self.anchor.prev=new_node
self.anchor=new_node
def append_at_end(self,data):
new_node=Node(data)
```

```
        if not self.anchor:                         #如果链表为空
        new_node.prev=new_node
        new_node.next=new_node
        self.anchor=new_node
        else:
        last=self.anchor.prev
        new_node.prev=last
        new_node.next=self.anchor
        last.next=new_node
        self.anchor.prev=new_node
        def delete_node(self,node):
        if self.anchor:
        if self.anchor==self.anchor.prev:           #只有一个结点
        self.anchor=None
        else:
        node.prev.next=node.next
        node.next.prev=node.prev
        if node==self.anchor:                        #如果删除的是锚点
        self.anchor=node.next
        if node==self.anchor.prev:                   #如果删除的是最后一个结点
        self.anchor.prev=node.prev
        def print_list(self):
        if not self.anchor:
        print("List is empty.")
        return
        current=self.anchor
        while True:
        print(current.data,end=" ")
        current=current.next
        if current==self.anchor:
        break
        print()
        #示例
        cdll=CircularDoublyLinkedList()
        cdll.insert_at_beginning(1)
        cdll.insert_at_beginning(2)
        cdll.insert_at_beginning(3)
        cdll.print_list()                            #输出 3 2 1
        cdll.append_at_end(4)
        cdll.print_list()                            #输出 3 2 1 4
        cdll.delete_node(cdll.anchor)                #删除锚点结点
        cdll.print_list()                            #输出 2 1 4
```

在这个实现中，CircularDoublyLinkedList 类有一个 anchor 属性，它作为链表的入口点。insert_at_beginning 方法在链表头部插入新结点，append_at_end 方法在链表尾部追加新结点，delete_node 方法删除指定的结点，print_list 方法打印链表中的所有元素。循环双向链表适用于需要循环遍历数据或实现固定大小队列的场景，同时提供了灵活的插入和删除操作。

循环双向链表与非循环双向链表的插入和删除操作相同,二者基本运算相同,主要区别如下。

(1)非循环双向链表在进行头结点或尾结点的插入、删除操作时,需要特别处理 null 指针的情况。循环双向链表由于首尾相连,不需要处理 null 指针的情况。在插入或删除头结点、尾结点时,操作更为简洁,无须担心 null 指针的问题。

(2)非循环双向链表的第一个结点的前一个结点(prev)是 null,链的最后一个结点的下一个结点(next)也是 null,即链表的首尾不相连。循环双向链表的最后一个结点的 next 指针指向头结点,头结点的 prev 指针指向最后一个结点,形成一个闭环,即链表的首尾相连。

2.4 顺序表和链表的比较

顺序表和链表是两种常见的线性数据结构,它们在存储方式、访问和操作效率上有所不同。以下是它们之间的一些主要比较点。

1. 存储方式

顺序表:使用一段连续的存储单元(如数组)来存储数据元素。元素在内存中的位置是连续的,通过计算偏移量可以直接访问任意位置的元素。

链表:通过指针(或引用)将一组离散的内存块(即结点)连接起来。每个结点包含数据和指向下一个结点的指针(对于双向链表,还包括指向前一个结点的指针)。由于数据分散存储,无法通过计算偏移量直接访问任意位置的元素,只能从头结点或尾结点开始,逐步访问链表中的每个结点。

2. 空间利用率

顺序表:在创建时就需要分配足够的连续存储空间,可能会造成空间浪费。如果顺序表已满,需要扩容(如重新分配一个更大的数组),这可能会导致数据迁移和额外的空间开销。

链表:动态分配存储空间,每个结点只占用必要的空间,不会造成空间浪费。但是,由于每个结点都需要存储指针(或引用),因此链表在存储相同数量的数据时,可能会占用更多的空间(尤其是在元素数量较少时)。

3. 访问效率

顺序表:支持基于下标的快速访问(时间复杂度为 $O(1)$)。但是,在插入或删除元素时,可能需要移动大量元素以保持顺序表的连续性,这可能导致较高的时间复杂度(最坏情况下为 $O(n)$)。

链表:访问任意位置的元素需要从头结点或尾结点开始遍历,因此访问效率较低(时间复杂度为 $O(n)$)。但是,在插入或删除元素时,只需要修改相关结点的指针即可,时间复杂度较低(通常为 $O(1)$ 或 $O(n)$,取决于插入或删除的位置)。

线性表常见操作的时间复杂度和空间复杂度对比如表 2.1 所示。

除了这些基本操作外,线性表还可能支持一些额外的操作,如获取线性表的长度、判断线性表是否为空、清空线性表等。这些操作的实现方式和时间复杂度也取决于线性表的存储结构。

表 2.1　线性表的常见基本操作性能对比

操作	线 性 表		链 表	
	时间复杂度	空间复杂度	时间复杂度	空间复杂度
插入	$O(n)$	$O(1)$	$O(1)$或$O(n)$	$O(1)$
查找	$O(n)$	$O(1)$	$O(n)$	$O(1)$
删除	$O(n)$	$O(1)$	$O(1)$或$O(n)$	$O(1)$

需要注意的是，上述操作的时间复杂度是基于理想情况下的分析，实际性能可能受到数据分布、缓存命中率、硬件特性等多种因素的影响。因此，在实际应用中，需要根据具体需求和场景选择合适的线性表实现方式以及优化策略。

4. 扩展性

顺序表：在内存空间允许的情况下，可以方便地扩展容量（如通过扩容操作）。但是，如果内存空间不足，可能会导致扩展失败。

链表：动态分配存储空间，可以方便地扩展容量，不受内存空间的限制。但是，如果频繁进行插入或删除操作，可能会导致内存碎片问题。

5. 应用场景

顺序表：适用于需要频繁访问元素（如按下标访问）的场景，以及需要存储大量数据且内存空间充足的场景。

链表：适用于需要频繁进行插入或删除操作的场景，以及需要动态分配存储空间的场景。例如，实现栈、队列、哈希表等数据结构时，链表通常是一个很好的选择。

2.5　线性表的应用——机场乘客排队值机系统

1. 问题描述

在一个机场的值机柜台前，乘客需要排队等待办理登机手续。每分钟，新的乘客到达机场并加入队列的末尾。同时，值机柜台每分钟为队列头部的乘客办理手续，该乘客随后离开队列。如果队列为空，值机柜台将等待直到有乘客到达。

需要一个系统来跟踪乘客的排队情况，并能够实时更新和报告队列的状态，如当前排队乘客的数量、预计等待时间等。

2. 问题求解

为了模拟这个排队值机系统，可以使用线性表（例如数组或链表）来表示队列。以下是使用数组实现的简单模型。

（1）数据结构选择：由于乘客按顺序到达并离开，使用数组或链表都是合适的。数组允许随机访问，但大小固定；链表大小动态，但不支持随机访问。在这个案例中，选择数组来简化实现。

（2）初始化队列：创建一个固定大小的数组来表示队列，以及两个指针（或索引）来表示队列的头部和尾部。

（3）乘客到达：每分钟，新的乘客到达并添加到队列的尾部（数组的末尾）。

（4）乘客值机：每分钟，如果队列不为空，值机柜台从队列头部（数组的开头）取出乘客并为其办理手续。

（5）更新队列：值机后，移动头部指针，丢弃已办理手续的乘客。

（6）报告队列状态：系统可以根据当前队列的长度和值机速度，估算等待时间。

用 Python 代码段描述如下。

```python
class AirportCheckInSystem:
    def __init__(self,capacity):
        self.capacity=capacity                  #队列的最大容量
        self.queue=[None] * capacity            #初始化队列数组
        self.head=0                             #头部索引
        self.tail=0                             #尾部索引
    def passenger_arrives(self):
        if self.tail<self.capacity:             #检查队列是否已满
            self.queue[self.tail]="Passenger{}".format(self.tail+1)   #新乘客加入队列
            self.tail+=1
        else:
            print("Queue is full.Passenger cannot be added.")
    def check_in_passenger(self):
        if self.head<self.tail:                 #检查队列是否为空
            print("Checking in passenger:{}".format(self.queue[self.head]))
            self.head+=1                        #移动头部索引,办理下一个乘客
        else:
            print("No passengers in the queue.")
    def report_queue_status(self):
        print("Queue status:"," ".join(self.queue[self.head:self.tail]))
#示例
system=AirportCheckInSystem(5)
#模拟乘客到达和值机过程
for _ in range(6):                              #假设有 6 个乘客到达
    system.passenger_arrives()
    system.check_in_passenger()
    system.report_queue_status()
```

在这个模型中，AirportCheckInSystem 类使用一个数组 queue 来存储乘客，head 和 tail 索引分别表示队列的头部和尾部。passenger_arrives 方法模拟乘客到达，check_in_passenger 方法模拟乘客值机，report_queue_status 方法报告当前队列状态。

这个示例展示了线性表在模拟现实世界问题（如排队系统）中的应用，通过数组可以方便地管理队列中的元素。

小结

线性表作为数据结构中的基础概念，在本章中系统学习了其定义、特性、基本操作以及两种主要的存储结构——顺序存储和链式存储。通过理论学习和实践应用，深入理解了线性表如何有效地组织和管理数据，以及如何在不同场景下选择合适的存储结构。

在学习的过程中，特别强调了元素与线性表学习的结合。首先，坚持理论与实践相结合的原则。通过解决实际问题，不仅深化了对线性表知识的理解，更培养了将理论知识应用于

实际的能力，实现了知行合一。这种学习方式有助于我们提升解决实际问题的能力，为未来的学习和工作提供了有力的支持。

其次，注重培养严谨的科学态度。在学习线性表的过程中，始终保持对知识的敬畏和追求，严格按照科学的方法和步骤进行学习和实践。这种态度不仅有助于我们深入掌握线性表的知识，更能培养我们的科学精神和逻辑思维能力，为未来的学习和研究奠定了坚实的基础。

综上所述，线性表的学习不仅是对数据结构的掌握，更是对理论与实践相结合、严谨科学态度的培养。通过本章的学习，不仅提高了专业素养和实践能力，更培养了素养和综合素质。在未来的学习和工作中，将继续秉承这种精神，不断探索和创新，为实现个人价值和社会进步做出更大的贡献。

习题

一、单选题

1. 线性表采用顺序存储时，其地址（　　　）。
    A. 必须连续　　　　　　　　　　　　B. 一定不连续
    C. 部分地址可以不连续　　　　　　　D. 连续与否均可以

2. 若线性表最常用的操作是存取第 i 个元素和插入、删除第 i 个元素，则采用（　　　）存储方式最节省运算时间。
    A. 顺序表　　　　B. 单链表　　　　C. 双向链表　　　　D. 单循环链表

3. 在一个单链表中，已知 p 所指的结点是 q 所指结点的前驱结点，若在 q 和 p 之间插入 s 结点，则执行（　　　）。
    A. $s\text{->next}=p$; $p\text{->next}=s$;
    B. $q\text{->next}=s$; $s\text{->next}=p$;
    C. $p\text{->next}=s$; $s\text{->next}=q$;
    D. $p\text{->next}=s$; $s\text{->next}=p\text{->next}$;

4. 向一个顺序存储的线性表中第 i 个位置之前插入一个新元素时，需向后移动（　　　）个元素。
    A. i 　　　　　　　B. $i-1$ 　　　　　　　C. $n-i$ 　　　　　　　D. $n-i+1$

5. 在双向链表中，删除 p 所指结点的直接后继结点的操作是（　　　）。
    A. $p\text{->next}=p\text{->next->next}$;
    B. $p=p\text{->next}$;
    C. $p\text{->next}=p\text{->next->prior}$;
    D. $p\text{->prior}=p\text{->next}$;

6. 线性表采用链式存储时，结点的存储地址（　　　）。
    A. 必须是不连续的　　　　　　　　　B. 连续与否均可以
    C. 必须是连续的　　　　　　　　　　D. 部分地址必须连续

7. 顺序存储的线性表，其逻辑相邻元素的物理位置必定（　　　）。
    A. 相邻　　　　　B. 不相邻　　　　C. 大部分相邻　　　　D. 部分相邻

8. 线性表采用链式存储结构时,要求内存中可用存储单元的地址(　　)。

　　A. 必须连续　　　　　　　　　　B. 部分地址必须连续

　　C. 一定不连续　　　　　　　　　　D. 连续不连续都可以

9. 在单链表中,增加头结点的目的是(　　)。

　　A. 使单链表至少有一个结点

　　B. 方便运算的实现

　　C. 使单链表中的结点都有前驱结点

　　D. 使单链表中的结点都有后继结点

10. 线性表 $L=(a_1, a_2, \cdots, a_n)$ 用数组表示时,其下标范围一般是(　　)。

　　A. $1 \sim n$　　　　　B. $0 \sim n$　　　　　C. $0 \sim n-1$　　　　　D. $1 \sim n-1$

二、多选题

1. 以下关于线性表的叙述中,(　　)是正确的。

　　A. 线性表采用顺序存储,必须占用一片连续的存储空间

　　B. 线性表采用链式存储,不必占用一片连续的存储空间

　　C. 线性表采用链式存储,便于插入和删除操作

　　D. 线性表采用顺序存储,便于插入和删除操作

2. 线性表的数据结构可以表示(　　)。

　　A. 队列　　　　　　B. 栈　　　　　　C. 二叉树　　　　　D. 图

3. 下列关于线性表的叙述中,正确的是(　　)。

　　A. 线性表可以是空表

　　B. 线性表是一种线性结构

　　C. 线性表的所有结点有且仅有一个前驱结点和一个后继结点

　　D. 线性表中至少要有一个结点

4. 线性表采用链式存储结构时,其地址(　　)。

　　A. 必须是连续的　　　　　　　　　B. 连续与否均可以

　　C. 一定是不连续的　　　　　　　　D. 部分地址可以不连续

5. 以下关于线性表的说法正确的是(　　)。

　　A. 线性表中的数据元素个数是有限的

　　B. 线性表中的元素具有线性关系

　　C. 线性表中的数据元素是不可变的

　　D. 线性表中的数据元素是有序的

三、判断题

1. 线性表的顺序存储结构优于链式存储结构。(　　)

2. 线性表在链式存储时,不一定从第一个结点开始存储数据。(　　)

3. 线性表采用链式存储时,结点和链域分别存储数据元素及其前驱、后继的位置信息。(　　)

4. 顺序存储的线性表可以随机存取表中的任一元素。(　　)

5. 线性表采用链式存储结构时,结点的存储地址必须是不连续的。(　　)

四、算法设计题

1. 设计一个顺序表类 ArraySequence，包含以下方法。

__init__(self,capacity＝10)：初始化一个容量为 capacity 的空顺序表。

insert(self,index,value)：在索引 index 处插入值 value。如果 index 超出了当前列表的长度，则在末尾插入。

2. 在 ArraySequence 类中增加方法 delete(self,index)，删除索引 index 处的元素，并自动调整后续元素。如果 index 越界，则不执行任何操作。

3. 实现单链表类 LinkedList，包含以下方法。

__init__(self)：初始化一个空链表。

append(self,value)：在链表末尾添加元素。

traverse(self)：打印链表的所有元素。

4. 使用链表模拟经典的约瑟夫环问题，n 个人围成一圈，从第一个人开始报数，报到 m 的人退出，求最后剩下的那个人的位置。

第3章 栈与队列

本章学习目标

- 熟练掌握栈的基本概念和操作方法。
- 熟练掌握队列的基本概念和操作方法。
- 掌握使用 Python 列表实现栈与队列。
- 理解并能分析栈与队列的时间复杂度和空间复杂度。
- 能够应用栈与队列解决实际问题。

本章首先介绍栈与队列的基本概念和特点,再详细讲解如何在 Python 中实现栈和队列的基本操作,最后通过具体的实例展示它们在实际问题中的应用。

栈和队列是两种基本的数据结构,广泛应用于各种算法和系统设计中。栈遵循后进先出的原则,而队列遵循先进先出的原则。这些基本原理不仅在技术上有重要作用,同时也蕴含着丰富的人文思考和现实规则的价值。栈的后进先出原则反映了一种紧急优先的处理方式。在现实中,紧急事务往往需要优先处理,强调了灵活应对和高效决策的能力。例如,面对突发事件,社会管理者需要迅速反应,果断决策,确保公共利益的最大化。队列的先进先出原则强调了公平和秩序的概念。在现实生活中,排队的规则无处不在,无论是医院的挂号、银行的业务办理,还是日常生活中的购物结账,先进先出都保证了大家享有平等的机会。在社会治理中,公平和秩序是社会稳定的重要基石,这一原则提醒我们在日常生活和工作中,要遵守规则,维护公正。

3.1 栈

在数据结构中,栈(Stack)是一个后进先出(Last In First Out,LIFO)的抽象数据类型。栈主要支持以下几种基本操作。

(1)入栈(Push):将一个元素添加到栈的顶部。

(2)出栈(Pop):移除并返回栈顶部的元素。

(3)查看栈顶元素(Peek 或 Top):返回栈顶部的元素但不移除它。

(4)检查栈是否为空(IsEmpty):返回栈是否不包含任何元素。

3.1.1 栈的基本概念

1. 什么是栈

先来看一个生活场景:你在厨房里洗碗,并将干净的盘子一个个地叠在柜台上。

如图 3.1 所示,每次洗完一个盘子,就把它放到最上面。当需要使用一个盘子时,我们总是从顶部拿起最上面的那个盘子。这个例子清楚地展示了这样一个原则:最后叠上去的盘子最先被拿下来。栈即是符合这个原则。

图 3.1　栈操作的原则

栈是一种常见的线性数据结构，它遵循 LIFO 的原则。也就是说，最后被插入栈中的元素最先被移除。栈的操作通常受限于栈的顶端，这就使得栈非常适用于那些需要在逆序中处理元素的场景，例如，函数调用、括号匹配和表达式求值等问题。

2. 栈的 LIFO 特性

栈最显著的特性之一是 LIFO，即"后进先出"。在 LIFO 模式中，最后插入栈的元素最先被移除。栈在计算机科学和工程中有广泛的应用，其 LIFO 特性是其核心操作原理，如图 3.2 所示。

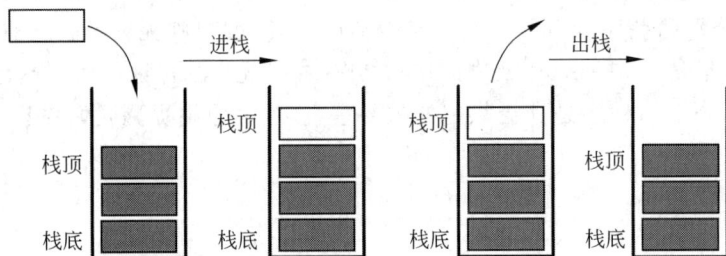

图 3.2　栈遵循"后进先出"原则

LIFO 特性的详细解释如下。

（1）入栈操作。

将一个元素添加到栈的顶端，这个操作在栈中称为"入栈"或"推入"。

（2）出栈操作。

移除栈顶的元素，同时减小栈的大小，这个操作在栈中称为"出栈"或"弹出"。

由于 LIFO 的特性，最近入栈的元素在出栈操作中总是第一个被移除。

下面通过一个例子来更形象地理解 LIFO 特性。

假设有一个空栈，进行如下操作。

Push(1)：将元素 1 放入栈中。

Push(2)：将元素 2 放入栈中。

Push(3)：将元素 3 放入栈中。

此时，栈的状态如图 3.3 所示。

接下来,进行出栈操作。

Pop():移除栈顶的元素 3,栈中剩下的元素如图 3.4 所示。

Pop():移除栈顶的元素 2,栈中剩下的元素如图 3.5 所示。

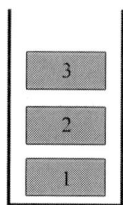

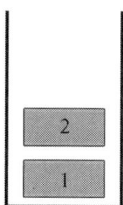

图 3.3　入栈　　　　　图 3.4　元素 3 出栈　　　　图 3.5　元素 2 出栈

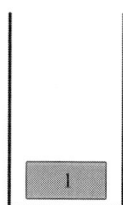

Pop():移除栈顶的元素 1,栈变为空。

从上面的例子可以看出,最后插入的元素 3 最先被移除,这正是 LIFO 特性的体现。

3. 栈的基本操作

栈支持一组核心操作,分别如下。

(1) 入栈:将一个元素添加到栈的顶端。

(2) 出栈:移除并返回栈顶的元素。

(3) 查看栈顶:返回栈顶的元素但不移除它。

(4) 空栈检查:检查栈是否为空。

(5) 栈大小:返回栈中元素的个数。

栈的实现可以有多种方式,最常见的包括基于数组的顺序栈和基于链表的链式栈。

1) 顺序栈

顺序栈使用数组来存储元素。如图 3.6 所示,数组的一个端作为栈顶,数组的大小需要预先定义。它的实现相对简单,但若栈的大小不可预知,可能会导致空间浪费或溢出。

以下 Python 代码段描述了通过数组实现了一个栈,并提供了基本的栈操作,包括入栈、出栈、查看栈顶元素、检查栈是否为空以及获取栈的大小。

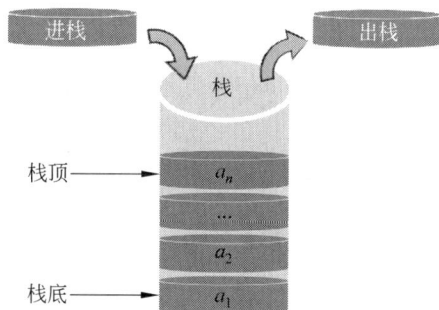

图 3.6　顺序栈

```python
class ArrayStack:
#初始化栈,默认容量为100
def __init__(self, capacity=100):
    self.stack = [None] * capacity        #创建一个列表来存储栈元素
    self.top = -1                         #表示栈顶元素的索引。-1表示栈是空的
```

```
        self.capacity = capacity              #栈能容纳的最大元素数量
#将元素压入栈顶的方法
def push(self, item):
#检查栈是否已满
    if self.top == self.capacity - 1:
        raise IndexError("栈溢出")            #如果栈空间已满,抛出错误
        self.top += 1                          #增加 top 索引
        self.stack[self.top] = item            #将元素添加到栈的 top 索引位置
#移除并返回栈顶元素的方法
def pop(self):
#检查栈是否为空
    if self.top == -1:
        raise IndexError("栈为空")            #如果栈中没有元素,抛出错误
    item = self.stack[self.top]                #获取栈顶元素
    self.top -= 1                              #减少 top 索引
    return item                                #返回被弹出的元素
#返回栈顶元素,但不移除它的方法
def peek(self):
#检查栈是否为空
    if self.top == -1:
        raise IndexError("栈是空的")          #如果栈中没有元素,抛出错误
    return self.stack[self.top]                #返回栈顶元素
#检查栈是否为空的方法
def is_empty(self):
    return self.top == -1                      #如果栈为空,返回 True
#返回栈中元素数量的方法
def size(self):
    return self.top + 1                        #栈的大小是栈顶元素的索引加 1
```

2）链式栈

链式栈使用链表来存储元素,这种方法不仅能避免空间浪费,还能适应动态变化的栈大小,如图 3.7 所示。

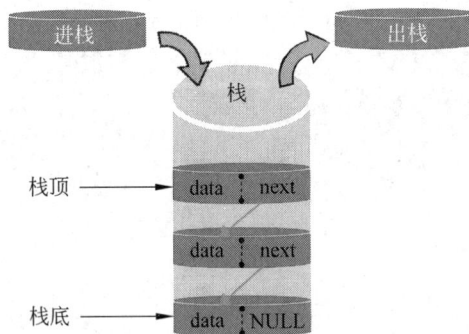

图 3.7　链式栈

使用链表来实现栈的 Python 代码段如下。

```
class ListNode:
#初始化链表结点,默认值为 None
def __init__(self, value=None):
    self.value = value                        #结点值
```

```
        self.next = None                        #指向下一个结点的指针
        class LinkedListStack:
#初始化链表栈
def __init__(self):
    self.head = None                            #栈顶元素所在的结点
    self.count = 0                              #栈中元素的计数
#将元素压入栈顶的方法
def push(self, item):
    new_node = ListNode(item)                   #创建一个新的结点
    new_node.next = self.head                   #将新结点的 next 指针指向当前的栈顶结点
    self.head = new_node                        #将栈顶指针更新为新结点
    self.count += 1                             #元素数量加 1
#移除并返回栈顶元素的方法
def pop(self):
#检查栈是否为空
if self.head is None:
    raise IndexError("栈为空")                  #如果栈为空,抛出错误
    item = self.head.value                      #获取栈顶元素的值
    self.head = self.head.next                  #将栈顶指针更新为下一个结点
    self.count -= 1                             #元素数量减 1
    return item                                 #返回被弹出的元素
#返回栈顶元素,但不移除它的方法
def peek(self):
#检查栈是否为空
    if self.head is None:
        raise IndexError("栈是空的")            #如果栈为空,抛出错误
    return self.head.value                      #返回栈顶元素的值
#检查栈是否为空的方法
def is_empty(self):
    return self.head is None                    #如果栈顶指针为 None,则栈为空
#返回栈中元素数量的方法
def size(self):
    return self.count                           #返回栈中元素的计数
```

3.1.2 使用 Python 列表实现栈

Python 列表提供了丰富的操作,可以让我们轻松地实现栈的各种功能。

1. Python 列表的基本操作

Python 列表是一种可变的、有序的集合,可以保存任意类型的对象。我们将利用列表的以下几个基本操作来实现栈的功能。

list.append(element):在列表的末尾添加一个元素,这个操作对应栈的"推入"(push)。

list.pop():移除并返回列表的最后一个元素,这个操作对应栈的"弹出"(pop)。

list[−1]:访问列表的最后一个元素而不移除它,这个操作对应栈的"查看栈顶元素"(peek)。

2. 实现栈的 push()方法

首先实现栈的 push()方法,该方法用于将元素推入栈中。

```
class Stack:
```

```
    def __init__(self):
        self.items = []
    def push(self, item):
        self.items.append(item)
```

3. 实现栈的 pop()方法

接下来，实现栈的 pop()方法，该方法用于从栈中弹出元素。

```
class Stack:
    def __init__(self):
        self.items = []
    def push(self, item):
        self.items.append(item)
    def pop(self):
        if not self.is_empty():
            return self.items.pop()
        else:
            return None
```

4. 实现栈的 peek()方法

栈的 peek()方法用于查看栈顶的元素而不移除它。

```
class Stack:
    def __init__(self):
        self.items = []
    def push(self, item):
        self.items.append(item)
    def pop(self):
        if not self.is_empty():
            return self.items.pop()
        else:
            return None
    def peek(self):
        if not self.is_empty():
            return self.items[-1]
        else:
            return None
```

5. 实现栈的 is_empty()方法

栈的 is_empty()方法用于检查栈是否为空。

```
class Stack:
    def __init__(self):
        self.items = []
    def push(self, item):
        self.items.append(item)
    def pop(self):
        if not self.is_empty():
            return self.items.pop()
        else:
            return None
    def peek(self):
        if not self.is_empty():
```

```
                return self.items[-1]
            else:
                return None
    def is_empty(self):
        return len(self.items) == 0
```

3.1.3 栈的应用场景

栈在计算机科学和日常应用中有着广泛的用途。由于其先进后出的特性,栈在许多场景中提供了高效和简洁的解决方案。接下来,介绍几个在实际应用中常用的栈的应用场景。

1. 函数调用管理

在编程语言中,函数调用是通过栈来管理的。当一个函数被调用时,当前执行的状态(包括函数参数、变量和返回地址)会被压入栈中。这称为函数的调用帧。当函数执行结束时,它的调用帧将从栈中弹出,程序恢复到之前的状态。这样的机制确保了函数先调用后返回,符合栈的 LIFO 特性。使用 Python 代码段举例说明如下。

```python
def function_a():
    function_b()
def function_b():
    print("Function B")
function_a()
```

在上述代码中,function_a 调用了 function_b。在执行过程中,function_a 的状态会被压入栈中,然后 function_b 的状态被压入栈中并执行。function_b 执行后,状态从栈中弹出,回到 function_a 的执行。

2. 表达式求值与语法解析

在编译器和解释器中,栈被广泛用于表达式求值和语法解析。一个经典的例子是将中缀表达式转换为后缀表达式(逆波兰表达式),然后进行计算。

例如,中缀表达式 3＋4 * 2/(1−5)可以转换为后缀表达式 3 4 2 * 1 5 − / ＋,然后使用栈进行计算。使用 Python 代码段描述如下。

```python
def evaluate_postfix(expression):
    stack = Stack()
    for token in expression.split():
        if token.isdigit():
            stack.push(int(token))
        else:
            b = stack.pop()
            a = stack.pop()
            if token == '+':
                stack.push(a + b)
            elif token == '-':
                stack.push(a - b)
            elif token == '*':
                stack.push(a * b)
            elif token == '/':
                stack.push(a / b)
    return stack.pop()
```

```
#示例
postfix_expr = "3 4 2 * 1 5 - / +"
print("后缀表达式的值: ", evaluate_postfix(postfix_expr))
```

3. 浏览器的前进和后退功能

浏览器的前进和后退功能也是栈的一种经典应用。浏览器维护两个栈，一个保存前进历史，另一个保存后退历史。

(1) 当用户单击链接或输入 URL 时，当前页面被压入后退栈。

(2) 当用户单击"后退"按钮时，当前页面被压入前进栈，并从后退栈弹出新的页面。

(3) 当用户单击"前进"按钮时，前进栈的页面被压入后退栈，并从前进栈弹出新的页面。

这种机制保证了用户可以按顺序前进和后退浏览历史。Python 代码段描述如下。

```
class Browser:
    def __init__(self):
        self.back_stack = Stack()                              #用于存储后退页面的栈
        self.forward_stack = Stack()                           #用于存储前进页面的栈
        self.current_page = None                               #当前访问的页面
#访问一个新的页面
    def visit(self, url):
        if self.current_page:
            self.back_stack.push(self.current_page)            #将当前页面压入后退栈
        self.current_page = url                                #更新当前页面为新访问的页面
        self.forward_stack = Stack()                           #清空前进栈
#后退到上一个页面
    def back(self):
        if not self.back_stack.is_empty():
            self.forward_stack.push(self.current_page)         #将当前页面压入前进栈
            self.current_page = self.back_stack.pop()
            #将后退栈的栈顶页面弹出并设置为当前页面
#前进到下一个页面
    def forward(self):
        if not self.forward_stack.is_empty():
            self.back_stack.push(self.current_page)            #将当前页面压入后退栈
            self.current_page = self.forward_stack.pop()
            #将前进栈的栈顶页面弹出并设置为当前页面
#示例
browser = Browser()
browser.visit('page1')
browser.visit('page2')
browser.back()
print("当前页面: ", browser.current_page)                      #输出 page1
browser.forward()
print("当前页面: ", browser.current_page)                      #输出 page2
```

4. 撤销与重做操作

文本编辑器、图像编辑器或其他具有撤销和重做功能的应用程序中，栈被广泛用于记录和管理用户操作。每次用户操作都会被记录到一个栈中，当用户单击"撤销"按钮时，操作从栈中弹出并应用到文档或图像上。当然，撤销的操作还可以保存到一个重做栈中，以支持重做功能。Python 代码段描述如下。

```python
class Editor:
    def __init__(self):
        self.undo_stack = Stack()          #用于存储撤销操作的栈
        self.redo_stack = Stack()          #用于存储重做操作的栈
        self.text = ""                     #当前编辑器中的文本
#向编辑器中写入文本
    def write(self, text):
        self.undo_stack.push(self.text)    #将当前文本状态压入撤销栈
        self.text += text                  #将新文本添加到当前文本末尾
#撤销上一次写入操作
    def undo(self):
#如果撤销栈不为空,则执行撤销操作
        if not self.undo_stack.is_empty():
            self.redo_stack.push(self.text)  #将当前文本状态压入重做栈
            self.text = self.undo_stack.pop()
            #将撤销栈的栈顶文本状态弹出并设置为当前文本
#重做上一次撤销操作
    def redo(self):
#如果重做栈不为空,则执行重做操作
        if not self.redo_stack.is_empty():
            self.undo_stack.push(self.text)
            #将当前文本状态压入撤销栈
            self.text = self.redo_stack.pop()
            #将重做栈的栈顶文本状态弹出并设置为当前文本
#示例
editor = Editor()
editor.write("Hello, ")
editor.write("world!")
print("文本内容: ", editor.text)          #输出 Hello, world!
editor.undo()
print("撤销后文本内容: ", editor.text)     #输出 Hello,
editor.redo()
print("重做后文本内容: ", editor.text)     #输出 Hello, world!
```

通过这些具体的应用场景,可以清晰地看到栈在解决实际问题中的重要性和便利性。无论是函数调用管理、表达式求值、浏览器的前进和后退,还是撤销与重做操作,栈的 LIFO 特性都提供了一种自然且高效的处理方式。

3.2　队列

在数据结构中,队列(Queue)是一种先进先出(First In First Out,FIFO)的抽象数据类型。队列可以联想到生活中排队的情景,最早排队的人最早被服务。队列广泛用于需要按顺序处理任务的场景中,是一种非常常见的基础数据结构。

队列主要支持以下几种基本操作。

(1) 入队(Enqueue):将一个元素添加到队列的末尾。

(2) 出队(Dequeue):移除并返回队列开头的元素。

（3）查看队头元素(Peek 或 Front)：返回队列开头的元素但不移除它。

（4）检查队列是否为空(IsEmpty)：返回队列是否不包含任何元素。

3.2.1　队列的基本概念

1. 什么是队列

先来看一个生活场景：在电影院售票处，观众通常按先来后到的顺序排队买票。第一个到达的观众会第一个买到票，最后一个到达的观众会最后买到票。这里的排队过程就是一个典型的队列，每个人都按照到达的顺序依次接受服务。队列即是类似这个场景的一种数据结构，如图 3.8 所示。

图 3.8　生活中的队列

队列是一种线性数据结构，类似排队的场景，可以让我们直观地理解其工作方式。它遵循先进先出的原则，这意味着最早添加到队列中的元素，也最先被取出。队列的这种特性使其适用于许多场景，例如，任务调度、请求处理和数据缓存，如图 3.9 所示。

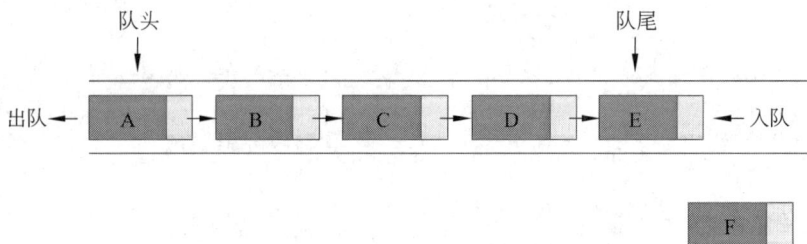

图 3.9　队列

2. 队列的 FIFO 特性

队列有两个主要的操作：入队(enqueue)和出队(dequeue)。入队操作会将元素添加到队列的末尾(队尾)，出队操作会将元素从队列的开头(队头)移除。由于队列是先进先出结构，第一个被添加的元素会在调用出队操作时第一个被移除。

例如，假设有一个空队列，并依次进行以下操作。

（1）入队操作 enqueue(1)。

（2）入队操作 enqueue(2)。

（3）入队操作 enqueue(3)。

现在队列的状态是[1,2,3]。如果进行一次出队操作 dequeue()，元素 1 将被移除，队列变成[2,3]。下一次出队操作将移除元素 2，以此类推。这正体现了队列的 FIFO 特性。

3. 队列的基本操作（入队、出队、查看队头元素）

队列的基本操作如下。

入队：将元素添加到队列的末尾。

出队：移除并返回队列开头的元素。

查看队头元素（peek）：返回队列开头的元素但不移除它。

检查队列是否为空（is_empty）：检查队列中是否有元素。

这些操作可以用来管理队列内部的元素，并实现相应的功能。下面是这些操作的概念描述。

（1）入队。

描述：将一个元素添加到队列的末尾。

效果：队列长度增加 1，队尾元素更新为新添元素。

（2）出队。

描述：移除并返回队列开头的元素。

效果：队列长度减小 1，第二个元素成为新的队头元素。

（3）查看队头元素。

描述：返回队列开头的元素但不移除它。

效果：队列不发生变化，仅返回队头元素。

（4）检查队列是否为空。

描述：检查队列中是否有元素。

效果：返回一个布尔值，True 表示队列为空，False 表示队列不为空。

3.2.2 使用 collections.deque 实现队列

Python 标准库中的 collections 模块提供了一个名为 deque（双端队列）的类，可以高效地在队列两端添加和删除元素。可以使用 deque 来实现一个简单的队列，模拟其基本操作。

1. collections.deque 简介

deque 是一个线程安全的双端队列，支持在队列两端高效地进行插入和删除操作。deque 的使用方法与列表类似，但在性能上对两端的操作有显著优势。它适用于需要快速在队列头尾操作的场景。Python 代码段描述如下。

```
from collections import deque
#创建一个空的 deque
queue = deque()
#向 deque 中添加元素
queue.append(1)            #队尾入队
queue.append(2)
queue.append(3)
#从 deque 中移除元素
queue.popleft()            #队头出队
```

2. 实现队列的 enqueue()方法

enqueue()方法用于将元素添加到队列的末尾。我们可以直接使用 deque 的 append()方法来实现。Python 代码段描述如下。

```
def enqueue(queue, element):
    queue.append(element)
```

3. 实现队列的 dequeue()方法

dequeue()方法用于移除并返回队列头部的元素。我们可以使用 deque 的 popleft()方法来实现。Python 代码段描述如下。

```
def dequeue(queue):
    if not queue:
        raise IndexError("dequeue from an empty queue")
    return queue.popleft()
```

4. 实现队列的 peek()方法

peek()方法用于返回队列头部的元素但不移除它。我们可以通过直接访问 deque 的第一个元素来实现。Python 代码段描述如下。

```
def peek(queue):
    if not queue:
        raise IndexError("peek from an empty queue")
    return queue[0]
```

5. 实现队列的 is_empty()方法

is_empty()方法用于检查队列是否为空。我们可以通过检查 deque 的长度是否为 0 来实现。Python 代码段描述如下。

```
def is_empty(queue):
    return len(queue) == 0
```

6. 队列的完整实现代码示例

综合上述方法，可以组合成一个简单的队列类，Python 代码段描述如下。

```
from collections import deque
class Queue:
    def __init__(self):
        self.queue = deque()                    #使用 deque 来实现队列
#入队操作,将元素添加到队列末尾
    def enqueue(self, element):
        self.queue.append(element)    #将元素添加到 deque 的右侧(队尾)
#出队操作,从队列前端删除并返回元素
    def dequeue(self):
        if self.is_empty():
            raise IndexError("dequeue from an empty queue")
                                        #如果队列为空,抛出错误
        return self.queue.popleft()     #从 deque 的左侧(队首)删除并返回元素
#查看队列前端的元素但不删除它
    def peek(self):
        if self.is_empty():
            raise IndexError("peek from an empty queue")    #如果队列为空,抛出错误
        return self.queue[0]            #返回 deque 的左侧第一个元素(队首)
#检查队列是否为空
    def is_empty(self):
        return len(self.queue) == 0     #如果 deque 的长度为 0,则队列为空
```

```
#返回队列的字符串表示
    def __str__(self):
        return str(self.queue)    #转换 deque 为字符串以便打印
#使用示例
q = Queue()
q.enqueue(1)
q.enqueue(2)
q.enqueue(3)
print("Queue after enqueues:", q)
print("Peek:", q.peek())
print("Dequeue:", q.dequeue())
print("Queue after dequeue:", q)
print("Is queue empty?", q.is_empty())
q.dequeue()
q.dequeue()
print("Is queue empty after dequeues?", q.is_empty())
```

运行结果：

```
Queue after enqueues: deque([1, 2, 3])
Peek: 1
Dequeue: 1
Queue after dequeue: deque([2, 3])
Is queue empty? False
Is queue empty after dequeues? True
```

以上代码展示了如何使用 collections.deque 实现一个简单的队列，并包括基本的操作方法。通过这种方式，可以方便地在 Python 中使用队列数据结构来解决各种实际问题。

3.2.3　优先队列

优先队列是一种特殊的队列数据结构，能够确保每次出队操作总是返回具有最高优先级的元素，而不是遵循普通队列的先进先出特性。优先队列适合用于需要按优先级处理任务或元素的场景，例如，任务调度、路径搜索和缓存管理等。

1. 优先队列的基本概念

在优先队列中，每个元素都有一个与之关联的优先级。当执行出队操作时，总是优先返回优先级最高的元素。如果两个元素具有相同的优先级，则按照它们入队的顺序处理。

优先队列通常有以下两种实现方式。

（1）基于堆。

这是最常用的实现方式，通过堆来维持元素优先级的顺序。Python 的 heapq 模块提供了对堆的支持。

（2）基于有序列表。

这是一种简单但不太高效的实现方式，通过始终保持列表的有序性来实现优先级。

2. 使用 heapq 实现优先队列

hcapq 是 Python 标准库中的一个模块，提供了堆队列算法的实现。堆是一种特殊的树结构，能够在对数时间内支持插入和删除操作。在优先队列的实现中，最小堆（min-heap）是常用的方式，其中，堆顶元素总是最小的。

以下是一个使用 heapq 模块实现优先队列的示例，Python 代码段描述如下。

```python
import heapq
class PriorityQueue:
    def __init__(self):
        self._queue = []
        self._index = 0
    def enqueue(self, priority, item):
#使用(-priority, index)的方式保证先按优先级排序,优先级相同时按插入顺序排序
        heapq.heappush(self._queue, (-priority, self._index, item))
        self._index += 1
    def dequeue(self):
        if self.is_empty():
            raise IndexError("dequeue from an empty priority queue")
        return heapq.heappop(self._queue)[-1]
    def is_empty(self):
        return len(self._queue) == 0
    def __str__(self):
        return str([item for _, _, item in self._queue])
#使用示例
pq = PriorityQueue()
pq.enqueue(2, 'task 2')
pq.enqueue(1, 'task 1')
pq.enqueue(3, 'task 3')
print("Priority queue after enqueues:", pq)
print("Dequeue:", pq.dequeue())
print("Priority queue after dequeue:", pq)
print("Is priority queue empty?", pq.is_empty())
pq.dequeue()
pq.dequeue()
print("Is priority queue empty after dequeues?", pq.is_empty())
```

运行结果：

```
Priority queue after enqueues: ['task 3', 'task 2', 'task 1']
Dequeue: task 3
Priority queue after dequeue: ['task 2', 'task 1']
Is priority queue empty? False
Is priority queue empty after dequeues? True
```

Python 代码段代码详解如下。

（1）类初始化。

_queue 是一个存储元素的列表。

_index 用于记录元素插入的顺序，确保同优先级元素按顺序处理。

（2）enqueue 方法。

使用 heapq.heappush 将元素按优先级插入堆中。

为了实现最大堆，优先级取负值，这样优先级越高的元素越早被处理。

（3）dequeue 方法。

使用 heapq.heappop 从堆中移除并返回优先级最高的元素（即优先级最小的负值对应的元素）。

（4）is_empty 方法。

检查队列是否为空。

通过这种实现方式，可以高效地管理并处理具有不同优先级的任务，确保总是先处理优先级最高的任务。这种方法在很多实际应用中非常有用，尤其是在需要按优先级进行任务调度的场景中。

3.2.4　队列的应用场景

队列是一种非常重要的基础数据结构，它遵循先进先出的原则，也就是说，第一个进入队列的元素将是第一个被移除的元素。这一特性使得队列在现实生活和计算机系统中的许多场景中都得到了广泛的应用。

1. 操作系统中的任务调度

操作系统中的任务调度是指操作系统管理和分配 CPU 时间给各任务（或进程）的过程。任务调度的主要目标是提高系统的整体性能和响应速度。常见的调度算法包括先来先服务、短作业优先、轮转法等。下面是一个使用 Python 代码段模拟简单任务调度的示例代码，通过队列来模拟任务的顺序处理。

```
from collections import deque
#模拟任务调度
tasks = deque(["Task1", "Task2", "Task3"])
while tasks:
    current_task = tasks.popleft()
    print(f"Processing {current_task}")
输出：
Processing Task1
Processing Task2
Processing Task3
```

在这个示例中，使用了一个双端队列来存储任务列表，并通过 popleft() 方法依次处理每个任务，模拟了先来先服务调度算法的基本工作原理。

2. 打印任务管理

打印任务管理是指计算机系统中管理和调度打印任务的过程。打印任务通常会被放入一个队列中，按照先来先服务的顺序依次处理。这个过程确保每个文档都能按顺序打印出来，避免冲突和混乱。下面是一个使用 Python 代码段模拟简单打印任务管理的示例代码，通过队列来模拟打印任务的顺序处理。

```
from collections import deque
#模拟打印任务队列
print_queue = deque(["Document1", "Document2", "Document3"])
while print_queue:
    current_task = print_queue.popleft()
    print(f"Printing {current_task}")
输出：
Printing Document1
Printing Document2
Printing Document3
```

在这个示例中，使用了一个双端队列来存储打印任务列表，并通过 popleft()方法依次处理每个任务，模拟了先来先服务调度算法的基本工作原理。这种方法确保每个文档按照其进入队列的顺序被打印。

3. 网络流量管理

网络流量管理是指在计算机网络中控制数据包的流动，以优化网络性能和确保公平使用网络资源的过程。有效的网络流量管理可以防止网络拥堵、提高网络吞吐量、降低延迟，从而提供更稳定和流畅的网络体验。网络设备如路由器和交换机会维护一个数据包队列，并按照一定的规则来转发数据包。以下是一个用 Python 代码段模拟简单的数据包流量管理的示例代码，通过队列来模拟数据包的顺序传输，并加入了模拟的网络延迟。

```python
from collections import deque
import time
#简单模拟路由器的数据包队列
datapackets = deque(["Packet1", "Packet2", "Packet3"])
while datapackets:
    current_packet = datapackets.popleft()
    print(f"Transmitting {current_packet}")
    time.sleep(1)   #模拟一个网络延迟
```
输出：
```
Transmitting Packet1
Transmitting Packet2
Transmitting Packet3
```

在这个示例中，使用了一个双端队列来存储数据包，并通过 popleft()方法依次处理每个数据包，模拟了数据包按照到达先后顺序进行转发的过程。同时，使用 time.sleep(1)模拟了传输每个数据包时的网络延迟。通过这种方式，可以直观地看到数据包如何在网络中被传输和管理。

4. 客户服务系统

客户服务系统是指用于管理和处理客户请求和问题的系统。在呼叫中心，客户通常会按照先来先服务的原则排队等待服务。为了确保所有客户都能得到及时的帮助，呼叫中心通常会使用一个客户排队系统，通过队列来管理等待的客户。以下是一个使用 Python 代码段模拟简单呼叫中心排队系统的示例代码，通过队列来模拟客户的顺序服务。

```python
from collections import deque
#模拟呼叫中心排队系统
call_queue = deque(["Customer1", "Customer2", "Customer3"])
while call_queue:
    current_call = call_queue.popleft()
    print(f"Attending to {current_call}")
```
输出：
```
Attending to Customer1
Attending to Customer2
Attending to Customer3
```

在这个示例中，使用了一个双端队列来存储等待服务的客户。通过 popleft()方法，依次处理每个客户，模拟了客户按照到达顺序接受服务的过程。这种方法确保了每个客户按照其进入队列的顺序得到服务，保证了呼叫中心服务的公平性和高效性。

5. 模拟排队系统

排队系统是各种服务环境中常见的一种管理方式,用来组织和优化人们的等待流程。例如,在银行、医院、超市等地方,客户通常需要按照"先来先服务"的原则排队等待服务。有效的排队系统能够提高服务效率和客户满意度。以下是一个使用 Python 代码段模拟银行排队系统的示例代码,通过队列来管理和服务等待的客户。

```python
from collections import deque
#模拟银行排队系统
bank_queue = deque(["Customer1", "Customer2", "Customer3"])
while bank_queue:
    served_customer = bank_queue.popleft()
    print(f"Serving {served_customer}")
输出:
Serving Customer1
Serving Customer2
Serving Customer3
```

在这个示例中,使用了 Python 的双端队列来存储和管理等待服务的客户,通过 popleft()方法依次处理每个客户,模拟了银行按照先来先服务原则的排队系统。这种方法确保每个客户按照其进入队列的顺序得到服务,确保了服务过程的公平和有序。

队列的数据结构因其先进先出的特性在许多实际应用中发挥了关键作用。无论是操作系统的任务调度、网络流量管理,还是消息队列、客户服务系统等,队列为我们提供了一种简单而高效的方式来管理和组织数据的处理顺序。在学习数据结构与算法时,理解并掌握队列及其应用场景,将对实际工程实践和算法设计带来极大帮助。

小结

栈和队列是数据结构中的基本概念,它们各自有着独特的特性和应用场景。以下是对这两种数据结构的小结。

1. 栈

定义:栈是一种遵循"后进先出"原则的线性数据结构。

存储:常见实现方式有数组和链表,通常仅在一端进行插入和删除操作。

操作:支持压栈(push)、弹栈(pop)、查看栈顶元素(peek)等操作。

应用:广泛用于递归调用管理、括号匹配、表达式求值、深度优先搜索等。

2. 队列

定义:队列是一种遵循"先进先出"原则的线性数据结构。

存储:可以使用数组或链表实现,通常在一端进行插入操作,在另一端进行删除操作。

操作:支持入队(enqueue)、出队(dequeue)、查看队首元素(peek)等操作。

应用:用于任务调度、广度优先搜索、消息传递、缓冲区管理等。

3. 栈与队列的比较

1)存储方式

栈:可以使用数组或链表实现,操作仅限于栈顶。

队列:可以使用数组或链表实现,操作在队首和队尾进行。

2）操作效率

栈：压栈和弹栈操作通常是 $O(1)$ 时间复杂度。

队列：入队和出队操作通常是 $O(1)$ 时间复杂度，但数组实现可能涉及元素移动。

3）灵活性

栈：操作受限，仅能访问栈顶元素，适合后进先出的场景。

队列：操作受限，仅能访问队首和队尾元素，适合先进先出的场景。

4）应用场景

栈：递归实现、表达式求值、语法解析、函数调用管理等。

队列：任务调度、广度优先搜索、消息队列、缓冲区管理等。

总之，每种数据结构都有其优势和局限性，在实际编程和软件开发中，理解和掌握这些基本数据结构对于设计高效算法和系统至关重要。总之，栈和队列的简单操作规则与其强大功能，使得它们成为构建复杂算法和系统的基础工具。理解并掌握这些数据结构，对于解决实际问题和提高编程能力至关重要。通过合理选择并正确运用栈和队列，可以显著提升算法的效率和程序的可维护性。

习题

一、单选题

1. 以下（　　）是栈数据结构的特点。

  A. 插入操作在队尾进行　　　　　　B. 删除操作在队首进行

  C. 后进先出（LIFO）　　　　　　　　D. 先进先出（FIFO）

2. 在使用数组实现队列时，（　　）可能会导致性能问题。

  A. 入队操作（enqueue）　　　　　　B. 查看队首元素（peek）

  C. 出队操作（dequeue）　　　　　　D. 插入操作（insert）

3. 关于栈和队列的描述，正确的是（　　）。

  A. 栈和队列都遵循先进先出（FIFO）原则

  B. 栈的数据结构操作通常在数组两端进行

  C. 队列的数据结构操作通常在链表的一端进行

  D. 栈和队列都可以用数组或链表实现

4. 在栈中，（　　）操作会返回栈顶元素但不删除它。

  A. pop　　　　　　B. push　　　　　　C. enqueue　　　　　　D. peek

5. 以下（　　）通常使用栈数据结构。

  A. 广度优先搜索　　　　　　　　　　B. 深度优先搜索

  C. 消息队列　　　　　　　　　　　　D. 任务调度

6. 关于队列数据结构，下列描述正确的是（　　）。

  A. 队列操作包括 push 和 pop

  B. 队列是后进先出（LIFO）

  C. 队列通常在两个端点（队首和队尾）进行操作

  D. 队列主要用于递归调用管理

二、简答题

1. 描述栈的基本操作,并解释每个操作的作用。

2. 给定以下函数调用顺序 A→B→C→D,展示它们在调用栈中的变化过程。

3. 如何利用栈来检查一个字符串中的括号是否匹配? 例如,{[()()]}是匹配的,而 {[(])}不是匹配的。

4. 描述在操作系统中如何利用队列实现任务调度。

5. 给定以下任务到达顺序 T1,T2,T3,T4,展示它们在队列中的变化过程。

6. 什么是循环队列? 它与普通队列有什么区别?

三、算法设计题

1. 实现一个栈,使其可以进行基本的栈操作,以及在常数时间内实现频率查询,即查询栈中某个元素出现的次数。

2. 使用两个栈实现一个队列,要求实现 enqueue 和 dequeue 操作。

3. 设计一个计算器,该计算器支持＋、－、＊、/ 4 种操作,假设输入为一个字符串表达式。

4. 设计一个循环队列,要求实现 enqueue、dequeue、isFull 以及 isEmpty 操作。

5. 使用队列实现一个栈,要求实现 push、pop、top、empty 操作。

第4章 串、数组与广义表

本章学习目标

- 熟练掌握串的基本概念和实际应用。
- 掌握串的存储结构和模式匹配算法。
- 重点掌握数组的工作原理和地址计算方法。
- 了解特殊矩阵的压缩存储。
- 了解广义表的相关概念。

在计算机科学中,数据结构是组织和存储数据以便于访问和修改的方式。其中,串、数组和广义表是三种基本且重要的数据结构,它们在程序设计和算法实现中扮演着重要角色。串,又称为字符串,是由字符序列组成的数据结构,常用于存储文本信息。字符串在编程语言中通常被内置支持,并且具有丰富的操作函数,如连接、分割、搜索等。字符串处理是编程中的一项基本技能,无论是用户输入处理、文件读写还是网络通信,都离不开字符串的应用。数组,是一种线性数据结构,它存储相同类型的元素,并且可以通过索引快速访问。数组提供了一种简单且高效的数据存储方式,是许多算法和数据结构的基础。数组的连续内存分配特性,使得它在处理大量数据时能够实现快速地随机访问。广义表,是一种更为灵活的数据结构,它允许表中的元素是数据或者子表。广义表的这种嵌套特性,使得它能够表示复杂的数据结构,如树和图。广义表在函数式编程语言中尤为重要,它可以用来实现递归数据结构和高阶函数。

在本章中,将深入探讨这三种数据结构的基本概念、特性以及它们在编程中的应用。通过理解串、数组和广义表的工作原理,读者将能够更加高效地设计和实现算法,解决实际编程问题。还将通过具体的编程语言示例,展示如何创建和操作这些数据结构,以及它们在不同编程场景下的应用。

串和数组是一种数据结构,它们在处理和管理信息方面起着重要的作用,教育是为了培养和引导人们正确思想观念和政治意识。通过正确地理解和运用串、数组和的概念,我们可以更好地理解和应对现实生活中的各种问题和挑战。让我们珍惜并充分利用这些工具和教育,为自己的成长和社会的进步做出贡献。

4.1 串

4.1.1 串的基本概念

数据结构中的串,通常指的是字符串(String),它是一种由字符(Character)组成的序列。字符串在计算机科学中扮演着极其重要的角色,因为它们用于存储和处理文本数据。以下是字符串的一些基本概念。

1. 字符

字符是字符串的基本构成单位,可以是字母、数字、符号或任何其他可打印的字符,在计算机中,字符通常以特定的编码形式存储,如 ASCII 或 Unicode。

2. 字符串的表示

字符串可以多种方式表示。

(1) 字面量:在许多编程语言中,字符串可以通过双引号或单引号来定义,如"Hello,World!"或'Hello,World!'.

(2) 字符数组:在某些语言中,字符串可以看作字符数组,每个字符占据数组中的一个元素。

3. 空字符串

不包含任何字符的字符串,通常用""表示。

4. 子串

字符串中连续字符构成的序列。

5. 字符串的不可变性

在某些编程语言(如 Java 和 Python)中,字符串是不可变的,这意味着一旦创建了一个字符串,就不能更改其中的字符。任何修改操作都会生成一个新的字符串。

6. 字符串的操作

字符串支持多种操作,包括但不限于以下几种。

(1) 连接:将两个或多个字符串拼接在一起。

(2) 切片:提取字符串的一部分。

(3) 搜索:在字符串中查找子串或字符。

(4) 替换:替换字符串中的某些字符或子串。

(5) 大小写转换:将字符串中的字符转换为大写或小写。

7. 字符串的应用

字符串在编程中有着广泛的应用,包括文本处理、用户输入/输出、文件读写、网络通信等。

4.1.2 串的顺序存储及运算

在数据结构中,串的顺序存储是指使用连续的存储单元来存储串中的每个字符,这种存储方式通常通过数组或类似的数据结构来实现。以下是串的顺序存储和一些基本运算的详细说明。

1. 顺序存储的实现

(1) 字符数组:最常用的实现方式,使用一个字符数组来存储串中的所有字符。数组的第一个元素存储串的第一个字符,以此类推。

(2) 静态字符串:在某些语言中,字符串是不可变的,这意味着一旦创建,字符串的内容就不能改变。

(3) 动态字符串:为了解决静态字符串不可变的问题,动态字符串允许在运行时改变大小。这通常通过维护一个额外的字符数组和长度计数器来实现。

2. 基本运算

（1）初始化：创建一个空串或包含特定字符的串。

（2）长度获取：获取串中字符的数量。

（3）访问：通过索引访问串中的特定字符。

（4）遍历：按顺序访问串中的每个字符。

（5）拼接：将两个或多个串连接起来形成一个新的串。

（6）子串：从原串中提取一部分字符形成新的子串。

（7）插入：在串的指定位置插入一个字符或另一个串。

（8）删除：从串中删除指定位置的字符或子串。

（9）查找：在串中查找特定字符或子串的位置。

（10）替换：在串中替换特定的字符或子串。

（11）大小写转换：将串中的所有字符转换为大写或小写。

（12）比较：比较两个串的内容，确定它们是否相等。

3. 运算实现

Python 代码段描述如下。

（1）创建字符串：

```
s = "Hello, World!"
```

（2）获取字符串长度：

```
length = len(s)
```

（3）访问字符：

```
char = s[1]  #'e'
```

（4）遍历字符串：

```
for char in s:
print(char)
```

（5）字符串拼接：

```
s2 = s + " This is Python."
```

（6）子串（切片）：

```
sub = s[1:4]  #'ell'
```

（7）插入：

```
s_inserted = s[:3] + "X" + s[3:]
```

（8）删除：

```
s_deleted = s[:2] + s[3:]
```

（9）查找字符：

```
index = s.find('l')      #返回字符 'l' 的第一个索引
```

（10）替换：

```
s_replaced = s.replace('l', 'X')
```

(11) 大小写转换：

```
lower = s.lower()      #'hello, world!'
upper = s.upper()      #'HELLO, WORLD!'
```

(12) 比较：

```
equal = s == "Hello, World!"    #True
greater = s > "Hello"           #True
```

4. 性能分析

(1) 时间复杂度：大多数基本运算(如访问、拼接、查找)的时间复杂度通常是 $O(1)$ 或 $O(n)$，其中，n 是操作涉及的字符数。

(2) 空间复杂度：顺序存储的字符串通常需要连续的存储空间，这可能导致内存浪费或碎片化。

5. 优点和缺点

(1) 优点：顺序存储的字符串易于实现，访问速度快，适合频繁读取的场景。

(2) 缺点：修改字符串(如插入和删除操作)可能需要移动大量字符，这在性能上可能是昂贵的。

在实际应用中，选择哪种存储方式取决于具体的需求和场景。例如，如果一个程序主要进行文本的读取而很少修改，顺序存储可能是一个合适的选择。如果需要频繁修改字符串，可能需要考虑其他存储方式，如链式存储或使用专门的字符串处理库。

4.1.3 串的链式存储及运算

在数据结构中，串的链式存储指的是使用链表来存储字符串中的字符。与顺序存储不同，链式存储不要求存储空间连续，每个字符可以独立存储在内存的任何位置，并通过指针(或引用)连接起来。链式存储的字符串在修改时(如插入和删除操作)通常比顺序存储的字符串更加高效，因为它们不需要移动大量字符。

1. 链式存储的实现

(1) 结点：每个字符存储在一个结点中，结点包含字符数据和一个指向下一个结点的指针。

(2) 链表：所有结点通过指针连接起来，形成一个链表。链表可以是单向的，也可以是双向的。

(3) 头指针：指向链式存储字符串的第一个结点，用于遍历整个链表。

(4) 尾指针：(对于双向链表)指向最后一个结点，便于在字符串末尾进行操作。

2. 基本运算

(1) 初始化：创建一个空的链表或包含特定字符的链表。

(2) 长度获取：遍历链表，计算结点的数量。

(3) 访问：从头结点开始，通过指针遍历到指定位置的结点。

(4) 遍历：从头结点开始，依次访问每个结点直到链表末尾。

(5) 拼接：在链表末尾添加另一个链表的结点。

(6) 子串：创建一个新的链表，包含原链表中的特定结点序列。

(7) 插入：在指定位置插入一个新结点。

（8）删除：删除指定位置的结点，并更新前后结点的指针。

（9）查找：遍历链表，查找特定字符或子串。

（10）替换：遍历链表，找到特定字符或子串，然后更新为新字符或子串。

（11）大小写转换：遍历链表，将每个结点的字符转换为大写或小写。

（12）比较：比较两个链式存储字符串的结点序列。

3. 运算实现

Python 代码段描述如下。

```python
class Node:
def __init__(self, char):
self.char = char
self.next = None
class LinkedListString:
def __init__(self):
self.head = None
def length(self):
current = self.head
count = 0
while current:
count += 1
current = current.next
return count
def insert(self, index, char):
#插入操作的实现
pass
def delete(self, index):
#删除操作的实现
pass
def find(self, char):
#查找操作的实现
pass
#其他方法……
```

4. 性能分析

（1）时间复杂度：链式存储的字符串访问特定位置通常需要 $O(n)$ 时间，其中，n 是访问位置的索引。插入和删除操作通常可以在 $O(1)$ 时间完成，如果已经定位到插入或删除的位置。

（2）空间复杂度：链式存储不需要连续的内存空间，但每个字符结点需要额外的存储空间来存储指针。

5. 优点和缺点

（1）优点：链式存储的字符串在插入和删除操作时不需要移动其他字符，因此这些操作更加高效。

（2）缺点：访问特定位置的字符需要从头开始遍历，这可能导致访问速度较慢。

链式存储的字符串适合于需要频繁修改的场景，如动态文本编辑器或文本处理程序。然而它们在随机访问方面不如顺序存储的字符串高效。在实际应用中，选择哪种存储方式取决于具体的需求和场景。

4.1.4　串的模式匹配

串的模式匹配是数据结构和算法领域中的一个重要问题,它涉及在一个文本串(Text)中查找一个模式串(Pattern)的过程。模式匹配在许多应用中都非常关键,如搜索引擎、文本编辑器、编译器构建、生物信息学中的基因序列匹配等。

(1) 文本串(Text):需要被搜索的长字符串。

(2) 模式串(Pattern):需要在文本串中查找的短字符串。

(3) 匹配:模式串可以被视为文本串中某一部分的子串。

1. BF 算法

串的模式匹配中的 BF(Brute-Force,或称朴素匹配)算法是模式匹配问题中最简单直接的方法。这种算法的核心思想是逐个位置地将模式串与文本串的子串进行比较,直到找到匹配或确定不存在匹配为止。

BF 算法步骤如下。

(1) 初始化:从文本串的第一个字符开始,将模式串与文本串的第一个字符对齐。

(2) 逐个字符比较:从左到右逐个字符比较模式串和文本串的对应位置。

(3) 处理不匹配:如果在任何点发现字符不匹配,算法将模式串向右移动一位,重新开始比较。

(4) 处理匹配:如果整个模式串都匹配了,返回匹配的起始索引。

(5) 结束搜索:如果模式串移动到了文本串的末尾,且没有找到匹配,则返回表示未找到的特定值(通常是 -1)。

性能分析如下。

(1) 时间复杂度:在最坏的情况下,BF 算法的时间复杂度是 $O(nm)$,其中,n 是文本串的长度,m 是模式串的长度。这是因为对于文本串中的每一个字符,都需要与模式串中的所有字符进行比较。

(2) 空间复杂度:$O(1)$,因为算法不需要额外的存储空间。

使用 Python 代码段描述 BF 模式匹配算法如下。

```
function bruteForceMatch(text, pattern):
n = length(text)
m = length(pattern)
for i from 0 to n - m:
j = 0
while j < m and pattern[j] == text[i+j]:
j += 1
if j == m:
return i                    #匹配成功,返回模式串的起始索引
return -1                       #匹配失败,返回-1
```

优点和缺点如下。

(1) 优点:实现简单,易于理解和编程。不需要预处理阶段,如构建跳转表等。

(2) 缺点:在最坏情况下效率较低,特别是当模式串较长或在文本串中频繁出现不匹配时。对于大型文本和模式串,性能可能不理想。

BF 算法由于其简单性,在教学和理解模式匹配的基本概念时非常有用。然而,在实际

应用中，尤其是在需要处理大量数据的情况下，通常会选择更高效的算法，如 KMP 算法、Boyer-Moore 算法或 Rabin-Karp 算法等。

应用场景如下。

(1) 文本搜索：在大量文本中查找特定的单词或短语。

(2) 数据压缩：通过查找重复的模式来进行压缩。

(3) 生物信息学：在 DNA 序列中查找特定的基因模式。

(4) 网络安全：检测网络流量中的恶意模式。

模式匹配是计算机科学中的一个经典问题，不同的算法适用于不同的场景和需求。选择合适的算法可以显著提高效率和性能。

2. KMP 算法

KMP(Knuth-Morris-Pratt)算法是一种高效的字符串搜索(模式匹配)算法，由 Donald Knuth、Vaughan Pratt 和 James H. Morris 共同发明。KMP 算法的核心在于预处理模式串，创建一个部分匹配表(也称为"前缀函数"或"失配表")，这个表用于在发生失配时确定模式串应该向右移动多远。

KMP 算法的关键步骤如下。

(1) 预处理阶段：构建部分匹配表(π 表)，该表记录模式串中每个位置前的子串的最长相同前缀和后缀的长度。

(2) 搜索阶段：利用部分匹配表来提高搜索效率，减少不必要的比较。

KMP 算法的性能如下。

(1) 时间复杂度：$O(n+m)$，其中，n 是文本串的长度，m 是模式串的长度。这是因为预处理阶段是线性的，而在搜索阶段中，每个字符最多被比较两次(一次在匹配过程中，另一次在发生失配时根据 π 表跳过)。

(2) 空间复杂度：$O(m)$，用于存储部分匹配表。

使用 Python 代码段描述 KMP 算法如下。

```
function KMPSearch(text, pattern):
n = length(text)
m = length(pattern)
if m == 0: return 0
#构建部分匹配表
pi = computePrefixFunction(pattern)
#初始化指针
i = 0                        #文本串的指针
j = 0                        #模式串的指针
while i < n:
if pattern[j] == text[i]:
i += 1
j += 1
if j == m:
return i - j              #匹配成功，返回匹配的起始索引
elif i < n and pattern[j] != text[i]:
if j != 0:
j = pi[j-1]
```

```
else:
i += 1
return -1                          #匹配失败,返回-1
function computePrefixFunction(pattern):
m = length(pattern)
pi = array of [0] * m
for i from 1 to m-1:
k = pi[i-1]
while k > 0 and pattern[k] != pattern[i]:
k = pi[k-1]
if pattern[k] == pattern[i]:
pi[i] = k + 1
else:
pi[i] = 0
return pi
```

KMP 算法的优势在于其在最坏情况下的稳定性和高效性,特别是当模式串较长或在文本串中不匹配的情况较多时。它避免了朴素算法中出现的大量回溯,因此在实际应用中非常受欢迎。

4.1.5　串的应用案例

字符串(串)在数据结构中有着广泛的应用,以下是一些具体的应用案例。

1. 文本编辑器

文本编辑器是字符串应用最直观的例子之一,编辑器需要处理大量的文本数据,包括插入、删除、替换、查找和保存等功能,字符串的各种操作在这里发挥着关键作用。

2. 搜索引擎

搜索引擎需要处理用户的查询字符串,并在海量的数据中快速找到匹配的结果。字符串匹配算法(如 KMP、Boyer-Moore)在这里被用来提高搜索效率。

3. 编译器

编译器在词法分析阶段需要识别源代码中的各种标记(tokens),如关键字、标识符、常量等。字符串的模式匹配在这里至关重要。

4. 数据库管理系统

数据库中的查询语言(如 SQL)经常涉及字符串的比较和搜索。字符串索引和模式匹配算法可以帮助快速定位和检索数据。

5. 网络安全

在网络安全领域,字符串处理用于各种加密和解密算法,以及用于检测和过滤恶意代码,如 SQL 注入攻击和跨站脚本(XSS)。

6. 基因序列分析

在生物信息学中,字符串用于表示 DNA、RNA 和蛋白质序列,模式匹配算法用于寻找特定的基因序列或蛋白质模式。

7. 正则表达式引擎

正则表达式是一种强大的文本处理工具,它用于搜索、编辑和处理字符串。正则表达式引擎内部使用高效的字符串匹配算法。

8. 字符串压缩

在数据压缩领域,字符串用于实现运行长度编码和其他压缩算法,以减少数据存储和传输所需的空间。

9. 自然语言处理

在 NLP 领域中,字符串用于表示文本数据。字符串处理技术用于分词、词性标注、情感分析等任务。

10. Web 开发

在 Web 开发中,字符串用于生成 HTML、CSS 和 JavaScript 代码,模板引擎和字符串格式化在动态网页内容生成中扮演着重要角色。

11. 日志分析

系统和应用程序生成的日志通常以文本形式存储,字符串搜索和分析用于监控、故障排查和性能调优。

12. 机器学习

在机器学习中,字符串可以用于特征表示,如词袋模型或 TF-IDF,这些模型将文本数据转换为可以被算法处理的数值特征。

这些案例展示了字符串在不同领域的多样化应用,从简单的文本编辑到复杂的生物信息学分析,字符串处理都是不可或缺的一部分。

4.2 数组

4.2.1 数组的基本概念

数组是计算机科学中一种基本且广泛使用的数据结构,用于存储具有相同数据类型的元素集合。以下是数组的一些基本概念。

1. 定义

数组是一种线性结构,它包含的元素称为成员,这些成员在内存中连续存储,并且每个成员可以通过索引来访问。

2. 元素

数组中每个存储位置称为一个元素,元素可以是数字、字符、对象或任何其他数据类型。

3. 数据类型

数组中的所有元素必须是相同类型的数据,这意味着一个整数数组只能存储整数,一个浮点数数组只能存储浮点数,以此类推。

4. 索引

数组的每个元素都由一个索引(或称为键)标识,索引从 0 开始(在大多数编程语言中),它表示元素在数组中的位置。

5. 大小

数组具有固定的大小或长度,即数组中可以存储的元素数量。一旦声明,固定大小的数组就不能改变其大小。

6. 访问时间

数组允许在 $O(1)$ 时间复杂度内通过索引快速访问任何元素,这使得数组在需要频繁访问元素的场景中非常有用。

7. 初始化

数组在声明时需要指定其类型和大小,并且可以初始化为默认值或特定值。

8. 遍历

可以通过遍历数组中的每个元素来执行操作,通常使用循环结构。

9. 数组的动态性

某些编程语言(如 Python 和 JavaScript)支持动态数组,也称为列表或向量,它们可以根据需要自动调整大小。

10. 多维数组

数组也可以是多维的,这意味着数组的元素本身可以是另一个数组,从而形成矩阵或更高维度的数组。

11. 数组操作

常见的数组操作包括初始化、访问、搜索、插入、删除、排序和反转等。

12. 内存分配

数组通常在栈上分配(静态数组)或在堆上分配(动态数组),连续的内存分配使得数组操作非常高效。

13. 优缺点

(1) 优点:访问速度快,内存利用率高,实现简单。

(2) 缺点:大小固定,插入和删除操作可能需要移动大量元素,多维数组的空间复杂度较高。

示例代码如下。

```
#声明并初始化一个整数数组
arr = [1, 2, 3, 4, 5]
#访问数组中的元素
print(arr[0])          #输出 1
#修改数组中的元素
arr[1] = 10
#获取数组长度
print(len(arr))        #输出 5
#遍历数组
for element in arr:
print(element)
```

数组是许多其他数据结构的基础,如链表、栈、队列和哈希表等,理解数组的基本概念对于学习更复杂的数据结构至关重要。

4.2.2 数组的顺序存储

数组的顺序存储是指使用一段连续的内存空间来存储数组中的所有元素,这种存储方式是数组数据结构的基本特性之一,它提供了快速访问元素的能力,以下是数组顺序存储的一些关键特点,如表4.1所示。

表 4.1　数组顺序存储的特点

连续内存分配	快速随机访问	内存利用率	固 定 大 小	初　始　化
数组的所有元素在内存中是连续存放的，这意味着第一个元素的下一个内存地址就是第二个元素，以此类推	由于元素存储是连续的，可以通过基地址和索引直接计算出任意元素的内存地址，实现 $O(1)$ 时间复杂度的随机访问	顺序存储的数组通常具有较高的内存利用率，因为它们不需要额外的空间来存储指向下一个元素的指针（与链表结构相比）	顺序存储的数组具有固定大小，意味着一旦声明，其长度就不能改变，虽可通过重新分配的内存块并复制所有元素来调整大小，但这涉及额外的时间和空间开销	数组在声明时通常会被初始化为特定大小，并可能被填充默认值

数组顺序存储的优缺点如表 4.2 所示。

表 4.2　数组顺序存储的优缺点

优　　点	缺　　点
快速访问：可以通过索引快速访问任何元素	大小固定：一旦创建，大小通常不能改变，或者改变大小的代价较高
内存连续：内存访问模式友好，有助于提高缓存命中率	内存浪费：如果数组未被完全填满，可能会浪费一些内存空间
实现简单：大多数编程环境都内置了对数组的支持，使用起来非常简单	性能问题：在数组末尾插入或删除元素时，可能需要移动大量元素以维持连续性，导致性能问题

　　顺序存储的数组是许多算法和数据结构的基础，理解其工作原理对于学习更高级的数据结构和算法非常重要。二维数组是一种常见的数据结构，通常用于表示矩阵或表格数据，在计算机科学中，二维数组可以通过两种主要的存储方式实现：行主序（Row-major order）和列主序（Column-major order）。每种方式定义了数组元素在内存中的排列顺序。

1. 行主序

　　行主序存储方式是将二维数组的元素按行顺序存储，即先存储完第一行的所有元素，接着是第二行，以此类推。这种存储方式在 C、C++、Python 等语言中非常常见。

　　特点如下。

　　（1）行内元素在内存中是连续的。

　　（2）访问同一行的元素速度快。

　　（3）插入或删除行可能需要移动大量元素。

　　内存布局如下。

　　行 1：$a_{11}, a_{12}, \cdots, a_{1n}$

　　行 2：$a_{21}, a_{22}, \cdots, a_{2n}$

　　　　…

　　行 m：$a_{m1}, a_{m2}, \cdots, a_{mn}$

　　其中，a_{ij} 表示第 i 行第 j 列的元素。

2. 列主序

列主序存储方式是将二维数组的元素按列顺序存储,即先存储完第一列的所有元素,接着是第二列,以此类推。这种存储方式在 FORTRAN 和 MATLAB 等语言中使用。

特点如下。

(1) 列内元素在内存中是连续的。

(2) 访问同一列的元素速度快。

(3) 插入或删除列可能需要移动大量元素。

内存布局如下。

列 1:a_{11},a_{21},$\cdots$,a_{m1}

列 2:a_{12},a_{22},$\cdots$,a_{m2}

$\qquad\vdots$

列 n:a_{1n},a_{2n},$\cdots$,a_{mn}

应用场景如下。

(1) 行主序:适用于行操作较多的应用,如图像处理中的行扫描。

(2) 列主序:适用于列操作较多的应用,如数学计算中的矩阵变换。

行主序存储代码如下。

```
#创建一个 3×3 的二维数组(行主序)
matrix =
[
    [1, 2, 3],
    [4, 5, 6],
    [7, 8, 9]
]
#访问第 2 行第 3 个元素
element = matrix[1][2]        #输出 6
```

列主序存储代码如下。

在 Python 中,没有内置的列主序存储结构,但可以使用 NumPy 库来模拟列主序存储。

```
import  numpy  as  np
#创建一个 3×3 的二维数组(列主序)
matrix = np.array([[1, 2, 3], [4, 5, 6], [7, 8, 9]], order='F')
#访问第 2 列第 3 个元素
element = matrix[2, 1]        #输出 5
```

在这个 NumPy 示例中,order = 'F' 参数指定了数组是按 FORTRAN 顺序(列主序)存储。

选择哪种存储方式取决于具体的应用需求和性能考虑,在编写程序时了解底层的存储方式可以帮助我们更有效地访问和操作数据。

4.2.3　特殊矩阵的压缩存储

特殊矩阵是指那些具有一些特殊性质的矩阵,例如,对角矩阵、三角矩阵、对称矩阵和稀疏矩阵等。这些矩阵中的许多元素都是重复的或者为零,因此可以采用压缩存储的方式来节省空间和提高运算效率。以下是几种特殊矩阵的压缩存储方法。

1. 对角矩阵

对角矩阵的非对角线上的元素都是 0，因此只需要存储对角线上的元素。

示例如下。

原矩阵：

```
[ a 0 0 ]
[ 0 b 0 ]
[ 0 0 c ]
```

压缩存储：

```
[ a, b, c ]
```

2. 三角矩阵

三角矩阵的上三角或下三角部分的元素都是 0。

示例如下。

原矩阵：

```
[ a 0 0 ]
[ b a 0 ]
[ c b a ]
```

压缩存储：

```
[ a, b, c, a, c ]
```

3. 对称矩阵

对称矩阵的左上角和右下角是相等的，因此只需要存储一半的矩阵。

示例如下。

原矩阵：

```
[ a 0 b ]
[ 0 d 0 ]
[ b 0 e ]
```

压缩存储（上三角）：

```
[ a, b, 0, d, e ]
```

4. 稀疏矩阵

稀疏矩阵的大部分元素都是 0。

示例如下。

原矩阵：

```
[ 0 0 0 0 ]
[ 0 0 a 0 ]
[ 0 0 0 0 ]
[ 0 b 0 0 ]
```

压缩存储：

```
(2, 3, a), (4, 2, b)
```

压缩存储特殊矩阵不仅可以节省大量的存储空间，还可以在进行矩阵运算时减少计算量，提高算法的效率。在实际应用中，应根据矩阵的特点和操作需求选择合适的压缩存储方法。

4.2.4 数组的应用案例

数组作为一种基础且强大的数据结构，在软件开发和算法设计中有着广泛的应用。以下是一些数组应用的案例。

1. 多维游戏地图

在电子游戏中,多维数组常用于表示游戏地图的布局,其中,每个元素代表地图上的一个单元格,如地形类型、障碍物等。

2. 图像处理

在图像处理中,二维数组用于存储图像的像素数据。每个像素点的值可以表示颜色、亮度等信息。

3. 数据分析

在数据分析和统计领域,数组用于存储和操作大量的数据集,进行排序、搜索、聚合等操作。

4. 科学计算

科学计算中经常使用多维数组来存储矩阵和其他数学运算所需的数据结构,用于执行线性代数运算。

5. 股票市场分析

在股票市场分析中,数组用来存储股票价格、交易量等时间序列数据,用于计算移动平均线、波动率等指标。

6. 缓存实现

在计算机科学中,数组可以用于实现缓存结构,如最近最少使用缓存淘汰算法。

7. 字符串处理

虽然字符串通常被视为字符数组,但数组也用于实现各种字符串操作,如字符频率统计、模式匹配等。

8. 排序算法

数组是排序算法的基础,如快速排序、归并排序、堆排序等,都需要在数组上进行操作。

9. 搜索算法

搜索算法,如二分搜索,依赖于数组的有序性质来快速定位元素。

10. 动态编程

在动态编程中,数组用于存储子问题的解,避免重复计算,如斐波那契数列、最长公共子序列等。

11. 操作系统

操作系统中,数组用于管理内存(如页表)、调度(如进程调度表)和资源分配。

12. 数据库索引

数据库中数组或数组变体(如 B 树、哈希表)用于实现索引结构,加速数据检索。

13. 编译器

编译器在词法分析、语法分析阶段使用数组来存储标记(tokens)和语法树结点。

14. 机器学习

在机器学习中,数组用于存储特征向量、权重矩阵等,是进行模型训练和预测的基础。

15. 用户界面设计

在用户界面设计中,数组可以用于存储控件布局、样式信息等。

数组的应用几乎遍及计算机科学的每个角落,它们为数据的存储、访问和操作提供了一种简单、高效的方式。无论是在低级的系统编程还是在高级的应用开发中，数组都是不可或缺的工具。

4.3　广义表

4.3.1　广义表的基本概念

广义表（Generalized List），又称为列表，是一种在数据结构中用于表示层次性或嵌套结构的有序集合。广义表与普通列表（线性表）的主要区别在于，广义表中的元素可以是数据项，也可以是另一个广义表，即广义表支持嵌套结构。

基本概念如下。

1. 元素

广义表由元素组成，每个元素可以是一个基本数据项，如整数、字符等，或者是一个子广义表。

2. 嵌套

广义表支持嵌套，即一个广义表的元素可以是另一个广义表，形成层次结构。

3. 有序

广义表中的元素是有顺序的，这意味着每个元素在表中都有一个明确的位置。

4. 动态

广义表的大小可以根据需要动态变化，可以增长也可以缩短。广义表可以递归地定义为两种形式：空广义表，记为 NIL 或者（）。非空广义表，包含一个头部（head）和一个尾部（tail）。头部是一个元素，尾部是另一个广义表。广义表可以用多种方式表示，常见的表示方法包括：①列表表示法，使用括号和逗号来表示，如(a,(b,c),d)；②树结构，每个结点代表广义表的一个元素，如果元素是子广义表，则结点下有子树。广义表支持的操作包括创建和销毁广义表，访问和修改广义表的头部和尾部，递归遍历广义表，搜索和排序广义表中的元素等。

5. 应用

广义表在表示复杂数据结构、解析和存储数据等方面有着广泛应用，如解析数学表达式、编程语言的语法分析等。

设有一个广义表的数学表达式$(a+b)*c$，它可以表示为$((a,+,b),*,c)$。

这里，$(a,+,b)$是一个子广义表，表示加法操作，而整个表达式是一个更高层次的广义表，表示乘法操作。

广义表是一种灵活且强大的数据结构，它结合了线性表的有序性和树结构的层次性，使得它能够表示各种复杂的数据结构和模式。在编程语言中，广义表的概念通常通过列表或数组等数据结构来实现，如 LISP 语言中的列表就是广义表的一个典型应用。

4.3.2　广义表的存储结构

广义表因其嵌套和递归的特性，其存储结构通常需要能够表示元素可以是原子项或子表的这一事实。以下是广义表的几种常见的存储结构。

1. 链式存储结构

链式存储结构使用结点来表示广义表中的元素,每个结点包含两部分:一个是用于存储元素本身的数据(如果元素是原子项),或者指向子广义表的指针(如果元素是子表);另一个是指向广义表的尾部的指针。

使用 Python 代码段描述其结点结构如下。

```
class Node:
def __init__(self, is_atom, value=None, next=None):
self.is_atom = is_atom          #布尔值,表示是否为原子项
self.value = value              #原子项的值或子广义表的头结点
self.next = next                #指向下一个元素的指针
```

广义表 (a,(b,c),d) 的链式存储可能如下。

```
Node(is_atom=True, value='a', next=…)
… -> Node(is_atom=False, value=头结点_of_(b,c), next=…)
… -> Node(is_atom=True, value='d', next=None)
```

其中,… 表示指针连接,head_node_of_(b,c)是子广义表(b,c)的头结点。

2. 隐式栈存储

隐式栈存储是一种基于栈的存储方式,它利用了广义表的递归特性。每个广义表元素可以被看作一个栈帧,栈帧中存储了当前元素的信息以及返回到上一个元素的链接。

3. 显式数组存储

显式数组存储使用一个数组来存储广义表的元素,每个元素在数组中有一个对应的索引。如果元素是子广义表,则其索引指向数组中的另一个位置。

4. 混合链表和数组

这种结构结合了链表和数组的优点,使用数组来顺序存储广义表的元素,同时使用链表来处理广义表的动态扩展和尾部的快速访问。

5. 树结构

树结构将广义表看作一棵树,每个结点代表广义表的一个元素,如果元素是子表,则其子结点是树的进一步分支。

6. 哈希存储

哈希表可以用于存储广义表中元素的哈希值,特别是当需要快速查找和访问广义表中的元素时。

广义表的存储结构取决于其使用场景和所需的操作类型。例如,链式存储结构适合于频繁插入和删除操作的场景,而数组存储结构则适合于随机访问和固定大小的广义表。在实际应用中,开发者可以根据具体需求选择最合适的存储结构。

4.3.3 广义表的操作

广义表由于其递归和嵌套的特性,支持一系列复杂的操作,以下是广义表的一些常见操作,如表 4.3 所示。

表 4.3　广义表的常见操作

操作	描述	操作	描述
创建和初始化	创建广义表，可以是空表，也可以是包含原子项和子表的非空表	拼接	将两个广义表连接成一个新的广义表
销毁	释放广义表占用的内存资源	替换	将广义表中的某个子表替换为另一个广义表
访问	获取广义表中特定位置的元素或子表	子表提取	从广义表中提取一个子表
修改	更新广义表中特定位置的元素或子表	原子化	将广义表中所有的子表展开为原子项
长度计算	计算广义表的长度，即广义表中原子项的总数	排序	对广义表中的原子项进行排序，可能需要先定义原子项之间的比较规则
深度计算	确定广义表的深度，即嵌套的层数	求表头	获取广义表的第一个元素，可以是原子项或子表
遍历	按顺序访问广义表中的每个元素，可以是深度优先或广度优先	求表尾	获取广义表的最后一个元素，通常是一个广义表
搜索	在广义表中查找特定元素或子表	判断是否为空	检查广义表是否为空
插入	在广义表的指定位置插入原子项或子表	判断是否为原子项	检查广义表中的元素是否为原子项
删除	删除广义表中指定位置的元素或子表	树形结构转换	将广义表转换为树结构，以便于可视化和操作

使用 Python 代码段描述示例如下。

```
#创建广义表
GList = (1, (2, 3), (4, (5, 6)))
#访问第一个元素
head = GList.head()                   #返回 1
#获取长度
length = GList.length()               #返回原子项的总数
#深度优先遍历
function DFS(GList):
if GList is atomic:
visit(GList)
else:
for each element in GList:
DFS(element)
#搜索元素
function search(GList, value):
if GList == value:
return true
for each element in GList:
if element is a list:
if search(element, value):
return true
return false
```

```
#插入操作
GList.insert(3, (7, 8))              #在位置3插入子表(7, 8)
```

广义表的操作通常比线性表更复杂,因为它们需要处理递归和嵌套的结构,在实际应用中,选择哪种操作取决于广义表的使用场景和需求,广义表在编程语言的语法分析、符号计算、表达式求值等领域有着广泛的应用。

小结

串、数组和广义表是数据结构中的基本概念,它们各自有着独特的特性和应用场景,以下是对这三种数据结构的小结。

1. 串(String)

(1) 定义:串是由字符序列组成的数据结构,用于存储文本信息。

(2) 存储:通常以连续的内存空间存储字符序列。

(3) 操作:支持拼接、分割、搜索、替换等操作。

(4) 应用:广泛用于文本处理、数据库查询、网络通信等。

2. 数组(Array)

(1) 定义:数组是一种线性表,可以存储相同或不同数据类型的元素。

(2) 存储:元素在内存中顺序存储,支持随机访问。

(3) 操作:支持快速访问、插入、删除、排序和搜索。

(4) 应用:用于实现其他数据结构(如栈、队列)、算法实现、多维数据处理等。

3. 广义表(Generalized List)

(1) 定义:广义表是一种可以包含原子项和子表的递归数据结构。

(2) 存储:可以采用链式存储或隐式栈存储等结构。

(3) 操作:支持创建、访问、修改、遍历、搜索等复杂操作。

(4) 应用:适用于表示嵌套结构,如数学表达式、语法分析树等。

下面通过表 4.4 来将串、数组和广义表三种数据结构进行一个综合的比较。

表 4.4　串、数组、广义表的比较

数据结构	存 储 方 式	操 作 效 率	灵 活 性	应 用 场 景
串	连续内存空间	操作通常简单,但修改可能需要复制整个串	固定长度,修改受限	文本处理、字符串匹配等
数组	连续内存空间,支持随机访问	随机访问效率高,但插入和删除可能需要移动元素	大小固定或可动态调整,修改相对灵活	科学计算、数据缓存、索引结构等
广义表	递归定义,可以是链式或树结构	操作复杂,但适合处理嵌套和递归结构	高度灵活,可以动态嵌套和扩展	复杂的数据表示,如语法分析、符号计算等

每种数据结构都有其优势和局限性,选择合适的数据结构取决于具体问题的需求和场景,在实际编程和软件开发中,理解和掌握这些基本数据结构对于设计高效算法和系统至关重要。

习题

一、单选题

1. 串是一种特殊的线性表,其特殊性体现在(　　　)。
    A. 可以顺序存储
    B. 数据元素是一个字符
    C. 可以链式存储
    D. 数据元素可以是多个字符

2. 下面关于串的叙述中,(　　　)是不正确的。
    A. 串是字符的有限序列
    B. 空串是由空格构成的串
    C. 模式匹配是串的一种重要运算
    D. 串既可采用顺序存储,也可采用链式存储

3. 串"ababaaababaa"的 next 数组为(　　　)。
    A. 012345678999   B. 012121111212
    C. 011234223456   D. 0123012322345

4. 串"ababaabab"的 nextval 为(　　　)。
    A. 010104101   B. 010102101
    C. 010100011   D. 010101011

5. 串的长度是指(　　　)。
    A. 串中所含不同字母的个数   B. 串中所含字符的个数
    C. 串中所含不同字符的个数   D. 串中所含非空格字符的个数

6. 假设以行序为主序存储二维数组 $A = \text{array}[1..100, 1..100]$,设每个数据元素占两个存储单元,基地址为 10,则 $\text{LOC}[5,5] = ($　　　$)$。
    A. 808   B. 818   C. 1010   D. 1020

7. 设有数组 $A[i, j]$,数组的每个元素长度为 3B,i 的值为 $1 \sim 8$,j 的值为 $1 \sim 10$,数组从内存首地址 BA 开始顺序存放,当用以列为主存放时,元素 $A[5,8]$ 的存储首地址为(　　　)。
    A. BA+141   B. BA+180   C. BA+222   D. BA+225

8. 广义表 $A = (a, b, (c, d), (e, (f, g)))$,则 $\text{Head}(\text{Tail}(\text{Head}(\text{Tail}(\text{Tail}(A)))))$ 的值为(　　　)。
    A. (g)   B. (d)   C. c   D. d

9. 广义表$((a, b, c, d))$的表头是(　　　),表尾是(　　　)。
    A. a   B. ()   C. (a, b, c, d)   D. (b, c, d)

10. 设广义表 $L = ((a, b, c))$,则 L 的长度和深度分别为(　　　)。
    A. 1 和 1   B. 1 和 3   C. 1 和 2   D. 2 和 3

二、算法设计题

1. 编写一个算法统计在输入的字符串中各不同字符出现的频率并将结果存入文件(字符串中的合法字符为 A~Z 这 26 个字母和 0~9 这 10 个数字)。

2. 编写一个递归算法来实现字符串逆序存储,要求不另设串存储空间。

3. 编写一个算法实现下面函数的功能。函数 void insert(char * s,char * t,int pos)将字符串 t 插入字符串 s 中,插入位置为 pos。假设分配给字符串 s 的空间足够让字符串 t 插入。(说明:不得使用任何库函数。)

4. 已知字符串 s1 中存放一段英文,写出算法 format(s1,s2,s3,n),将其按给定的长度 n 格式化成两端对齐的字符串 s2,其多余的字符送 s3。

5. 设二维数组 $a[1..m,1..n]$ 含有 $m \times n$ 个整数。编写一个算法判断 a 中所有元素是否互不相同。并分析算法的时间复杂度。

6. 设任意 n 个整数存放于数组 $A(1:n)$ 中,试编写算法,将所有正数排在所有负数前面(要求算法复杂度为 $O(n)$)。

第 5 章　树

本章学习目标

- 理解树的基本概念：包括树的定义、术语(如结点、边、根、叶、子树等)。
- 掌握树的性质：例如，每个结点最多只有一个父结点，除了根结点外。
- 学习树的遍历：前序遍历、中序遍历、后序遍历和层序遍历。
- 了解不同类型的树：如二叉树、平衡二叉树、二叉搜索树、AVL 树、红黑树、B 树等。
- 学习树的应用：如何使用树解决实际问题，例如，在搜索、排序、索引构建等方面的应用。

树,作为计算机科学中一种基础而关键的数据结构,以其独特的层次结构在组织数据和管理信息中发挥着重要作用。从文件系统到网络通信,从决策支持到抽象概念的表示,树结构的应用无处不在。树由结点组成,每个结点有零个或多个子结点,并且有一个父结点,除了根结点以外。这种结构不仅体现了数据的层次关系,而且支持高效的数据检索和操作。

本章将深入探讨树这一数据结构的丰富内涵和广泛应用,不仅从技术层面介绍其定义、术语和性质,更将融入课程元素,以全新的视角展现树的深远意义。

首先,从树的基本概念出发,理解其结构和特性,这不仅是对自然现象的模拟,也是对人类社会结构的一种抽象。树的层次分明和有序性,可以引导我们思考如何在社会中建立合理的组织架构,促进和谐与效率。接着,深入探讨二叉树及其变种,如完全二叉树、平衡二叉树和二叉搜索树等。这些结构不仅在计算机科学中有着广泛的应用,也象征着社会中的平衡与秩序。通过学习这些树的变种,能够体会到在复杂系统中寻求平衡与效率的重要性。在树的存储结构部分,学习如何使用数组和链表来存储树,这不仅是一种技术实现,也是对资源合理分配和优化利用的思考。这种思想可以启发在社会资源配置中寻求最优化的解决方案。深入分析树的遍历算法,如前序、中序、后序遍历,帮助理解不同问题解决策略的多样性和适用性。这可以类比社会问题的处理,不同的方法可能适用于不同的情境,需要灵活运用。

此外,本章还将介绍树的转换、动态查询等。这些内容不仅锻炼了我们的逻辑思维和解决问题的能力,也体现了在面对复杂问题时,如何通过创新思维找到解决方案。

通过本章的学习,不仅能够让读者对树数据结构有一个全面的认识,更能够在教育的引导下,学会将技术知识与社会责任相结合,培养出既有专业技能又有社会责任感的新时代人才。

5.1　树和二叉树

在计算机科学中,树和二叉树是两种非常重要的数据结构,它们在组织和存储数据方面扮演着关键角色。以下是树和二叉树的定义,以及一些相关术语的简要介绍。

5.1.1 树的定义与基本术语

1. 树的定义

树(Tree)是一种抽象数据类型,它由结点(或称为顶点)组成,每个结点有零个或多个子结点,并且有一个特定的结点被称为根结点。树中的结点通过边相连,表示结点之间的层次关系。树的特点是不存在环,且任意两个结点之间只有一条唯一的路径。

2. 树的基本术语

在树的数据结构中,除了前面提到的基本术语,还有一些其他重要的概念,这些概念帮助我们更好地理解和描述树中结点之间的关系,如图 5.1 所示。

堂兄弟结点(Cousins):如果两个结点在树中有相同的深度,但不是直接的兄弟(即它们没有共同的父结点),则这两个结点被称为堂兄弟结点。

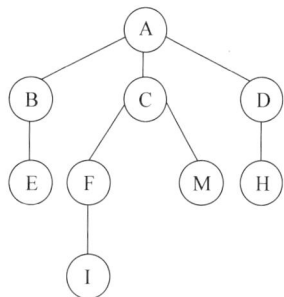

图 5.1 树

祖先结点(Ancestor):从根到某个结点的路径上的所有结点,包括该结点本身,都被称为该结点的祖先。

子孙结点(Descendant):如果一个结点在另一个结点的路径上,那么这个结点被称为另一个结点的子孙结点。

树的层(Level):树中的结点可以根据它们距离根结点的边数被分为不同的层。根结点位于第 1 层,它的直接子结点位于第 2 层,以此类推。

满二叉树(Full Binary Tree):如果除了最后一层外,每一层的结点数都达到最大,并且最后一层的结点尽可能地靠左排列,则该树被称为满二叉树。

完全二叉树(Complete Binary Tree):如果所有叶子结点都在最后两层,并且最后一层的结点尽可能地靠左排列,则该树被称为完全二叉树。

外部结点(External Node):没有子结点的结点,也称为叶子结点。

内部结点(Internal Node):至少有一个子结点的结点。

结点的度(Degree of a Node):一个结点的度是指它拥有的子结点数量。

树的度(Degree of a Tree):树的度是指树中度最大的结点的度。

有序树(Ordered Tree):如果树中每个结点的子结点都有一个顺序,即从左到右,那么这棵树被称为有序树。

无序树(Unordered Tree):如果树中每个结点的子结点没有顺序,即子结点的顺序不重要,那么这棵树被称为无序树。

树的森林(Forest of Trees):一组树的集合,其中每棵树都是独立的,没有结点属于多棵树。

这些术语帮助我们更精确地描述和讨论树的结构和性质,对于实现和分析树算法非常重要。

5.1.2 二叉树的定义与特点

1. 二叉树

二叉树(Binary Tree)是一种特殊的树,其中每个结点最多有两个子结点,通常称为左子结点和右子结点。二叉树的子结点数量可以是 0、1 或 2。

2. 二叉树的性质

（1）左子树上的所有结点的值都小于或等于其父结点的值（左子树是有序的）。

（2）右子树上的所有结点的值都大于或等于其父结点的值（右子树也是有序的）。

3. 二叉树的类型

（1）满二叉树（Full Binary Tree）：除了最后一层外，每一层都被完全填满的二叉树。

（2）完全二叉树（Complete Binary Tree）：最后一层的左侧被尽可能多的结点填满的二叉树。

（3）平衡二叉树（Balanced Binary Tree）：任何两个叶子结点的深度差异不超过 1 的二叉树。

5.1.3　树与二叉树的示例描述

对树和二叉树的简单表示方法，使用 Python 代码段描述如下。

```
#树的简单表示
class TreeNode:
def __init__(self, value):
self.value = value
self.children = []
def add_child(self, child):
self.children.append(child)
#二叉树的简单表示
class BinaryTreeNode:
def __init__(self, value):
self.value = value
self.left = None
self.right = None
def set_left(self, left_child):
self.left = left_child
def set_right(self, right_child):
self.right = right_child
```

在上述代码中，TreeNode 类表示一个树结点，它可以有任意数量的子结点。而 BinaryTreeNode 类表示一个二叉树结点，它最多有两个子结点。这些类提供了创建和连接树或二叉树结点的基本功能。

5.2　二叉树案例引入

（1）背景介绍。

二叉树是一种特殊的二叉树，它具有以下性质。

① 若任意结点的左子树不空，则左子树上所有结点的值均小于它的结点值。

② 若任意结点的右子树不空，则右子树上所有结点的值均大于或等于它的结点值。

③ 任意结点的左、右子树也分别为二叉搜索树。

（2）案例描述。

假设你正在开发一个用于存储和检索大量数据的应用程序，如一个在线字典或一个音乐库。你需要一种数据结构，可以快速地插入新数据、查找特定数据以及删除数据。二叉搜索树是解决这些问题的理想选择。

1. 案例分析

1）插入操作

当你向二叉搜索树中插入一个新的数据项时，从根结点开始，如果数据项小于当前结点的值，则移动到左子结点；如果数据项大于或等于当前结点的值，则移动到右子结点。重复这个过程，直到找到一个空位置插入新结点。

2）查找操作

查找过程与插入过程类似。从根结点开始，比较目标值与当前结点的值。如果目标值较小，继续在左子树上查找；如果目标值较大或相等，继续在右子树上查找。如果到达叶子结点仍未找到，则目标值不在树中。

3）删除操作

删除操作稍微复杂一些，需要考虑三种情况：删除叶子结点、删除只有一个子结点的结点和删除有两个子结点的结点。对于每种情况，都有相应的策略来保持二叉搜索树的性质。

2. 案例实现

以下是使用 Python 代码段实现二叉搜索树的一个简单示例。

```python
class BSTNode:
def __init__(self, key):
self.left = None
self.right = None
self.key = key
def insert(root, key):
if root is None:
return BSTNode(key)
else:
if key < root.key:
root.left = insert(root.left, key)
else:
root.right = insert(root.right, key)
return root
def search(root, key):
if root is None or root.key == key:
return root
if key < root.key:
return search(root.left, key)
return search(root.right, key)
#创建一个 BST 并插入一些结点
root = None
keys = [20, 8, 22, 4, 12, 10, 14]
for key in keys:
root = insert(root, key)
#搜索一个键值
search_key = 10
found = search(root, search_key)
```

```
if found:
print(f"Key {search_key} found in the BST.")
else:
print(f"Key {search_key} not found in the BST.")
```

通过这个示例，读者不仅能够理解二叉搜索树的基本概念和性质，而且能够看到它是如何在实际应用中发挥作用的。这个示例可以进一步扩展，包括删除操作的实现和对二叉搜索树性能的讨论。

5.3　二叉树的性质和存储结构

二叉树作为数据结构中的一个重要分支，以其独特的结构和性质在计算机科学领域扮演着关键角色。它是一种特殊的树，每个结点最多有两个子结点，通常称为左子结点和右子结点。二叉树不仅在数据存储和组织方面表现出色，而且在实现算法如搜索、排序和遍历等方面具有显著优势。本节将深入探讨二叉树的基本性质，包括它的递归定义、树的遍历方法以及二叉树在不同场景下的应用。同时，还将讨论二叉树的存储结构，包括数组和指针的使用方法，以及它们如何影响二叉树的效率和操作。通过对二叉树性质和存储结构的理解，读者将能够更加高效地使用这种数据结构来解决实际问题。

5.3.1　二叉树的性质

性质 1　在二叉树的第 i 层至多有 $2(i-1)$ 个结点（$i \geqslant 1$）。用数学归纳法证明方法如下。

证明：当 $i=1$ 时，只有根结点 $2^{(i-1)}=2^0=1$。

（1）假设：对所有 j，$i > j \geqslant 1$，命题成立，即第 j 层上至多有 $2^{(j-1)}$ 个结点。

（2）由归纳假设第 $i-1$ 层上至多有 $2^{(i-2)}$ 个结点。

（3）由于二叉树的每个结点的度至多为 2，故在第 i 层上的最大结点数为第 $i-1$ 层上的最大结点数的 2 倍，即 $2 \times 2^{(i-2)} = 2^{(i-1)}$。

证毕。

性质 2　深度为 k 的二叉树至多有 $2^{(k-1)}$ 个结点（$k \geqslant 1$）。

证明：由性质 1 可见，深度为 k 的二叉树的最大结点数为

$$\sum_{i=1\cdots k} 第\ i\ 层上的最大结点数$$

$$=\sum_{i=1} 2^{(i-1)}$$

$$=2^0 + 2^1 + \cdots 2^{(k-1)}$$

$$=2^k - 1$$

性质 3　对任何一棵二叉树 T，如果其叶子结点数为 n_0，度为 2 的结点数为 n_2，则 $n_0 = n_2 + 1$。

证明：若度为 1 的结点有 n_1 个，总结点个数为 n，总边数为 e，则根据二叉树的定义，

$$n = n_0 + n_1 + n_2$$

$$e = 2n_2 + n_1 = n - 1（除了根结点，每个结点对应一条边）$$

因此,有

$$2n_2 + n_1 = n_0 + n_1 + n_2 - 1$$
$$n_2 = n_0 - 1 \geqslant n_0 = n_2 + 1$$

性质 4　具有 $n(n \geqslant 0)$ 个结点的完全二叉树的深度为 $\lfloor \log_2 n \rfloor + 1$。

证明:设完全二叉树的深度为 h,则根据性质 2 和完全二叉树的定义有

$$2^{(h-1)} - 1 < n \leqslant 2^h - 1 \quad \text{或} \quad 2^{(h-1)} \leqslant n < 2^h$$

取对数 $h - 1 < \log_2 n \leqslant h$,又因 h 是整数,因此有 $h = \lfloor \log_2 n \rfloor + 1$。

完全二叉树和满二叉树是二叉树的两种特殊类型,它们的定义如下。

完全二叉树:如果在一棵二叉树中,除了最后一层外,每一层都被完全填满,并且在最后一层中,所有的结点尽可能地靠左排列,那么这棵树就是完全二叉树,如图 5.2 所示。

满二叉树:如果在一棵二叉树中,除了最后一层外,每一层都被完全填满,并且最后一层的所有结点也都被填满,那么这棵树就是满二叉树,如图 5.3 所示。

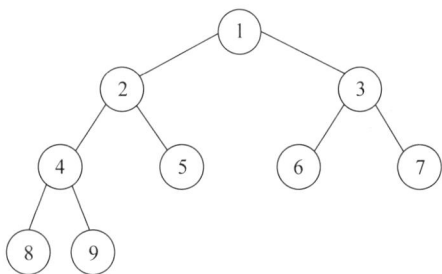

图 5.2　完全二叉树　　　　　　　　　　　图 5.3　满二叉树

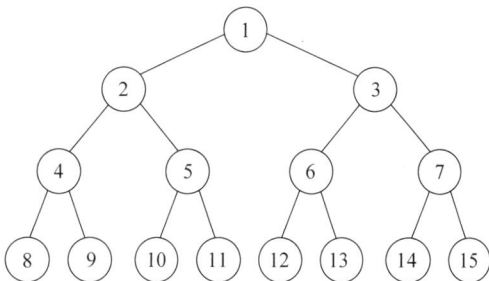

性质 5　如将一棵有 n 个结点的完全二叉树自顶向下,同层自左向右连续为结点编号为 $0, 1, \cdots, n-1$,则有:

(1) 若 $i = 0$,则 i 无双亲,若 $i > 0$,则 i 的双亲为 $\lfloor (i-1)/2 \rfloor$。

(2) 若 $2i + 1 < n$,则 i 的左子女为 $2i+1$,若 $2i+2 < n$,则 i 的右子女为 $2i+2$。

(3) 若结点编号 i 为偶数,且 $i \, != 0$,则左兄弟结点为 $i-1$。

(4) 若结点编号 i 为奇数,且 $i \, != n-1$,则右兄弟结点为 $i+1$。

(5) 结点 i 所在层次为 $\lfloor \log_2^{(i+1)} \rfloor$。

5.3.2　二叉树的存储结构

二叉树是一种常见的数据结构,用于表示具有层次结构的数据。在计算机中,二叉树可以通过两种主要的存储结构来实现:顺序存储和链式存储。下面将详细介绍这两种存储结构。

1. 顺序存储(数组表示)

顺序存储结构,也称为数组表示,是使用数组来存储二叉树的一种方式。在这种结构中,二叉树的结点被存储在一个一维数组中,通常按照层次顺序排列。

特点如下。

(1) 顺序存储结构简单,易于实现。

(2) 它允许通过索引直接访问任何结点。

（3）但是，如果二叉树不是完全二叉树，这种结构会浪费空间，因为数组的大小需要足够大以容纳所有可能的结点。

实现如下。

（1）假设二叉树的根结点存储在数组的第一个位置（索引 0）。

（2）对于任意结点 i，其左子结点的索引为 $2i+1$，右子结点的索引为 $2i+2$。

（3）如果结点 i 是叶子结点，那么其子结点的索引将超出数组的界限。

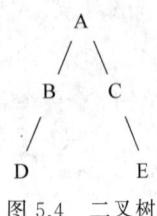

图 5.4　二叉树

假设有一棵二叉树如图 5.4 所示。

使用顺序存储结构，可以表示为数组：[A,B,C,D,E]。

2. 链式存储（指针表示）

链式存储结构，也称为指针表示，是通过指针（或引用）来链接二叉树结点的一种方式。在这种结构中，每个结点包含数据以及指向其子结点和（可选的）父结点的指针。

特点如下。

（1）链式存储结构允许灵活地表示任意形状的二叉树，包括完全二叉树、满二叉树和不平衡二叉树。

（2）它不浪费空间，因为只需要为实际存在的结点分配内存。

（3）但是，它需要额外的内存来存储指针，并且访问特定结点可能需要遍历树。

实现如下。

（1）每个结点通常由一个结构体或类表示，包含三个主要部分：数据域、左子结点指针和右子结点指针。

（2）可以使用链表、动态数组或其他数据结构来维护结点之间的链接。

假设有二叉树如图 5.4 所示。

在 Python 中，通常使用类来定义数据结构，如二叉树结点。Python 中的类定义和 C++ 有一些不同，但概念是相似的。以下是使用 Python 代码段描述如何表示相同的链式存储结构的二叉树。

```python
class TreeNode:
def __init__(self, data):
self.data = data
self.left = None
self.right = None
#使用 Python 创建二叉树
root = TreeNode('A')
root.left = TreeNode('B')
root.right = TreeNode('C')
root.left.left = TreeNode('D')
root.left.right = TreeNode('E')
```

在这个 Python 代码示例中，定义了一个名为 TreeNode 的类，它具有一个初始化方法 __init__，该方法接收一个 data 参数，并设置 left 和 right 属性为 None，表示初始时结点没有子结点。

然后，我们创建了树的根结点 root，并为它以及它的子结点赋值，就像在 C++ 中使用 new 操作符创建结点一样。在 Python 中，不需要显式地使用类似 new 的操作符来创建对象;只须调用类名并传递相应的参数即可。

这样,我们就用 Python 代码段表示了一个与 C/C++ 中相同的链式存储结构的二叉树。二者的比较如下。

(1) 空间效率:链式存储通常比顺序存储更节省空间,因为它只为实际存在的结点分配内存。

(2) 时间效率:顺序存储允许快速随机访问,而链式存储可能需要线性时间来访问特定结点。

(3) 灵活性:链式存储提供了更高的灵活性,可以轻松地添加或删除结点。

在选择二叉树的存储结构时,需要根据实际应用的需求来权衡这些因素。例如,如果需要频繁访问特定结点,顺序存储可能是更好的选择;如果树的形状变化很大,链式存储可能更合适。

5.4 遍历二叉树和线索二叉树

在数据结构领域,二叉树的遍历是理解和操作二叉树的基础。本节将深入探讨这一主题,包括二叉树的各种遍历方法,如前序遍历、中序遍历、后序遍历和层序遍历。这些遍历方法对于算法设计和程序开发至关重要,因为它们允许系统地访问树中的所有结点,从而实现不同的操作,如搜索、排序和树结构的重建。

此外,本节还将介绍线索二叉树,这是一种特殊的二叉树,其中每个结点的空指针被替换为指向其他结点的线索。这种结构简化了某些类型的遍历,并提高了访问效率,尤其是在需要频繁进行特定类型遍历的场合。线索二叉树的引入,不仅丰富了二叉树的应用场景,也为算法优化提供了新的视角。

通过本节的学习,读者将能够掌握二叉树遍历的基本概念和技巧,理解线索二叉树的设计原理及其优势,从而在实际问题解决中更加得心应手。

5.4.1 遍历二叉树

1. 遍历二叉树算法描述

二叉树的遍历是递归地访问树中的每个结点的过程。遍历可以按照不同的顺序进行,每种顺序都有其特定的应用场景。以下是三种主要的遍历方法:先序、中序和后序,以及它们的语法定义和案例。

(1) 先序遍历(Pre-order Traversal)。

语法定义:先序遍历首先访问根结点,然后递归地进行先序遍历左子树,最后递归地进行先序遍历右子树。

遍历顺序:根-左-右。

假设有如下二叉树如图 5.5 所示。

先序遍历的结果将是:A,B,D,E,C,F。

(2) 中序遍历(In-order Traversal)。

语法定义:中序遍历首先递归地进行中序遍历左子树,然后访问根结点,最后递归地进行中序遍历右子树。

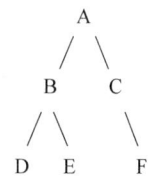

图 5.5 二叉树

遍历顺序：左-根-右。

使用相同的二叉树如图 5.6 所示。

中序遍历的结果将是：D,B,E,A,C,F。

(3) 后序遍历(Post-order Traversal)。

语法定义：后序遍历首先递归地进行后序遍历左子树,然后递归地进行后序遍历右子树,最后访问根结点。

遍历顺序：左-右-根。

使用相同的二叉树如图 5.7 所示。

后序遍历的结果将是：D,E,B,F,C,A。

使用 Python 代码段描述一个二叉树的先序、中序与后序遍历算法如下。

(1) 先序遍历。

先序遍历的递归实现首先访问根结点,然后递归地遍历左子树,最后递归地遍历右子树。

```python
class TreeNode:
def __init__(self, x):
self.val = x
self.left = None
self.right = None
def preOrderRecursive(root):
if root is None:
return
print(root.val, end=' ')                #访问根结点
preOrderRecursive(root.left)            #遍历左子树
preOrderRecursive(root.right)           #遍历右子树
#示例
#构建二叉树如图 5.8 所示
root = TreeNode('A')
root.left = TreeNode('B')
root.right = TreeNode('C')
root.left.left = TreeNode('D')
root.left.right = TreeNode('E')
#执行先序遍历
preOrderRecursive(root)
```

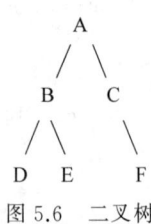
图 5.6　二叉树

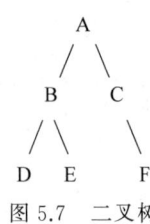
图 5.7　二叉树

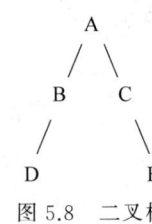
图 5.8　二叉树

(2) 中序遍历(In-order Traversal)。

中序遍历的递归实现首先递归地遍历左子树,然后访问根结点,最后递归地遍历右子树。

```python
def inOrderRecursive(root):
```

```
if root is None:
return
inOrderRecursive(root.left)            #遍历左子树
print(root.val, end=' ')                #访问根结点
inOrderRecursive(root.right)           #遍历右子树
#执行中序遍历
inOrderRecursive(root)
```

（3）后序遍历（Post-order Traversal）。

后序遍历的递归实现首先递归地遍历左子树，然后递归地遍历右子树，最后访问根结点。

```
def postOrderRecursive(root):
if root is None:
return
postOrderRecursive(root.left)          #遍历左子树
postOrderRecursive(root.right)         #遍历右子树
print(root.val, end=' ')                #访问根结点
#执行后序遍历
postOrderRecursive(root)
```

非递归实现（迭代）方法如下。

在这些示例中，我们首先定义了一个 TreeNode 类，然后创建了一个示例二叉树。每个遍历函数首先检查根结点是否为空，如果不为空，就将根结点入栈，并开始遍历过程。在先序遍历中，我们首先打印结点，然后在栈中添加右孩子和左孩子。在中序遍历中，首先遍历到最左边的叶子结点，然后打印当前结点，并转向右子树。在后序遍历中，使用两个栈来分别存储遍历过程中的结点和它们的反向顺序，最后按顺序打印结点。

在 Python 中，非递归（迭代）实现二叉树的遍历可以通过栈来完成。以下是先序、中序、后序遍历的迭代实现。

（1）先序遍历的迭代实现使用一个栈来辅助遍历，使用 Python 代码段描述如下。

```
def preOrderIterative(root):
if not root:
return
stack = [root]
while stack:
node = stack.pop()
if node:
print(node.data, end=' ')
#右孩子先入栈，保证左孩子后出栈
stack.append(node.right)
stack.append(node.left)
#执行先序遍历
preOrderIterative(root)
```

（2）中序遍历（迭代实现）。

中序遍历的迭代实现稍微复杂一些，需要使用一个栈来记录访问的顺序。

```
def inOrderIterative(root):
if not root:
```

```
return
stack = []
current = root
while stack or current:
#遍历到最左叶子结点
while current:
stack.append(current)
current = current.left
#访问结点并转到右子树
current = stack.pop()
print(current.data, end=' ')
current = current.right
#执行中序遍历
inOrderIterative(root)
```

（3）后序遍历（迭代实现）。

后序遍历的迭代实现需要两个栈来模拟递归过程。

```
def postOrderIterative(root):
if not root:
return
stack1 = [root]
stack2 = []
while stack1:
node = stack1.pop()
stack2.append(node)
if node.left:
stack1.append(node.left)
if node.right:
stack1.append(node.right)
#从第二个栈中弹出结点,按顺序打印
while stack2:
node = stack2.pop()
print(node.data, end=' ')
#执行后序遍历
postOrderIterative(root)
```

在这些实现中，TreeNode 是一个简单的二叉树结点结构体，它包含数据域和指向左右子结点的指针。这些函数可以应用于任何二叉树结构，并打印出遍历的结果。递归实现简洁易懂，但可能会遇到栈溢出的问题；非递归实现（迭代）避免了栈溢出的风险，但代码相对复杂。在实际应用中，选择哪种实现方式取决于具体的需求和场景。

在实际应用中，这些遍历方法可以用于不同的场景。例如，先序遍历通常用于复制树结构，中序遍历用于获取有序列表，而后序遍历则常用于释放树结构的内存。通过理解这些遍历方法，开发者可以更有效地操作和利用二叉树。

2. 根据遍历序列确定二叉树

原理过程如下。

二叉树的遍历序列提供了访问结点的顺序，但没有直接提供父子关系的信息。因此，重建二叉树并不是一个直接的过程，特别是如果只知道遍历序列而没有其他附加信息。

　　二叉树的遍历是数据结构中的一个重要概念,它允许我们以特定的顺序访问树中的所有结点。常见的遍历方式包括先序(Pre-order)、中序(In-order)、后序(Post-order)和层序(Level-order)。然而,如果只有这些遍历序列中的一个,如何能够重建原始的二叉树呢?理论上,如果有先序和中序遍历序列,或者后序和中序遍历序列,可以重建出唯一的二叉树结构。

　　先序与中序遍历方法如下。

　　先序遍历的顺序是:根结点→左子树→右子树。

　　中序遍历的顺序是:左子树→根结点→右子树。

　　如果有先序和中序遍历序列,可以使用以下步骤来重建二叉树。

　　(1) 确定根结点:先序遍历的第一个元素总是根结点。

　　(2) 分割中序序列:在中序序列中找到根结点,这将中序序列分割成左子树和右子树的中序遍历序列。

　　(3) 递归构建:使用先序序列中根结点后的两个元素(如果有)和分割后的中序序列来递归地构建左子树和右子树。

　　后序与中序遍历方法如下。

　　因为后序遍历的顺序是:左子树→右子树→根结点。

　　如果有后序和中序遍历序列,重建过程稍微复杂一些。

　　(1) 确定根结点:后序遍历的最后一个元素是根结点。

　　(2) 分割中序序列:同样,在中序序列中找到根结点,分割中序序列。

　　(3) 确定子树结点数量:在后序序列中,根结点之前的两个元素(如果有)是左右子树的根结点,且左子树的结点数量等于中序序列中左子树的长度。

　　(4) 递归构建:根据左子树的结点数量从后序序列中分割出左右子树的后序遍历序列,并递归地构建子树。

3. 案例分析

　　重建步骤如下。

　　(1) 确定根结点:对于先序遍历,根结点是序列的第一个元素。对于中序遍历,根结点是序列的中间元素。对于后序遍历,根结点是序列的倒数第二个元素。

　　(2) 分割序列:根据根结点,将遍历序列分割为左子树和右子树的序列。

　　(3) 递归构建:对左子树和右子树的序列重复上述步骤,直到所有结点都被放置在二叉树中。

　　(4) 处理边界情况:如果子树为空或只有一个结点,需要特别处理。

　　具体案例如下。

　　假设有以下先序遍历序列[A,B,D,E,C,F]和中序遍历序列[D,B,E,A,C,F]。

　　(1) 确定根结点。

　　先序:A 是根结点。

　　中序:B 和 C 之间的结点 A 是根结点。

　　(2) 分割序列。

　　先序:左子树是[B,D,E],右子树是[C,F]。

　　中序:左子树是[D,B,E],右子树是[C,F]。

（3）递归构建。

对左子树[B,D,E]和[D,B,E]重复上述步骤,确定 B 是左子树的根结点,D 和 E 是其子结点。

对右子树[C,F]和[C,F]重复上述步骤,确定 C 是右子树的根结点,F 是其子结点。

（4）构建二叉树。

```
      A
     / \
    B   C
   /     \
  D       F
   \
    E
```

图 5.9　二叉树图形表示

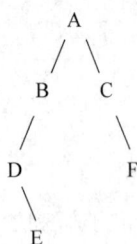

根结点 A,左子树的根结点 B,右子树的根结点 C。

B 的左子结点是 D,D 右子结点是 E。

C 的右子结点是 F。

二叉树图形如图 5.9 所示。

注意:

（1）重建二叉树通常需要先序和中序遍历序列,或者后序和中序遍历序列。单独的先序或后序遍历序列不足以唯一确定一棵二叉树。

（2）上述案例仅用于演示原理,实际重建过程可能更复杂,特别是当存在多个结点时。

二叉树遍历算法在计算机科学和软件开发中有多种应用,以下是一些常见的应用场景,以及如何在 Python 中实现它们的基本思路。

（1）表达式求值。

利用二叉树可以表示数学表达式,遍历可以用来求值。

（2）数据压缩与解压缩。

二叉树可以用来构建哈夫曼树,用于数据压缩。

（3）搜索与排序。

二叉搜索树(BST)的遍历可以用于搜索和排序操作。

（4）树结构的复制。

通过遍历可以复制整个树结构。

（5）树的遍历与遍历树的生成。

遍历可以用来生成遍历树,这在数据库查询优化中很有用。

（6）图的遍历。

二叉树的遍历算法可以扩展到更一般的图遍历问题。

（7）最小生成树的构建。

克鲁斯卡尔算法(Kruskal's algorithm)使用二叉树的遍历来构建最小生成树。

（8）文件系统管理。

文件系统的目录结构可以用树表示,遍历用于导航和搜索。

（9）XML 和 HTML 文档的解析。

二叉树可以用来表示文档的 DOM 结构,遍历用于解析和操作文档。

（10）人工智能中的决策树。

遍历决策树用于执行决策过程。

以下是使用 Python 代码段描述的示例,展示如何将遍历算法应用于上述部分场景。

（1）表达式求值。

```
class Node:
```

```
def __init__(self, val):
self.val = val
self.left = None
self.right = None
#假设有一个表达式树
#创建树结点
root = Node('+')
root.left = Node('2')
root.right = Node('3')
def evaluate_expression(node):
if node.left is None and node.right is None:
return int(node.val)
return evaluate_expression(node.left) + evaluate_expression(node.right)
#求值
print(evaluate_expression(root))   #输出 5
```

（2）搜索与排序。

```
def search_bst(root, key):
if root is None or root.val == key:
return root
if key < root.val:
return search_bst(root.left, key)
return search_bst(root.right, key)
#假设有一棵二叉搜索树
found_node = search_bst(root, 3)
```

（3）树结构的复制。

```
def copy_tree(node):
if node is None:
return None
new_node = Node(node.val)
new_node.left = copy_tree(node.left)
new_node.right = copy_tree(node.right)
return new_node
#复制树
new_root = copy_tree(root)
```

（4）树的遍历与遍历树的生成。

```
class TreeNode:
def __init__(self, value, left=None, right=None):
self.value = value
self.left = left
self.right = right
#假设有以下表和查询条件
tables = ['Customers', 'Orders', 'Products']
conditions = [('Customers.CustomerID', 'Orders.CustomerID'),
('Orders.OrderID', 'Products.OrderID')]
#这是一个简化的函数,用于生成遍历树
def generate_traversal_tree(tables, conditions):
#根据条件生成连接结点
for i in range(len(conditions) - 1):
```

```
left_table = tables[i]
right_table = tables[i + 1]
condition = conditions[i]
node = TreeNode(condition)
node.left = TreeNode(left_table)
node.right = TreeNode(right_table)
#将当前结点作为上一个结点的右子树(或左子树,取决于连接类型)
return TreeNode(tables[-1])    #返回最后一个表作为根结点
#生成遍历树
traversal_tree_root = generate_traversal_tree(tables, conditions)
#打印遍历树(前序遍历)
def print_tree(node, level=0):
if node is not None:
print('  ' * level + str(node.value))
print_tree(node.left, level + 1)
print_tree(node.right, level + 1)
print_tree(traversal_tree_root)
```

请注意,这个示例是非常简化的,实际的遍历树生成会涉及更多的因素,如成本估算、选择最合适的连接顺序、考虑索引和统计信息等。在真实的数据库系统中,查询优化器会使用复杂的算法来生成最优的遍历树。

（5）XML 和 HTML 文档的解析。

```
from xml.etree import ElementTree as ET
#解析 XML 文档并遍历
tree = ET.parse('example.xml')
root = tree.getroot()
def parse_xml(node):
print(node.tag, node.attrib)
for child in node:
parse_xml(child)
#开始解析
parse_xml(root)
```

（6）人工智能中的决策树。

在人工智能中,决策树是一种模仿人类决策过程的分类算法,它通过一系列的问题将数据分类。在二叉树的应用方面,决策树可以被视为一个二叉树结构,其中每个内部结点代表一个特征属性上的判断,每个分支代表判断的结果,每个叶子结点代表一个类别标签。

下面是一个使用 Python 实现简单决策树分类器的示例,从头开始构建决策树,而不是使用 scikit-learn 库。

① 准备数据。

首先,需要准备数据集。在这个例子中,使用一个简单的数据集,其中包含一些用于分类的特征,示例数据集如下。

```
data = [
['Sunny', 'Hot', 'High', 'Weak', 'No'],
['Sunny', 'Hot', 'High', 'Strong', 'No'],
['Overcast', 'Hot', 'High', 'Weak', 'Yes'],
['Rain', 'Mild', 'High', 'Weak', 'Yes'],
```

```
['Rain', 'Cool', 'Normal', 'Weak', 'Yes'],
['Rain', 'Cool', 'Normal', 'Strong', 'No'],
['Overcast', 'Cool', 'Normal', 'Strong', 'Yes'],
['Sunny', 'Mild', 'High', 'Weak', 'No'],
['Sunny', 'Cool', 'Normal', 'Weak', 'Yes'],
['Rain', 'Mild', 'Normal', 'Weak', 'Yes'],
['Sunny', 'Mild', 'Normal', 'Strong', 'Yes'],
['Overcast', 'Mild', 'High', 'Strong', 'Yes'],
['Overcast', 'Hot', 'Normal', 'Weak', 'Yes'],
['Rain', 'Mild', 'High', 'Strong', 'No']
]
```

② 特征列表。

```
features = ['Outlook', 'Temperature', 'Humidity', 'Wind']
```

③ 目标变量(分类结果)。

```
target = [item[-1] for item in data]
```

(7) 构建决策树。

接下来,构建决策树。在这个例子中,使用一个简单的递归函数来构建决策树。

```
def split_data(data, feature, value):
    """根据特征和值分割数据集"""
    return [item for item in data if item[features.index(feature)] == value]
def accuracy(actual, predicted):
    """计算准确率"""
    return sum(actual == pred for actual, pred in zip(actual, predicted)) / len(actual)
def get_most_common(items):
    """获取列表中最常见的元素"""
    return max(set(items), key=items.count)
def to_terminal(data):
    """将数据转换为叶子结点"""
    return get_most_common(target)
def build_tree(data):
    """构建决策树"""
    #基线条件: 如果所有结果相同,返回该结果
    if len(set(target)) == 1:
        return target[0]
    #计算每个特征的准确率增益,并选择最佳特征
    num_samples = len(data)
    accuracy_before = accuracy(target, [to_terminal([data[0]]) for _ in data])
    best_feature = None
    best_accuracy = accuracy_before
    for feature in features:
        unique_vals = set(item[features.index(feature)] for item in data)
        for value in unique_vals:
            sub_data = split_data(data, feature, value)
            if len(sub_data) == 0:
                continue
            accuracy_after = accuracy(target, [to_terminal(sub_data) for _ in sub_data])
```

```
accuracy_gain = accuracy_after - accuracy_before
if accuracy_gain > best_accuracy:
best_accuracy = accuracy_gain
best_feature = feature
#如果没有特征可以提供增益,则返回叶子结点
if best_feature is None:
return to_terminal(data)
#递归地构建树
tree = {best_feature: {}}
for value in set(item[features.index(best_feature)] for item in data):
sub_data = split_data(data, best_feature, value)
sub_tree = build_tree(sub_data)
tree[best_feature][value] = sub_tree
return tree
#构建决策树
decision_tree = build_tree(data)
print(decision_tree)
def predict(sample, tree):
"""使用决策树进行预测"""
if isinstance(tree, dict):
feature = list(tree.keys())[0]
value = sample[features.index(feature)]
return predict(sample, tree[feature][value])
else:
return tree
sample = ['Sunny', 'Hot', 'High', 'Strong']
print(predict(sample, decision_tree))    #输出预测结果
```

请注意,这个示例是一个非常简化的决策树实现,没有考虑过拟合、剪枝、特征选择等复杂问题。在实际应用中,通常会使用更高级的库和算法来构建决策树。

这些示例仅提供了每个应用场景的基本思路。在实际应用中,每个场景都需要更详细的实现,可能包括错误处理、优化和特定于应用的逻辑。此外,一些应用可能需要使用特定的库或框架来实现。

5.4.2　线索二叉树

线索二叉树(Threaded Binary Tree)是一种对普通二叉树的扩展,它通过在树的空指针(即原本指向 None 或 null 的指针)中添加指向其他结点的线索(thread),从而使得树的遍历更加高效。线索二叉树通常有两种类型:前线索(左空指针指向前驱结点)和后线索(右空指针指向后继结点)。

1. 线索二叉树的概念

在线索二叉树中,有以下两种类型的结点。

普通结点:具有正常的左右子结点指针。

线索结点:其左右子结点指针被替换为线索,指向其他结点。

具体如下。

(1) 前线索:如果一个结点的左子结点为空,那么它的左线索将指向它的前驱结点(在中序遍历中,前一个被访问的结点)。

（2）后线索：如果一个结点的右子结点为空，那么它的右线索将指向它的后继结点（在中序遍历中，后一个被访问的结点）。

这种线索的添加使得中序遍历可以在不使用栈的情况下进行，即可以通过线索直接找到前驱或后继结点，从而实现线性时间复杂度的遍历。

2. 线索二叉树的图形表示

下面是一个简单的二叉树及其对应的前线索二叉树的图形表示。

假设某一棵普通二叉树如图 5.10 所示。

前线索二叉树如图 5.11 所示（左空指针为前线索，右空指针仍为正常子结点指针）。

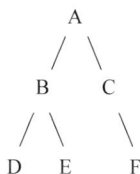

图 5.10　普通二叉树　　　　图 5.11　前线索二叉树

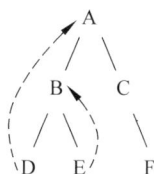

在图 5.11 中，D 的左线索指向了 A（D 的前驱），E 的左线索指向了 B（E 的前驱）。注意，F 没有后继结点，所以它的右指针仍然是空的。

以下是如何使用 Python 代码段描述并实现一个简单的线索二叉树结构的示例。

```python
class ThreadedBinaryTree:
class Node:
def __init__(self, data):
self.data = data
self.left = None
self.right = None
self.is_threaded_left = False
self.is_threaded_right = False
def __init__(self):
self.root = None
def in_order_traversal(self, node):
if node is None:
return
#前序遍历左子树
self.in_order_traversal(node.left)
#访问结点
print(node.data, end=' ')
#如果左指针是线索,则指向前驱结点
if node.left and node.left.is_threaded_left:
self.in_order_traversal(node.left)
#如果右指针是线索,则指向后继结点
if node.right and node.right.is_threaded_right:
self.in_order_traversal(node.right)
#使用示例
tbt = ThreadedBinaryTree()
#构建二叉树并添加线索…
#tbt.root = …
#执行中序遍历
```

```
tbt.in_order_traversal(tbt.root)
```

在这个示例中，定义了一个 ThreadedBinaryTree 类，它包含一个 Node 内部类，用于表示二叉树的结点。每个结点都有两个额外的属性：is_threaded_left 和 is_threaded_right，用于标识左右指针是否为线索。in_order_traversal 方法实现了中序遍历，并能够处理线索。

5.5　树和森林

树和森林是数据结构中的重要概念，它们在计算机科学和软件开发中扮演着关键角色。树结构是一种层次型的数据组织方式，由结点组成，每个结点有零个或多个子结点，但只有一个父结点，除了根结点。森林则是一组没有直接关系但结构相似的树的集合。

在数据库中，树和森林用于表示和管理数据，例如，在文件系统和 XML 文档中。树的遍历算法，如前序、中序和后序遍历，是理解和操作树结构的基础。此外，树和森林在人工智能领域中，如决策树和随机森林算法中，也发挥着重要作用，它们帮助模型从数据中学习和做出预测。

在软件工程中，树和森林的概念也被用于设计复杂的系统架构，通过层次化的方式组织组件和服务。随着技术的发展，树和森林结构的应用领域不断扩展，它们在解决现实世界问题时展现出强大的能力和灵活性。掌握树和森林的相关知识，对于软件开发者、数据科学家和系统架构师来说至关重要。

5.5.1　树的表示方法

1. 双亲表示法

双亲表示法是一种用于存储树结构的数据组织方式。在这种方法中，除了存储每个结点的数据之外，还存储了一个指向其父结点的指针或索引。这种方法的主要优势是可以直接访问任何结点的父结点，从而简化了某些类型的树遍历和操作。

假设有一个简单的树结构，其结点包括 A、B、C、D 和 E，其中，A 是根结点，B 和 C 是 A 的子结点，D 和 E 是 B 的子结点。使用双亲表示法，每个结点的结构可能如下。

A：数据 A，父结点 None。

B：数据 B，父结点 A。

C：数据 C，父结点 A。

D：数据 D，父结点 B。

E：数据 E，父结点 B。

如果将这个树结构图形化，它看起来如图 5.12 所示。

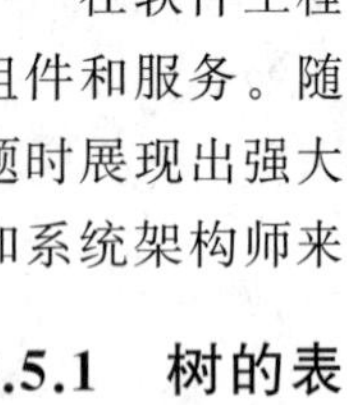

在图 5.12 中，每个结点除了包含自己的数据外，还包含一个指向其父结点的链接。例如，结点 B 和 C 的父结点是 A，结点 D 和 E 的父结点是 B。

图 5.12　简单树

在双亲表示法中，树的每个结点都包含两部分信息：结点的数据和指向其父结点的引用。根结点是一个特例，它的父结点引用通常设置为 None，因为它没有父结点。

这种表示法使得向上遍历树变得简单直接，因为每个结点都直接链接到其父结点。然而，要遍历到一个结点的子结点，就需要从根结点开始，逐层向下搜索，或者维护一个子结点列表,这会增加存储开销。

双亲表示法的一个典型应用是在文件系统中,其中每个文件夹(目录)都有一个指向其父文件夹的引用。这使得导航到任何文件夹的父文件夹都非常简单、快捷。

在实现时,可以使用一个数组或列表来存储结点对象,每个对象都包含数据和父结点索引。这种方法在处理具有大量结点和频繁访问父结点的场景中特别有用。

2. 孩子表示法

孩子表示法,也称为孩子兄弟表示法或 Ternary Tree(三元树),是一种树的存储结构,其中每个结点含有三个指针:分别指向其第一个孩子(child)、兄弟(sibling)和父结点(parent)。这种表示法在某些特定类型的树操作中非常有用,尤其是需要频繁访问结点的子结点和兄弟结点的场景。

以一个简单的树结构为例,其结点包括 A、B、C、D 和 E,其中,A 是根结点,B 和 C 是 A 的孩子,D 是 B 的孩子,E 是 C 的孩子。使用孩子表示法,树的存储结构可以表示为

```
A (parent: None, child: B, sibling: None)
|
B (parent: A, child: D, sibling: C)
|
D (parent: B, child: None, sibling: None)
C (parent: A, child: E, sibling: None)
|
E (parent: C, child: None, sibling: None)
```

如果将这个树结构图形化,它看起来如图 5.13 所示。

在这个图形中,每个结点除了包含自己的数据外,还包含指向其第一个孩子(如果有)的链接,以及指向其兄弟结点的链接。例如,结点 B 的孩子是 D,兄弟是 C;结点 D 没有孩子,是 B 的最后一个孩子,所以它的孩子指针为空,兄弟指针也为空。

在孩子表示法中,每个结点都存储了以下三个指针(链接)。

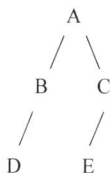

图 5.13　树结构图形化

(1) 孩子指针:指向结点的第一个孩子。

(2) 兄弟指针:指向结点的兄弟结点,即与结点具有相同父结点的下一个结点。

(3) 父结点指针:指向结点的父结点,根结点的父结点指针通常设置为 None。

这种表示法使得访问任何结点的所有孩子和兄弟变得非常直接。例如,要访问一个结点的所有孩子,可以从它的第一个孩子开始,然后通过兄弟指针遍历所有后续的孩子。同样地,要访问一个结点的兄弟结点,只须跟随它的兄弟指针。孩子表示法在实现上比双亲表示法复杂,但它提供了更丰富的树遍历能力。它特别适用于需要频繁访问结点的子树和兄弟结点的树操作,例如,在某些类型的编辑器和浏览器中,用于管理文档结构或 DOM(文档对象模型)。

在实现时,可以使用一个数组或列表来存储结点对象,每个对象都包含数据和三个指针。这种方法在处理具有复杂层次和频繁兄弟结点访问的场景中特别有用。

3. 孩子兄弟法

孩子兄弟法,也称为三叉链表表示法,是一种用于存储树和森林的链式数据结构。在这种表示法中,每个结点包含三个指针:一个指向子结点的指针,一个指向兄弟结点的指针,

以及一个指向父结点的指针（如果存在）。孩子兄弟法特别适用于表示多叉树，因为它允许每个结点有多个子结点。

假设有一个简单的多叉树结构，其结点包括 A、B、C、D、E 和 F。其中，A 是根结点，B 和 C 是 A 的子结点，D、E 和 F 是 B 的子结点。使用孩子兄弟法，树的存储结构可以表示为

```
A (parent: None, first_child: B, next_sibling: None)
|
B (parent: A, first_child: D, next_sibling: C)
|
C (parent: A, first_child: E, next_sibling: None)

D (parent: B, first_child: None, next_sibling: E)
|
E (parent: B, first_child: None, next_sibling: F)
|
F (parent: B, first_child: None, next_sibling: None)
```

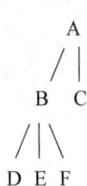

如果将这个多叉树结构图形化，它看起来如图 5.14 所示。

在这个图形中，每个结点除了包含自己的数据外，还包含指向其第一个子结点的链接，以及指向其兄弟结点的链接。例如，结点 A 的子结点是 B 和 C，结点 B 的兄弟结点是 C，结点 D、E 和 F 是 B 的子结点，其中，E 是 D 的兄弟结点，F 是 E 的兄弟结点。

图 5.14 多叉树

在孩子兄弟法中，每个结点都存储了以下三个指针（链接）。

（1）第一个子结点指针：指向结点的第一个子结点。

（2）兄弟结点指针：指向结点的兄弟结点，即与结点具有相同父结点的下一个结点。

（3）父结点指针（可选）：指向结点的父结点，根结点的父结点指针通常设置为 None 或不存储。

这种表示法使得访问任何结点的所有子结点和兄弟结点变得非常直接。例如，要访问一个结点的所有子结点，可以从它的第一个子结点开始，然后通过兄弟结点指针遍历所有后续的子结点。同样，要访问一个结点的兄弟结点，只须跟随它的兄弟结点指针。

孩子兄弟法在实现上提供了灵活性，允许每个结点有多个子结点，并且可以轻松地添加或删除子结点和兄弟结点。它特别适用于需要频繁修改树结构的场景，例如，在图形编辑器中管理图形元素，或者在解析某些类型的数据结构时。

在实现时，可以使用一个链表来存储结点对象，每个对象都包含数据和三个指针。这种方法在处理具有复杂层次和频繁修改的场景中特别有用。

5.5.2 森林和二叉树的转换

森林和二叉树之间的转换是数据结构中一种重要的转换技术。森林由多棵树组成，每棵树都有一个根结点，而二叉树是所有结点最多有两个子结点的树结构。将森林转换为二叉树通常涉及为每棵独立的树添加一个虚拟的根结点，并将所有树的根结点作为子结点链接到这个虚拟根下。这种转换便于应用二叉树的算法和性质来处理森林中的树，增强了算法的通用性和灵活性。通过巧妙地设置指针，森林中的树可以共享一个公共的祖先，从而在逻辑上形成一个单一的二叉树结构。

1. 森林转换为二叉树

森林转换为二叉树的过程涉及将每棵树的根结点作为新形成的二叉树的子结点。这里提供一个概念性的描述和转换步骤。

森林是多棵树的集合,每棵树都有一个根结点。如果将森林中的每棵树的根结点作为一个新的二叉树的子结点,那么可以将整个森林转换为一棵二叉树。通常,这个新的二叉树的根结点是一个虚拟结点,它没有实际的数据意义,只作为连接所有树的枢纽。

假设有如下的森林,由三棵树组成,如图 5.15 所示。

将森林转换为二叉树的方法如下。

（1）加线：树中所有相邻兄弟之间加一条连线。

（2）抹线：对树中的每个结点,只保留它与左边第一个孩子结点之间的连线,删除它与其他孩子结点之间的连线。

（3）旋转：以树的根结点为轴心,将整棵树顺时针旋转 45°,使之成为二叉树,如图 5.16 所示。

2. 二叉树转换为森林

二叉树转换为森林,实际上是将一棵二叉树分解成由多棵树组成的集合,每棵树代表二叉树中的一个分支。这个过程通常涉及将二叉树的每个结点视为一个独立的树的根结点,如果该结点有子结点,则其子结点成为该树的一部分。

在二叉树中,每个结点可以有零个、一个或两个子结点。将二叉树转换为森林时,实际上是在将每个结点的子树（如果有的话）视为独立的树。如果一个结点只有一个子结点（左子结点或右子结点）,那么这个子结点及其所有后代将形成一棵树。如果一个结点有两个子结点,那么这两个子结点及其所有后代将分别形成两棵树。

二叉树还原为森林的过程如下。

方法一：

（1）连线：若某结点是其双亲的左孩子,则把该结点的右孩子、右孩子的右孩子、……都与该结点的双亲结点用连线连起来。

（2）抹线：删除原二叉树中原来双亲结点与右孩子结点的连线。

（3）整理由（1）、（2）两步所得到的树或森林,使之结构层次分明。

假设有二叉树如图 5.17 所示。

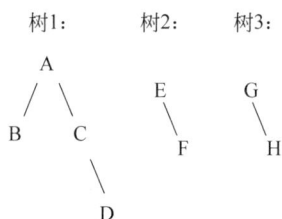

图 5.15　三棵树组成的森林　　　图 5.16　转换为二叉树　　　图 5.17　二叉树

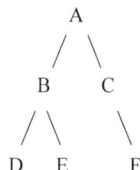

方法二：

（1）识别根结点：从二叉树的根结点开始,将其视为第一棵树的根结点。

（2）遍历子结点：对于每个结点,检查其左子结点和右子结点。

（3）创建树：对于每个非空子结点，将其视为新树的根结点，并将其所有后代包含在这棵树中。

（4）处理孤立结点：如果某个结点只有一个子结点，那么这个子结点就是一棵树的根结点。

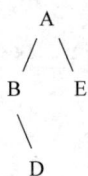

转换后的森林可能如图 5.18 所示。

```
A        C        F
/ \
B   E
 \
  D
```

图 5.18 转换后的森林

注意：

（1）二叉树转换为森林的过程可能会根据具体的应用场景有所不同。

（2）如果二叉树的每个结点都只有左子结点或只有右子结点，那么转换后的森林中的每棵树都将是一条链。

（3）如果二叉树是完全二叉树或满二叉树，那么转换后的森林可能包含较少数量的树。

这种转换在某些特定的算法和数据结构操作中很有用，例如，在树的分解、树的压缩或者在某些类型的树遍历算法中。通过将二叉树分解成森林，可以更细致地管理和操作树的各部分。

5.5.3 哈夫曼树

哈夫曼树是一种用于数据压缩的最优二叉树，通过权值构造结点，确保频繁数据用较少编码，提高传输与存储效率。

1. 哈夫曼树的概念

哈夫曼树（Huffman Tree）是一种基于结点权重的最优二叉树，广泛应用于数据压缩的哈夫曼编码算法中。以下是哈夫曼树及相关概念的详细解释。

（1）路径。

在树中，从一个结点到另一个结点的序列称为路径。例如，从根结点到任意叶子结点的结点序列就是一个路径。

（2）路径长度。

路径长度是指从一个结点到另一个结点的边的数目。在二叉树中，从根结点到叶子结点的路径长度通常指的是边的数量。

（3）树的路径长度。

树的路径长度是指树中所有叶子结点的路径长度之和，即从根结点到每个叶子结点所需经过的边的总数。

（4）权。

在带权树中，权是与结点相关联的一个值，可以代表结点的重要程度、出现频率等属性。

（5）结点的带权路径长度。

结点的带权路径长度是指从根结点到该结点的路径长度与结点权重的乘积。

（6）树的带权路径长度。

树的带权路径长度是指树中所有结点的带权路径长度之和，即每个结点的带权路径长度的累加。即

$$\text{WPL} = \sum_{i=1}^{n} W_i L_i$$

（7）哈夫曼树。

哈夫曼树是一种特殊的带权二叉树，它满足以下条件。

哈夫曼树的带权路径长度是所有可能的带权二叉树中最小的，即它最小化了权的加权路径长度之和。

（8）构建规则。

每个结点（叶子结点或非叶子结点）都与一个权重相关联，通常这个权重是该结点代表的符号在数据中出现的频率。

构建过程开始于将每个符号视为一个单独的结点。

按照结点权重的升序，将两个权重最小的结点合并为一个新结点，新结点的权重是两个子结点权重的和。

重复这个过程，直到所有结点合并为一棵单一的树。

（9）最优性。

哈夫曼树是最优二叉树，因为它保证了加权路径长度的最小化，这使得它在哈夫曼编码中非常有效，可以为常见的符号分配较短的编码，而不常见的符号分配较长的编码。

（10）应用。

哈夫曼树主要用于哈夫曼编码，这是一种流行的无损数据压缩算法，广泛应用于文件压缩、图像和音频编码等领域。

哈夫曼树的构建过程和其在数据压缩中的应用，展示了如何通过优化树结构来提高存储和传输效率。通过这种方式，哈夫曼树在信息理论和编码理论中占有重要地位。

2. 哈夫曼树的算法

哈夫曼树的算法是一种用于构建哈夫曼树的贪心算法，它基于结点权重（通常是符号出现的频率）来构造最优的带权二叉树。以下是哈夫曼树算法的步骤。

（1）初始化。

创建一个队列或优先级队列（最小堆），将所有给定权重的结点（符号）按权重排序并加入队列。

（2）构建树。

重复以下步骤，直到队列中只剩下一个结点。

① 从队列中取出两个具有最小权重的结点。

② 创建一个新的内部结点，将其权重设置为两个取出结点权重的和。

③ 将新结点作为这两个结点的父结点，形成一个新的树结构。

④ 将新结点重新加入队列中。

⑤ 继续这个过程，直到队列中只剩下一个结点，这个结点就是哈夫曼树的根结点。

（3）形成哈夫曼编码。

从哈夫曼树的根结点开始，向下遍历到每个叶子结点（符号）。

① 为每个左链接分配一个“0”，为每个右链接分配一个“1”。

② 叶子结点的路径（从根到叶的字符串）就是该符号的哈夫曼编码。

（4）编码数据。

使用得到的哈夫曼编码来编码原始数据中的每个符号。

假设有以下符号及其权重。

A: 5
B: 9
C: 12
D: 13
E: 16
F: 45

按照哈夫曼树算法构建过程如下。

（1）初始化结点集合：{(5,A),(9,B),(12,C),(13,D),(16,E),(45,F)}。

（2）合并(5,A)和(9,B)得到结点(14,A,B)，更新集合：{(12,C),(13,D),(16,E),(45,F),(14,A,B)}。

（3）继续合并，直到只剩下一个结点作为根结点。

最终得到的哈夫曼树可能如图 5.19 所示。

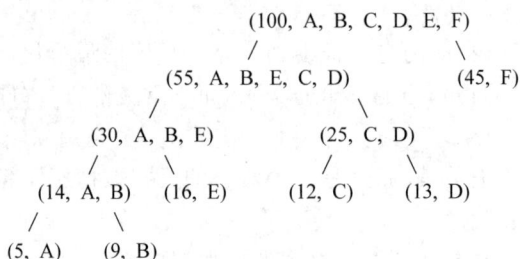

```
                    (100, A, B, C, D, E, F)
                   /                        \
            (55, A, B, E, C, D)            (45, F)
            /                  \
      (30, A, B, E)          (25, C, D)
      /          \           /        \
(14, A, B)   (16, E)    (12, C)    (13, D)
 /      \
(5, A)  (9, B)
```

图 5.19　哈夫曼树

$$WPL=(5+9)\times4+(12+13)\times3+16\times2+45\times1=56+75+32+45=208$$

在这个示例中，每个符号的哈夫曼编码如下。

A: 0000
B: 0001
C: 010
D: 011
E: 001
F: 1

注意事项如下。

（1）哈夫曼树是唯一的，但哈夫曼编码可能不是，尤其是当存在相同权重的结点时。

（2）哈夫曼树的构建是贪心的，每次选择当前最小的两个权重结点进行合并。

（3）哈夫曼编码是一种无损压缩技术，可以完整地恢复原始数据。

（4）哈夫曼树的算法是数据压缩中的一个重要概念，它通过最小化带权路径长度来优化编码过程。

5.6　案例分析与实现

下面是一个二叉树的综合案例，包括二叉树的创建、遍历（前序、中序、后序）、搜索、插入和删除结点的功能。这个案例使用 Python 代码段描述如下。

```python
class TreeNode:
def __init__(self, key):
```

```
self.left = None
self.right = None
self.val = key
class BinarySearchTree:
def __init__(self):
self.root = None
def insert(self, key):
if self.root is None:
self.root = TreeNode(key)
else:
self._insert(self.root, key)
def _insert(self, node, key):
if key < node.val:
if node.left is None:
node.left = TreeNode(key)
else:
self._insert(node.left, key)
else:
if node.right is None:
node.right = TreeNode(key)
else:
self._insert(node.right, key)
def search(self, key):
return self._search(self.root, key)
def _search(self, node, key):
if node is None or node.val == key:
return node
if key < node.val:
return self._search(node.left, key)
return self._search(node.right, key)
def delete(self, key):
self.root = self._delete(self.root, key)
def _delete(self, node, key):
if node is None:
return node
if key < node.val:
node.left = self._delete(node.left, key)
elif key > node.val:
node.right = self._delete(node.right, key)
else:
if node.left is None:
return node.right
elif node.right is None:
return node.left
min_larger_node = self._get_min(node.right)
node.val = min_larger_node.val
node.right = self._delete(node.right, min_larger_node.val)
return node
```

```
def _get_min(self, node):
current = node
while current.left is not None:
current = current.left
return current
def pre_order_traversal(self):
return self._pre_order_traversal(self.root)
def _pre_order_traversal(self, node):
return [node.val] + self._pre_order_traversal(node.left) + self._pre_order_
traversal(node.right) if node else []
def in_order_traversal(self):
return self._in_order_traversal(self.root)
def _in_order_traversal(self, node):
return self._in_order_traversal(node.left) + [node.val] + self._in_order_
traversal(node.right) if node else []
def post_order_traversal(self):
return self._post_order_traversal(self.root)
def _post_order_traversal(self, node):
return self._post_order_traversal(node.left) + self._post_order_traversal(node.
right) + [node.val] if node else []
#使用案例
bst = BinarySearchTree()
values = [50, 30, 20, 40, 70, 60, 80]
for value in values:
bst.insert(value)
print("Pre-order Traversal:", bst.pre_order_traversal())
print("In-order Traversal:", bst.in_order_traversal())
print("Post-order Traversal:", bst.post_order_traversal())
search_key = 40
if bst.search(search_key):
print(f"Key {search_key} found in the BST.")
else:
print(f"Key {search_key} not found in the BST.")
insert_key = 90
bst.insert(insert_key)
print(f"After inserting {insert_key}, Pre-order Traversal:", bst.pre_order_
traversal())
delete_key = 30
bst.delete(delete_key)
print(f"After deleting {delete_key}, Pre-order Traversal:", bst.pre_order_
traversal())
```

在这个案例中，BinarySearchTree 类实现了二叉搜索树的基本操作。TreeNode 类用于创建树结点。insert 方法用于向树中添加新结点，search 方法用于搜索特定值的结点，delete 方法用于删除特定值的结点。此外，还有三种遍历方法：前序、中序和后序遍历，分别用于访问树中的所有结点。

请注意，这个案例中的删除操作包括处理只有左子树、只有右子树或有两个子树的结点的情况。在删除结点时，如果待删除结点有两棵子树，算法会找到右子树中的最小结点，并用它来替换待删除结点，然后再递归地删除那个最小结点。

小结

在本章中,深入探讨了树和二叉树的相关概念、性质、存储结构以及应用。树作为基本的数据结构之一,在计算机科学中扮演着极其重要的角色。以下是本章的核心内容总结。

1. 树的定义与性质

树是由结点组成的层次结构,每个结点有零个或多个子结点,但只有一个父结点(除了根结点)。

树的深度、高度、森林与树的关系等基本概念。

2. 二叉树

二叉树是树的一种特殊形式,其中每个结点最多有两个子结点。

讨论了二叉树的遍历算法,包括前序、中序、后序和层序遍历。

3. 二叉树的存储结构

顺序存储(数组表示)和链式存储(指针表示)是两种主要的存储方式。

每种存储结构的优缺点和适用场景。

4. 线索二叉树

线索二叉树是对二叉树的扩展,通过在空指针中添加线索来优化遍历。

5. 树和森林的转换

森林可以转换为二叉树,通过添加一个虚拟根结点来连接每棵树的根结点。

二叉树也可以分解为森林,每棵树对应二叉树中的一个分支。

6. 哈夫曼树及其算法

哈夫曼树是一种带权的最优二叉树,用于哈夫曼编码,实现数据压缩。

讨论了哈夫曼树的构建算法和其在无损数据压缩中的应用。

7. 二叉树的综合案例

提供了一个 Python 实现的二叉搜索树案例,包括树的创建、遍历、搜索、插入和删除操作。

通过本章的学习,我们不仅理解了树和二叉树的理论基础,还掌握了它们的实际应用和实现技巧。这些知识对于任何希望在数据结构和算法领域深入学习的学者或专业人士来说都是宝贵的。随着技术的不断发展,树和二叉树的应用领域也在不断扩展,它们在解决复杂问题时展现出强大的能力和灵活性。

习题

一、选择题

1. 二叉树的前序遍历的第一个结点是(　　)。

   A. 根结点　　　　B. 左子结点　　　　C. 右子结点　　　　D. 无法确定

2. 在二叉搜索树中,一个结点的左子树只包含(　　)。

   A. 比它大的结点　　　　　　　　B. 比它小的结点

   C. 和它相等的结点　　　　　　　D. 空结点

3. 完全二叉树的特点是（　　）。

　　A. 每个结点都有两个孩子或没有孩子

　　B. 每个结点只有一个孩子

　　C. 只能有右孩子

　　D. 只能有左孩子

4. 哈夫曼树是一种（　　）。

　　A. 平衡二叉搜索树

　　B. 非平衡二叉搜索树

　　C. 带权路径长度最小的二叉树

　　D. 带权路径长度最大的二叉树

5. 线索二叉树主要用于（　　）。

　　A. 增加树的结点　　　　　　　　　　B. 优化树的存储

　　C. 提高树的遍历效率　　　　　　　　D. 减少树的空间复杂度

6. 树的度指（　　）。

　　A. 树的高度　　　　　　　　　　　　B. 树的结点数

　　C. 树中结点的最大孩子数　　　　　　D. 树中结点的最小孩子数

7. 在二叉树的层序遍历中，结点的访问顺序是（　　）。

　　A. 根-左-右　　　　　　　　　　　　B. 从上到下，从左到右

　　C. 从下到上，从右到左　　　　　　　D. 随机顺序

8. 森林中的每棵树都是（　　）。

　　A. 一棵二叉树　　　　　　　　　　　B. 一棵多叉树

　　C. 一棵独立的树　　　　　　　　　　D. 一个链表

9. 在二叉树的后序遍历中，最后一个访问的结点是（　　）。

　　A. 根结点　　　　B. 左子结点　　　　C. 右子结点　　　　D. 无法确定

10. 树的深度和高度的区别是（　　）。

　　A. 树的深度总是比高度大 1

　　B. 树的深度是从根结点到叶子结点的最长路径

　　C. 树的高度是从根结点到叶子结点的最短路径

　　D. 树的深度和高度是同一个概念

二、简答题

1. 什么是二叉树的递归定义？

2. 完全二叉树的定义是什么？

3. 平衡二叉树（AVL 树）的平衡条件是什么？

4. 哈夫曼树是如何构建的？

5. 请解释二叉搜索树（BST）的中序遍历。

6. 什么是二叉树的前序遍历？

7. 为什么平衡二叉树在插入和删除操作后需要进行旋转操作？

8. 什么是树的动态查询问题？

9. 给定一组数据的频率为｛A：5，B：3，C：7，D：4，E：2｝。请构造一棵哈夫曼树，并计

算哈夫曼编码。

三、算法设计题

1. 实现二叉树的前序遍历。

2. 检查一棵二叉树是否是二叉搜索树。

3. 设计一个算法,计算二叉树的最大深度。

4. 设计一个函数,用于翻转二叉树。

5. 设计一个函数,用于计算二叉树中两个结点的最低公共祖先。

6. 实现二叉树的层序遍历。要求:编写一个函数,实现对给定二叉树的层序遍历。

7. 查找二叉树中的最大值。要求:编写一个函数,找出二叉树中的最大值。

8. 二叉树的镜像问题。要求:编写一个函数,实现对二叉树的镜像翻转,即原左子树变为右子树,原右子树变为左子树。

9. 二叉树的直径问题。要求:编写一个函数,计算二叉树的直径。树的直径是任意两个结点的最长路径的长度。

第6章 图

本章学习目标

- 了解图的基本术语和基本概念。
- 重点掌握图的两种存储结构和具体应用。
- 掌握图的深度优先搜索和广度优先搜索方法及应用。
- 了解有向无环图的拓扑结构和实际应用。
- 了解最短路径的原理和实际应用。

在计算机科学的世界里,图(Graph)是一种极其重要的数据结构,它以其独特的方式捕捉了现实世界中的复杂关系和网络。图由顶点(Vertices)和边(Edges)组成,顶点代表实体,边代表实体间的关系。从社交网络中的人际关系,到互联网中的数据传输,再到城市间的交通网络,图以其强大的表达能力,成为理解和建模这些复杂系统的理想选择。

图的结构可以是无向的,也可以是有向的,边可以是无权的,也可以是带权的。无向图反映了顶点间的双向关系,而有向图则表达了单向的、有序的关系。带权图则进一步为边赋予了数值,可以代表距离、成本或其他度量。

在图的数据处理和分析中,我们运用各种算法来解决实际问题,如深度优先搜索和广度优先搜索帮助我们遍历和探索图;Dijkstra 算法和 Bellman-Ford 算法用于寻找最短路径;Prim 算法和 Kruskal 算法用于寻找最小生成树;拓扑排序则在有向无环图中找到一种特殊的线性序列。

本章将深入探讨图的基本概念、存储结构、遍历算法、最短路径问题、网络流理论以及图的应用案例。通过学习图的相关知识,读者将能够掌握如何使用图来解决各种实际问题,并在需要时设计和实现有效的算法。无论是软件开发、数据分析还是人工智能领域,图的知识和技能都是计算机科学家和工程师不可或缺的工具。

6.1 图的基本概念

6.1.1 图的定义

图由两个集合 V 和 E 组成,记为 $G=(V,E)$,其中,V 是顶点(数据元素)的有穷非空集合,E 是边的有穷集合。

6.1.2 图的基本术语

1. 有向图
在有向图中,每条边都有一个方向,从一个顶点指向另一个顶点,如图 6.1 所示。

2. 无向图
在无向图中,边没有方向,仅仅是连接两个顶点,如图 6.2 所示。

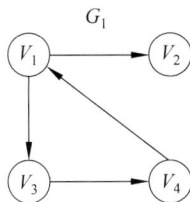

图 6.1　有向图

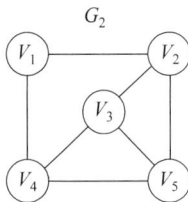

图 6.2　无向图

3. 完全图

任意两个顶点都有一条边相连,如图 6.3 和图 6.4 所示。

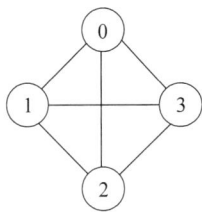

图 6.3　无向完全图

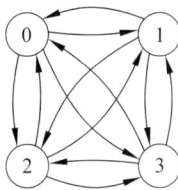

图 6.4　有向完全图

4. 稀疏图

有很少边或弧的图。

5. 稠密图

有较多边或弧的图。

6. 网

边/弧带权的图。

7. 邻接

有边/弧相连的两个顶点之间的关系。如果存在 (v_i, v_j),则称 v_i 和 v_j 互为邻接点;如果存在 $<v_i, v_j>$,则称 v_i 邻接到 v_j,v_j 邻接于 v_i。

8. 关联(依附)

边/弧与顶点之间的关系。如果存在 $(v_i, v_j)/<v_i, v_j>$,则称该边/弧关联于 v_i 和 v_j。

9. 权值

边可以带有权值,表示两个顶点之间的某种度量,如距离、成本或时间。

10. 度

顶点的度是与该顶点相连的边的数量。在有向图中,度分为入度(指向该顶点的边的数量)和出度(从该顶点出发的边的数量)。

11. 路径

路径是一系列顶点,其中每个顶点(除了第一个)都与前一个顶点通过边相连。

12. 简单路径

路径中不包含重复的顶点。

13. 环

如果路径的起始顶点和结束顶点相同,并且至少包含一条边,则称该路径为环。无向图中的环至少包含三个顶点,有向图中的环至少包含一个顶点。

14. 连通性

在无向图中,如果每对顶点之间都存在路径,则称图是连通的,如图 6.5 所示。在有向图中,如果每对顶点之间都存在有向路径,则称图是强连通的。图 6.6 则是非连通图。

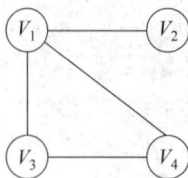

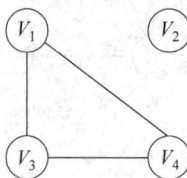

图 6.5　连通图　　　　　　图 6.6　非连通图

15. 子图

图 G 的子图是由 G 的顶点和边的子集构成的图。

6.2　图的存储结构

6.2.1　邻接矩阵

邻接矩阵是图的一种常用存储结构,用于表示图中顶点之间的连接关系。在邻接矩阵中,图的每个顶点都与一个列向量对应,矩阵中的元素值表示顶点之间的边的信息,如存在性或权重。

1. 邻接矩阵的定义

（1）二维数组:邻接矩阵通常是一个二维数组（或矩阵）,其行和列都代表图中的顶点。

（2）顶点索引:矩阵中的每个位置 (i,j) 表示顶点 i 到顶点 j 的连接状态。

（3）边的存在性:在某一个无向图中,如果顶点 i 和顶点 j 之间存在边,则 matrix$[i][j]$ 和 matrix$[j][i]$（对称位置）通常设置为相同的值（如 1）,表示边的存在。在有向图中,如果从顶点 i 到顶点 j 存在边,则 matrix$[i][j]$ 设置为一个值（如 1）,而 matrix$[j][i]$ 通常设置为 0,表示没有反向边。

2. 邻接矩阵的表示

如图 6.7 所示的无向图,它的邻接矩阵如图 6.8 所示。

如图 6.9 所示的有向图,它的邻接矩阵如图 6.10 所示。

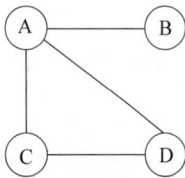

图 6.7　无向图　　图 6.8　图 6.7 的邻接矩阵　　图 6.9　有向图　　图 6.10　图 6.9 的邻接矩阵

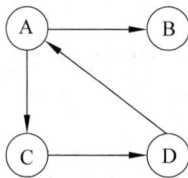

3. 邻接矩阵的特点

（1）易于实现:邻接矩阵的实现直观简单,容易理解和编程。

（2）访问效率高:可以快速检查两个顶点之间是否存在边,时间复杂度为 $O(1)$。

（3）适用于稠密图:当图中的边数量接近顶点数量的平方时,邻接矩阵是高效的。

（4）空间消耗大：对于稀疏图，许多矩阵元素都是 0，这会造成较大的空间浪费。

邻接矩阵是图算法实现中的一个重要工具，尤其适用于需要频繁检查两个顶点之间连接状态的场景。然而，在选择图的存储结构时，需要考虑图的稠密程度和操作类型，以确定邻接矩阵是否是最优选择。

在数据结构中创建一个无向网（即无向图）的邻接矩阵，首先需要定义图的顶点和边。无向网的特点是图中的每条边没有方向，即如果顶点 A 与顶点 B 相连，则顶点 B 也与顶点 A 相连。

4. 实现代码

Python 代码段描述如下。

```python
def create_undirected_graph(num_vertices, edges):
#初始化邻接矩阵,全为 0
adj_matrix = [[0 for _ in range(num_vertices)] for _ in range(num_vertices)]
#填充邻接矩阵
for u, v in edges:
#因为是无向图,所以需要在两个方向上都添加边
adj_matrix[u][v] = 1
adj_matrix[v][u] = 1                        #如果是带权重的边,这里设置为相应的权重
return adj_matrix
#示例:创建一个包含 4 个顶点和两条边的无向图
num_vertices = 4
edges = [(0, 1), (1, 2), (2, 3)]            #例如,顶点 0 和 1 之间有一条边,以此类推
#创建邻接矩阵
adj_matrix = create_undirected_graph(num_vertices, edges)
#打印邻接矩阵
for row in adj_matrix:
print(row)
```

5. 输出

输出结果如图 6.11 所示。

在这个示例中，num_vertices 是顶点的数量，edges 是一个包含边的列表，其中每条边由其两个端点的索引组成。函数 create_undirected_graph 初始化邻接矩阵，并根据提供的边集合填充矩阵。

```
[0  1  0  0]
[1  0  1  0]
[0  1  0  1]
[0  0  1  0]
```
图 6.11　输出结果

6.2.2　邻接表

邻接表是图的另一种存储结构，与邻接矩阵相对应。它使用一组列表来表示图中顶点的邻接关系，通常用于存储稀疏图以节省空间。以下是邻接表的基本概念和实现方式。

1. 邻接表的基本概念

（1）数据结构。

邻接表通常由一个列表（或数组）的列表（或数组）组成，其中，外层列表的索引对应顶点的标识。

（2）顶点表示。

外层列表的每个元素是一个列表，表示一个顶点。

（3）边的表示。

内层列表存储与顶点相邻的顶点信息，以及可选的边的权重。

（4）空间效率。

邻接表通常比邻接矩阵更节省空间，特别是对于稀疏图，因为它们不需要为不存在的边分配空间。

（5）动态图。

邻接表适合动态图，即图中的顶点和边可以动态增加或删除。

2. 邻接表的实现

（1）初始化：为图中的每个顶点创建一个列表，并将其添加到外层列表中。

（2）添加边：要添加一条边，找到两个顶点对应的列表，将对方添加到各自的列表中。

（3）删除边：要删除一条边，找到两个顶点对应的列表，将对方引用从列表中删除。

（4）遍历：要遍历一个顶点的所有邻接点，只须遍历该顶点对应的列表。

（5）查找：要查找两个顶点之间是否存在边，只须检查一个顶点的列表中是否包含另一个顶点。

3. 邻接表的表示

如图 6.12 所示的无向图的邻接表如图 6.13 所示。

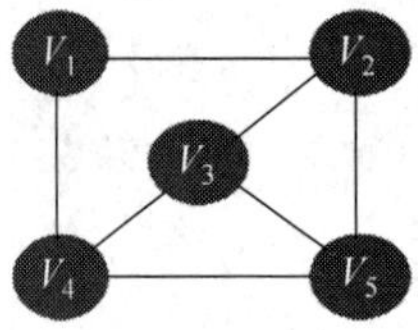

图 6.12　无向图 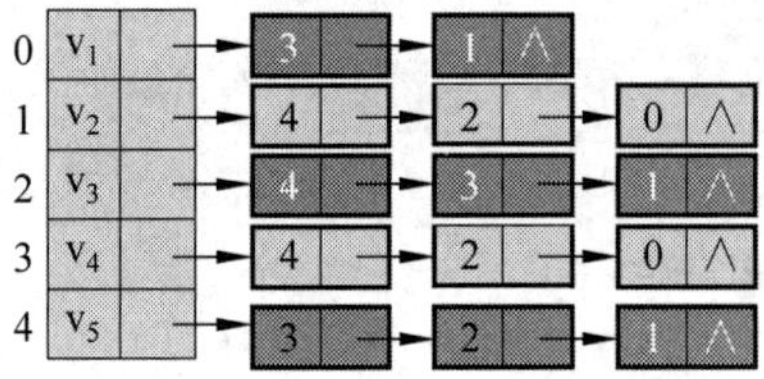　　　　　图 6.13　图 6.12 的邻接表

4. 实现代码

Python 代码段描述如下。

```python
class Graph:
def __init__(self, num_vertices):
self.num_vertices = num_vertices
self.adj_list = [[] for _ in range(num_vertices)]
def add_edge(self, v, w):
#因为是无向图,所以要在两个顶点的列表中都添加对方
self.adj_list[v].append(w)
self.adj_list[w].append(v)
def print_graph(self):
for v in range(self.num_vertices):
print(f"Vertex {v}:")
for w in self.adj_list[v]:
print(f" -> {w}")
#示例:创建一个包含 4 个顶点的图并添加边
graph = Graph(4)
graph.add_edge(0, 1)
graph.add_edge(1, 2)
graph.add_edge(2, 3)
graph.print_graph()
```

5. 输出

输出结果如图 6.14 所示。

在这个示例中,Graph 类使用邻接表来存储图。add_edge 方法用于添加边,它将两个顶点相互连接。print_graph 方法用于打印图的邻接表。

邻接表是实现图算法(如 DFS、BFS)的有效方式,特别是当图是稀疏的,或者需要频繁修改边时。然而,对于密集图或需要频繁检查两个顶点之间是否存在边的情况,邻接矩阵可能是更好的选择。

```
Vertex 0:
 ->1
Vertex 1:
 ->0 ->2
Vertex 2:
 ->1 ->3
Vertex 3:
 ->2
```

图 6.14　输出结果

6.3　图的遍历

6.3.1　深度优先遍历

深度优先遍历是一种用于遍历或搜索树或图的算法。DFS 从一个顶点开始,沿着树的深度遍历,尽可能深地搜索树的分支。当到达叶子结点(即没有子结点的结点)或图中的某个终点时,再回溯并沿着其他分支继续搜索。以下是 DFS 的基本概念和实现方式。

1. 基本概念

(1)遍历顺序。

DFS 生成的顶点序列是到达的顺序,即从起始顶点开始,然后是其邻接的未访问的顶点,接着是邻接顶点的邻接顶点,以此类推。

(2)递归实现。

DFS 通常使用递归来实现,每次递归调用处理一个顶点的邻接点。

(3)栈的使用。

在非递归实现中,DFS 使用栈来跟踪待访问的顶点。

(4)图的类型。

DFS 可以用于无向图和有向图。

(5)应用。

DFS 在许多领域有应用,包括网络爬虫、拓扑排序、解决迷宫问题、社交网络分析等。

2. 算法步骤

(1)选择起始顶点:从图中的一个顶点开始遍历。

(2)访问顶点:标记起始顶点为已访问,并进行某些操作(例如,将其添加到结果列表中)。

(3)探索邻接顶点:对起始顶点的每个未访问的邻接顶点,执行 DFS。

(4)回溯:当一个顶点的所有邻接顶点都被访问后,回溯到上一个顶点,并继续访问其下一个未访问的邻接顶点。

(5)结束条件:当所有顶点都被访问过遍历完成。

3. 实现过程

采用深度优先遍历实现一个无向图的过程,如图 6.15 所示。

图 6.15 深度优先遍历(DFS)的结果为 $V_1 \rightarrow V_2 \rightarrow V_4 \rightarrow V_8 \rightarrow V_5 \rightarrow V_3 \rightarrow V_6 \rightarrow V_7$。

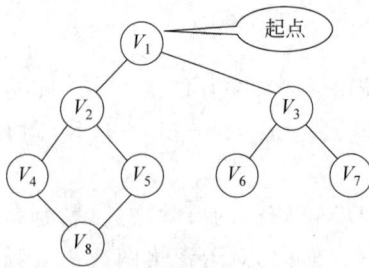

图 6.15　无向图

4. 实现代码

Python 代码段描述如下。

```python
def dfs(graph, vertex, visited=None):
#如果是第一次调用,初始化 visited 集合
if visited is None:
visited = set()
#标记顶点为已访问
visited.add(vertex)
print(vertex, end=" ")              #访问顶点的操作
#遍历邻接顶点
for neighbor in graph[vertex]:
if neighbor not in visited:
dfs(graph, neighbor, visited)
#示例图的邻接表表示
graph =
{
    0: [1, 2],
    1: [0, 3],
    2: [0],
    3: [1]
}
#执行 DFS
dfs(graph, 0)                        #从顶点 0 开始
```

输出结果为：0 1 3 2。

在这个示例中,graph 是一个字典,表示图的邻接表。函数 DFS 执行深度优先遍历,并打印访问的顶点。DFS 是一种强大的算法,可以用于确定图的连通性、检查环、拓扑排序等多种场景。它也是许多其他算法的基础,如最小生成树算法、路径搜索算法等。

6.3.2　广度优先遍历

广度优先遍历是一种遍历树或图的算法,它从一个顶点开始,逐层遍历图中的所有顶点。BFS 通常用于寻找最短路径,或按层序遍历图。

1. 基本概念

（1）遍历顺序。

BFS 按照从起始顶点开始的层级顺序访问顶点,即先访问起始顶点的所有邻接顶点,再访问这些邻接顶点的邻接顶点,以此类推。

（2）队列的使用。

BFS 使用队列作为主要的数据结构来保持访问顺序。

（3）图的类型。

BFS 可以用于无向图和有向图。

（4）应用。

BFS 在许多领域有应用，包括社交网络分析、网络路由算法、网页爬虫、最短路径问题等。

2. 算法步骤

（1）初始化：从选定的起始顶点开始，将其标记为已访问，并将其入队。

（2）访问顶点：在队列非空的情况下，从队列中出队一个顶点，并对其执行操作（例如，添加到结果列表中）。

（3）探索邻接顶点：将出队顶点的未访问邻接顶点标记为已访问，并将它们加入队列。

（4）继续过程：重复步骤（2）和（3），直到队列为空。

（5）结束条件：当队列为空遍历完成，即所有可达顶点都被访问过。

3. 实现过程

采用广度优先遍历实现一个无向图的过程，如图 6.16 所示。

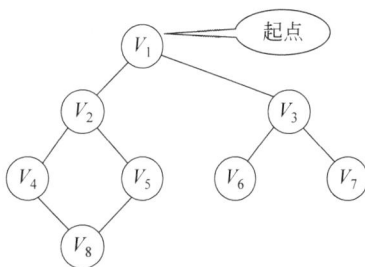

图 6.16　无向图

图 6.16 广度优先遍历的结果为 $V_1 \rightarrow V_2 \rightarrow V_3 \rightarrow V_4 \rightarrow V_5 \rightarrow V_6 \rightarrow V_7 \rightarrow V_8$。

4. 实现代码

Python 代码段描述如下。

```python
from collections import deque
def bfs(graph, start):
    visited = set()                    #用于记录已访问的顶点
    queue = deque([start])             #初始化队列,将起始顶点入队
    while queue:                       #只要队列不为空,就继续遍历
        vertex = queue.popleft()       #从队列中出队一个顶点
        if vertex not in visited:
            print(vertex, end=" ")     #访问顶点的操作
            visited.add(vertex)        #标记顶点为已访问
            #将所有未访问的邻接顶点加入队列
            queue.extend(neighbor for neighbor in graph[vertex] if neighbor not in visited)
#示例图的邻接表表示
graph = {
    0: [1, 2],
    1: [0, 3, 4],
    2: [0],
    3: [1],
    4: [1]
}
```

```
#执行 BFS
bfs(graph, 0)                    #从顶点 0 开始
输出结果为：0 1 2 3 4。
```

在这个示例中，graph 是一个字典，表示图的邻接表。函数 BFS 执行广度优先遍历，并打印访问的顶点。BFS 是一种有用的算法，可以用于确定图的层级结构、检查图的连通性、寻找最短路径等多种场景。它也是许多其他算法的基础，如网络流算法、社交网络分析等。

6.4　图的最小生成树

6.4.1　基本概念

最小生成树（Minimum Spanning Tree，MST）是图中的一个重要概念，它指的是在连通图的一个子图，这个子图是一棵树，包含图中所有的顶点，且树中边的权重之和最小。

1. 最小生成树的基本性质

（1）包含所有顶点：最小生成树连接了图中的所有顶点。

（2）无环：作为一棵树，最小生成树中不包含环。

（3）权重和最小：最小生成树的边的权重之和是所有包含所有顶点的树中最小的。

（4）适用于连通图：最小生成树的概念仅适用于连通图，即图中的任意两个顶点之间都存在路径。

（5）可能有多个：在某些图中，可能存在多个具有相同权重和的最小生成树。

2. 最小生成树的算法

（1）克鲁斯卡尔（Kruskal）算法：按照边的权重递增顺序排序，依次选择最小的边，但要确保添加后不形成环，重复此过程，直到所有顶点都被包含在树中。

（2）普里姆（Prim）算法：从一个任意顶点开始，将其标记为访问过，寻找连接访问顶点和未访问顶点的最小权重边，将这个最小权重边添加到树中，并将对应的未访问顶点标记为访问过，重复此过程，直到所有顶点都被访问。

最小生成树在网络设计、电路布线、路径规划等领域有广泛的应用，通过最小生成树算法，可以在保证连接所有顶点的同时，最小化总的建设或连接成本。

6.4.2　Prim 算法

Prim 算法是一种最小生成树算法，用于在带权连通图中找到最小生成树。最小生成树是图的一个子图，它连接了所有顶点，并且没有环，同时边的权重总和最小。Prim 算法通常从一个起始顶点开始，逐步扩展，直到包含所有顶点。

1. Prim 算法的基本概念

（1）起始顶点：算法从一个任意顶点开始。

（2）优先队列：使用优先队列（通常是最小堆）来选择最小权重的边。

（3）边集合：记录已经选择的边，以避免形成环。

（4）顶点集合：记录已经访问过的顶点。

2. Prim 算法的步骤

（1）选择起始顶点：从图中选择一个起始顶点，并将其标记为已访问。

（2）初始化优先队列：将起始顶点的所有邻接边及其权重加入优先队列。

（3）选择最小权重边：从优先队列中选择权重最小的边。

（4）检查顶点访问状态：如果边的另一端顶点未被访问，将其加入已访问集合。

3. Prim 算法构造最小生成树的过程

用 Prim 算法构造一棵最小生成树的过程如图 6.17 所示（自左向右，自上向下）。

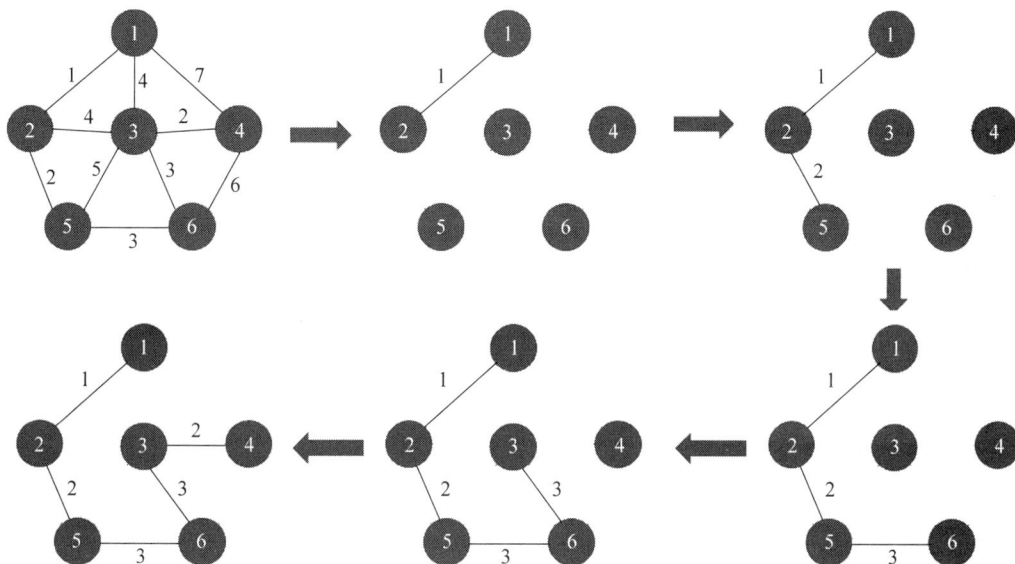

图 6.17 构造最小生成树的过程图（Prim 算法）

4. Prim 算法的实现

Python 代码段描述如下。

```python
import heapq
def prim(graph):
num_vertices = len(graph)
visited = [False] * num_vertices          #记录顶点是否被访问
min_edge = [(0, -1, -1)]                   #优先队列,存储(权重,顶点 1,顶点 2)
result = []                                #存储最小生成树的边
#从第一个顶点开始
visited[0] = True
for v in graph[0]:
heapq.heappush(min_edge, (graph[0][v], 0, v))
while min_edge:
weight, src, dest = heapq.heappop(min_edge)
if not visited[dest]:
visited[dest] = True
result.append((src, dest))
for v in graph[dest]:
if not visited[v]:
heapq.heappush(min_edge, (graph[dest][v], dest, v))
```

```
return result
#示例图的邻接矩阵表示(带权重)
graph = {
    0: {1: 1, 2: 3},
    1: {0: 1, 2: 2, 3: 4},
    2: {0: 3, 1: 2},
    3: {1: 4}
}
#执行 Prim 算法
mst = prim(graph)
print("Minimum Spanning Tree edges:", mst)
```
输出结果为: Minimum Spanning Tree edges: [(0, 1), (1, 2), (1, 3)]。

在这个示例中, graph 是一个字典, 表示图的邻接表, 并且带有边的权重。函数 prim 实现了 Prim 算法, 并返回最小生成树的边列表。Prim 算法是一种贪心算法, 它每次选择当前最小的边, 直到所有顶点都被包含在最小生成树中。它适用于稀疏图, 并且在实现上相对简单。Prim 算法的时间复杂度是 $O(n^2)$, 其中, n 是顶点的数量, 但通过优先队列优化, 可以将时间复杂度降低到 $O(e+n\log n)$, 其中, e 是边的数量。

6.4.3 Kruskal 算法

Kruskal 算法是另一种用于在带权连通图中找到最小生成树(MST)的算法。与 Prim 算法不同, Kruskal 算法是一种基于边的算法, 它通过逐步添加边来构建最小生成树, 同时确保不会形成环。

1. Kruskal 算法的基本步骤

(1) 排序: 将图中的所有边按照权重从小到大排序。

(2) 初始化森林: 将图中的每个顶点视为一棵单独的树(森林中的一棵树)。

(3) 选择最小边: 从排序后的边列表中选择权重最小的边。

(4) 检查环: 检查如果添加这条边是否会形成环, 如果不会形成环, 则将其添加到 MST。

(5) 合并树: 如果添加的边连接了两棵不同的树, 则将这两棵树合并成一棵树。

(6) 重复过程: 重复步骤(3)～(5), 直到所有顶点被包含在 MST 中, 或者所有边都被检查。

2. Kruskal 算法的关键概念

(1) 边的集合: 算法使用边的集合来构建最小生成树。

(2) 并查集: 为了检测边是否连接了两棵不同的树, Kruskal 算法使用并查集数据结构。

3. Kruskal 算法构造最小生成树的过程

用 Kruskal 算法构造一棵最小生成树的过程, 如图 6.18 所示(自左向右, 自上向下)。

4. Kruskal 算法的实现

Python 代码段描述如下。

```
class UnionFind:
def __init__(self, size):
self.parent = [i for i in range(size)]
```

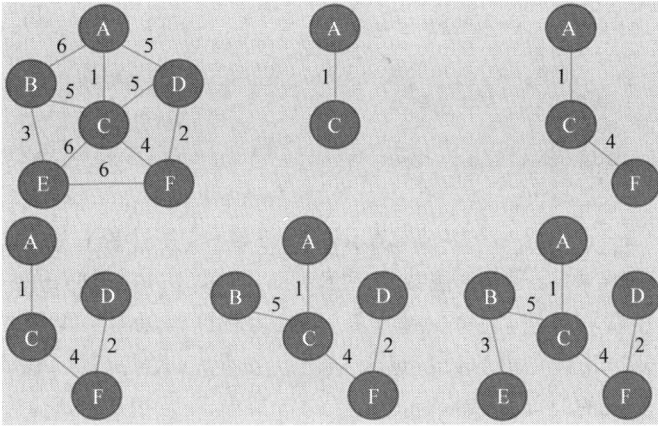

图 6.18　构造最小生成树的过程（Kruskal 算法）

```
self.rank = [0] * size
def find(self, x):
if self.parent[x] != x:
self.parent[x] = self.find(self.parent[x])
return self.parent[x]
def union(self, x, y):
rootX = self.find(x)
rootY = self.find(y)
if rootX != rootY:
if self.rank[rootX] > self.rank[rootY]:
self.parent[rootY] = rootX
elif self.rank[rootX] < self.rank[rootY]:
self.parent[rootX] = rootY
else:
self.parent[rootY] = rootX
self.rank[rootX] += 1
return True
return False
def kruskal(graph):
num_vertices = len(graph)
uf = UnionFind(num_vertices)
result = []    #存储最小生成树的边
#按权重排序边
edges = sorted(graph.items(), key=lambda item: item[1])
for vertex, edges in edges:
for edge in edges:
weight, neighbor = edge
if uf.union(vertex, neighbor):
result.append((vertex, neighbor, weight))
return result
#示例图的邻接矩阵表示(带权重)
graph = {
    0: {1: 1, 2: 3},
    1: {0: 1, 2: 2, 3: 4},
```

```
        2: {0: 3, 1: 2},
        3: {1: 4}
}
#执行 Kruskal 算法
mst = kruskal(graph)
print("Minimum Spanning Tree edges:", mst)
```
输出结果为：Minimum Spanning Tree edges: [(0, 1, 1), (1, 2, 2), (1, 3, 4)]。

在这个示例中，graph 是一个字典，表示图的邻接表，并且带有边的权重。UnionFind 类实现了并查集数据结构，kruskal 函数实现了 Kruskal 算法，并返回最小生成树的边列表。Kruskal 算法是一种贪心算法，它每次选择最短的边，直到构建出包含所有顶点的最小生成树。它适用于稠密图，并且在边的数量远大于顶点数量时，Kruskal 算法通常比 Prim 算法更高效。Kruskal 算法的时间复杂度是 $O(e \log e)$，其中，e 是边的数量，这主要是由于边的排序操作。

6.5　最短路径

6.5.1　基本概念

最短路径问题是图中的一个经典问题，它旨在图的两个顶点之间寻找路径，使得路径上的边的权重总和最小。这个问题在现实世界中有广泛的应用，例如，在铁路网中找到两地之间的最短行驶距离，或在网络中传输数据时找到最快的路径。

1. 最短路径的基本术语

（1）路径：路径是顶点序列，其中，序列中每对相邻顶点由一条边相连。

（2）权重：边的权重表示边的成本或长度，可以是距离、时间、费用等度量。

（3）权重和：路径的权重和是指路径上所有边的权重之和。

（4）最短路径：在所有连接两个顶点的路径中，权重和最小的那条路径。

（5）单源最短路径：从单一起始顶点到图中所有其他顶点的最短路径。

（6）多源最短路径：从多个起始顶点到一个或多个目标顶点的最短路径。

（7）无权最短路径：图中边的权重相同或不存在权重，最短路径即边数最少的路径。

2. 最短路径算法

（1）Dijkstra 算法。

（2）Bellman-Ford 算法。

（3）Floyd-Warshall 算法。

3. 示例

假设某一个简单的有向加权图（如图 6.19 所示）包含三个顶点 A、B、C 和两条边：A 到 B 的权重为 1，B 到 C 的权重为 2。

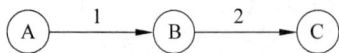

图 6.19　有向加权图

从 A 到 C 的最短路径可以是 A→B→C，权重和为 1+2=3。最短路径问题在网络设计、路由算法、交通规划、供应链管理等领域有重要应用。解决这个问题需要选择合适的算法，这取决于图的特性（如有无负权重边）和问题的具体要求（如单源最短路径或所有顶点对最短路径）。

6.5.2　应用实例

本节主要讨论两种最常见的最短路径问题,一种是从某个源点到其余各顶点的最短路径,另一种是求每一对顶点之间的最短路径。

1. 从某个源点到其余各顶点的最短路径

Dijkstra算法是一种用于在带权图中找到单个源点到所有其他顶点的最短路径的算法。该算法由荷兰计算机科学家艾兹赫尔·迪杰斯特拉(Edsger W. Dijkstra)在1956年提出。Dijkstra算法适用于没有负权重边的图。

2. Dijkstra算法的基本思想

(1) 初始化:将源点到自己的距离设为0,其他顶点距离设为无穷大(表示未初始化)。

(2) 优先队列:使用一个优先队列(通常是最小堆)来存储顶点和它们当前的估计距离。

(3) 松弛操作:对于图中的每条边,执行松弛操作,即如果通过边连接的顶点可以找到更短的路径,则更新该顶点的距离。

(4) 选择最小距离顶点:每次从优先队列中选择具有最小估计距离的顶点。

(5) 迭代:重复选择最小距离顶点和松弛操作,直到所有顶点被访问或优先队列为空。

3. Dijkstra算法的步骤

(1) 创建一个集合 S,包含源点,初始时 S 只包含源点本身。

(2) 将所有顶点的距离设为无穷大,源点的距离设为0。

(3) 构建一个优先队列,初始时只包含源点。

(4) 当优先队列非空时,执行以下操作:从优先队列中取出顶点 u,它是当前估计距离最小的顶点。遍历 u 的所有邻接点 v。对于每个邻接点 v,计算通过 u 到达 v 的新距离。如果新距离小于 v 当前的估计距离,则更新 v 的估计距离,并将 v 加入优先队列。

(5) 重复步骤(4),直到找到目标顶点或所有顶点的最短路径都被确定。

4. Dijkstra算法的实现

Python 代码段描述如下。

```python
import heapq
def dijkstra(graph, start):
distances = {vertex: float('infinity') for vertex in graph}
distances[start] = 0
priority_queue = [(0, start)]
while priority_queue:
current_distance, current_vertex = heapq.heappop(priority_queue)
#如果当前顶点的距离已经被更新过,则跳过
if current_distance > distances[current_vertex]:
continue
#遍历当前顶点的所有邻接点
for neighbor, weight in graph[current_vertex].items():
distance = current_distance + weight
#执行松弛操作
if distance < distances[neighbor]:
distances[neighbor] = distance
```

```
heapq.heappush(priority_queue, (distance, neighbor))
return distances
#示例图的邻接表表示(带权重)
graph = {
    'A': {'B': 1, 'C': 4},
    'B': {'A': 1, 'C': 2, 'D': 5},
    'C': {'A': 4, 'B': 2, 'D': 1},
    'D': {'B': 5, 'C': 1}
}
#执行Dijkstra算法
distances = dijkstra(graph, 'A')
print(distances)
```
输出结果为：{'A': 0, 'B': 1, 'C': 3, 'D': 4}。

在这个示例中，graph 是一个字典，表示图的邻接表，并且带有边的权重。函数 dijkstra 实现了 Dijkstra 算法，并返回从源点到所有其他顶点的最短路径长度。Dijkstra 算法是一种贪心算法，它每次选择当前估计距离最小的顶点，并更新其邻接点的距离。它适用于处理稀疏图，并且在实现上相对简单。Dijkstra 算法的时间复杂度是 $O((n+e)\log n)$，其中，n 是顶点的数量，e 是边的数量，这是优先队列操作导致的。

5. 求每一对顶点之间的最短路径

Floyd 算法(Floyd-Warshall algorithm)是一种用于在带权图中找到所有顶点对之间最短路径的算法。该算法由 Robert Floyd 在 1962 年提出，可以处理包含正权重边和负权重边的图，但不能有负权重环。

6. Floyd 算法的基本思想

(1) 初始化：创建一个二维数组，其元素 $dist[i][j]$ 表示顶点 i 到顶点 j 的最初距离。如果 i 可以直接到达 j，则 $dist[i][j]$ 是边的权重；否则，设置为无穷大。

(2) 中间顶点：考虑所有顶点作为中间顶点 k，尝试通过顶点 k 来找到从 i 到 j 的更短路径。

(3) 更新距离：对于每一对顶点 i 和 j，检查中间顶点 k 是否可以得到从 i 到 j 的更短路径，即更新 $dist[i][j]$ 的值为 $\min(dist[i][j], dist[i][k]+dist[k][j])$。

(4) 迭代完成：重复步骤(3)，直到所有顶点都作为中间顶点被考虑过。

7. Floyd 算法的步骤

(1) 初始化一个 $n \times n$ 的矩阵 dist，其中，n 是顶点的数量。如果顶点 i 和顶点 j 直接相连，则 $dist[i][j]$ 为它们之间边的权重；否则，设置 $dist[i][j]$ 为无穷大。同时，设置 $dist[i][i]$ 为 0。

(2) 对于每个顶点 k 从 0 到 $n-1$ 进行三层嵌套循环：①对于每个顶点 i 从 0 到 $n-1$；②对于每个顶点 j 从 0 到 $n-1$；③如果 $dist[i][k]+dist[k][j] < dist[i][j]$，则更新 $dist[i][j]$。

(3) 完成迭代后，dist 中每个元素 $dist[i][j]$ 表示顶点 i 到顶点 j 的最短路径长度。

8. Floyd 算法的实现

Python 代码段描述如下。

```
def floyd(graph):
n = len(graph)
```

```
dist = [[0 if i==j else float('infinity') for j in range(n)] for i in range(n)]
#初始化图的边权重
for i in range(n):
for j in graph[i]:
if j != i:
dist[i][j] = graph[i][j]
#通过所有顶点寻找最短路径
for k in range(n):
for i in range(n):
for j in range(n):
dist[i][j] = min(dist[i][j], dist[i][k] + dist[k][j])
return dist
#示例图的邻接矩阵表示(带权重)
graph =
{
    'A': {'B': 1, 'C': 4},
    'B': {'A': 1, 'C': 2, 'D': 5},
    'C': {'B': 2, 'D': 1},
    'D': {'C': 1, 'B': 5}
}
#执行 Floyd 算法
shortest_paths = floyd(graph)
for row in shortest_paths:
print(row)
```

输出结果如下。

```
[0, 1, 3, 4]
[1, 0, 2, 3]
[float('infinity'), 2, 0, 1]
[float('infinity'), float('infinity'), 0, 1]
```

在这个示例中,graph 是一个字典,表示图的邻接表,并且带有边的权重。函数 floyd 实现了 Floyd 算法,并返回一个矩阵,表示所有顶点对之间的最短路径长度。Floyd 算法是一种动态规划算法,它通过三层循环迭代更新距离矩阵来找到所有顶点对之间的最短路径。尽管 Floyd 算法的时间复杂度是 $O(n^3)$,对于小到中等规模的图,它仍然是一种有效的方法,特别是当需要找到所有顶点对之间的最短路径时。

6.6 拓扑排序

6.6.1 基本概念

拓扑排序是针对有向无环图(Directed Acyclic Graph,DAG)的一种排序算法,它将图中的所有顶点排成一个线性序列,使得对于任何一条有向边 (u,v),顶点 u 都在顶点 v 的前面。换句话说,就是通过排序形成一个序列,满足图中所有的有向边都从序列前面的顶点指向序列后面的顶点。

拓扑排序的基本概念如下。

1. 有向无环图

拓扑排序的基础是有向无环图,即图中的边都是有方向的,并且不存在环。

2. 排序序列

拓扑排序生成的序列不一定是唯一的,因为有多种可能的排序方式满足拓扑排序的条件。

3. 应用场景

任务调度:在任务之间存在依赖关系时,拓扑排序可以用来确定任务的执行顺序。

课程规划:在课程有先修课和后修课的要求时,拓扑排序可以帮助安排上课顺序。

工程管理:在工程项目中,确定各阶段的施工顺序。

4. 算法实现

基于入度的拓扑排序:创建一个入度数组,记录每个顶点的入边数。从入度为 0 的顶点开始,将其添加到排序序列中,并更新与该顶点相邻的顶点的入度。重复此过程,直到所有顶点都被添加到序列中。

基于 DFS 的拓扑排序:从任一顶点开始执行深度优先搜索,将遍历过程中遇到的顶点逆序添加到栈中。这种方法适用于已构建好的邻接表或邻接矩阵。

5. 关键概念

入度:指向某个顶点的边的数量。

出度:从某个顶点出发的边的数量。

6. 算法特性

稳定性:拓扑排序是稳定的排序,即如果存在多条路径从一个顶点到另一个顶点,则排序结果中这两个顶点的相对顺序不会改变。

线性时间复杂度:拓扑排序可以在 $O(n+e)$ 的时间复杂度内完成,其中,n 是顶点数,e 是边数。

拓扑排序是图论中的一个重要概念,它在处理依赖关系和任务调度问题时非常有用。通过拓扑排序,可以确保所有依赖关系都得到满足,从而有效地安排任务或事件的顺序。

6.6.2　拓扑排序的实现

拓扑排序算法的基本思想:重复选择没有直接前驱的顶点。具体可以分为以下步骤。

1. 输入 AOV 网络

(1) 令 n 为顶点个数。

(2) 在 AOV 网络中选一个没有直接前驱的顶点,并输出。

(3) 从图中删去该顶点,同时删去所有它发出的有向边。

(4) 重复步骤(2)和(3),直到全部顶点均已输出,拓扑有序序列形成,拓扑排序完成。图中还有未输出的顶点,但已跳出处理循环,这说明图中还剩下一些顶点,它们都有直接前驱,再也找不到没有前驱的顶点了。这时 AOV 网络中必定存在有向环。

拓扑排序的过程如图 6.20(a)～图 6.20(g)所示。

最后得到的拓扑序列为 $C_4, C_0, C_3, C_2, C_1, C_5$。满足图中给出的所有前驱和后继关系,对于本来没有这种关系的顶点,如 C_4 和 C_2,也排出了先后次序关系。

拓扑排序可以通过多种算法实现,最常见的两种方法是基于入度的拓扑排序和基于深度优先搜索(DFS)的拓扑排序。

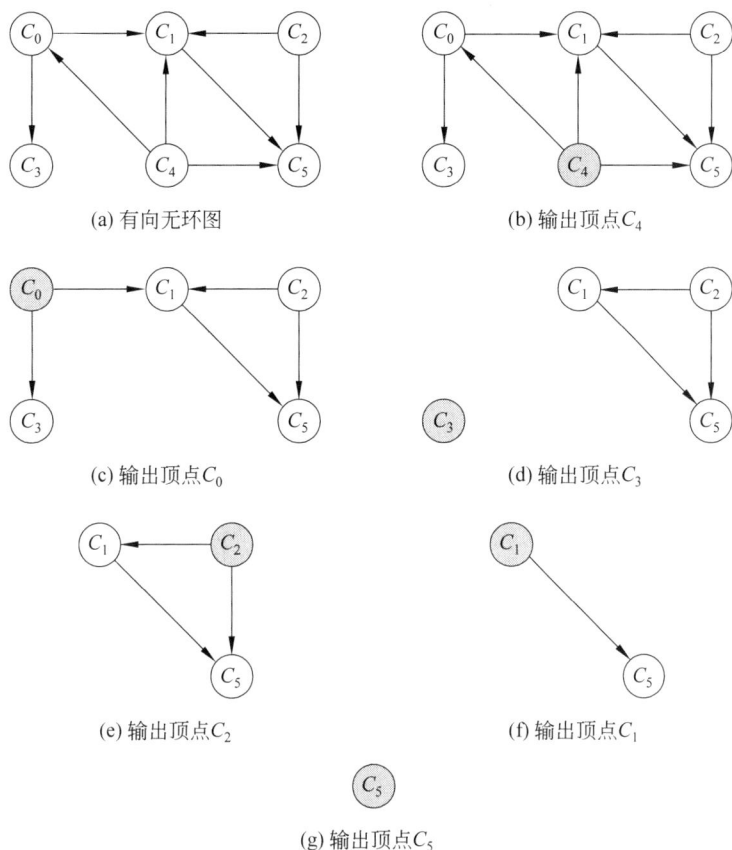

(a) 有向无环图   (b) 输出顶点C_4

(c) 输出顶点C_0 (d) 输出顶点C_3

(e) 输出顶点C_2 (f) 输出顶点C_1

(g) 输出顶点C_5

图 6.20 拓扑排序过程

2. 基于入度的拓扑排序

（1）计算每个顶点的入度：入度是指有多少条边指向该顶点。

（2）将所有入度为 0 的顶点加入一个队列中：这些顶点没有前驱结点，可以作为拓扑排序的起始点。

（3）处理队列中的顶点：从队列中移除一个顶点，将其加入拓扑排序的结果列表中。遍历该顶点的所有邻接点，将每个邻接点的入度减 1。如果某个邻接点的入度变为 0，则将其加入队列中。

（4）重复步骤（3），直到队列为空。

（5）检查是否有环：如果拓扑排序的结果列表包含所有顶点，则图中没有环；如果少了顶点，则存在环。

3. 基于 DFS 的拓扑排序

（1）对图中的每个未访问的顶点执行 DFS。

（2）在 DFS 的回溯过程中，将顶点加入栈中。

（3）DFS 完成后，将栈反转，得到拓扑排序的序列。

4. 基于入度的拓扑排序算法

Python 代码段描述如下。

```
from collections import deque
def topological_sort(graph):
num_vertices = len(graph)
in_degree = [0] * num_vertices        #存储每个顶点的入度
topological_order = []                #存储拓扑排序结果
#计算每个顶点的入度
for v in range(num_vertices):
for adjacent in graph[v]:
in_degree[adjacent] += 1
#将所有入度为 0 的顶点加入队列
queue = deque([v for v in range(num_vertices) if in_degree[v] == 0])
while queue:
vertex = queue.popleft()
topological_order.append(vertex)
#遍历邻接点并更新入度
for adjacent in graph[vertex]:
in_degree[adjacent] -= 1
if in_degree[adjacent] == 0:
queue.append(adjacent)
#如果排序后的顶点数不等于图中顶点总数,则存在环
if len(topological_order) == num_vertices:
return topological_order
else:
return "Graph has a cycle"
#示例图的邻接表表示
graph =
{
    0: [1, 2],
    1: [2],
    2: [3],
    3: []
}
#执行拓扑排序
result = topological_sort(graph)
print("Topological Sort Order:", result)
输出结果为: Topological Sort Order: [0, 1, 2, 3]。
```

在这个示例中,graph 是一个字典,表示图的邻接表。函数 topological_sort 实现了基于入度的拓扑排序算法,并返回拓扑排序的顶点序列。拓扑排序是一种重要的图算法,广泛应用于任务调度、课程规划、工程管理等领域。通过拓扑排序,可以确保所有依赖关系都得到满足,从而有效地安排任务或事件的顺序。

6.7 关键路径

6.7.1 基本概念

关键路径(Critical Path)是项目管理中的一个概念,尤其在关键路径方法(Critical Path Method,CPM)中使用,这是一种用于确定完成项目所需的最长时间和项目中各任务的依赖

关系的网络图技术。

1. 关键路径的基本概念

（1）有向无环图（DAG）。

项目的任务通常表示为有向图中的顶点，这些顶点按逻辑顺序排列，以反映任务之间的依赖关系。图中不允许存在环。

（2）依赖关系。

图中的边表示任务之间的依赖关系，即一个任务（下游任务）必须在另一个任务（上游任务）完成之后才能开始。

（3）最早开始时间（Earliest Start Time，EST）。

指在不推迟项目完成的情况下，任务可以开始的最早时间。

（4）最晚开始时间（Latest Start Time，LST）。

指在不影响项目按期完成的情况下，任务可以开始的最晚时间。

（5）最早完成时间（Earliest Finish Time，EFT）。

任务的最早开始时间加上任务的持续时间，得到最早完成时间。

（6）最晚完成时间（Latest Finish Time，LFT）。

任务的最晚开始时间加上任务的持续时间，得到最晚完成时间。

（7）关键路径。

项目中一系列连续的任务，其中每个任务的持续时间之和最长，且没有松弛时间（总浮动时间为0）。这些任务的延迟将直接影响整个项目的完成时间。

（8）松弛时间（Slack Time）。

一个任务的松弛时间是指可以在不推迟整个项目的情况下延迟该任务的时间段。松弛时间为负的任务位于关键路径上。

（9）浮动时间。

与松弛时间类似，浮动时间是指在不推迟紧随其后的任何任务的情况下，任务可以延迟的时间量。

（10）关键任务。

位于关键路径上的任务，它们的开始或完成时间对整个项目的完成时间至关重要。

2. 关键路径算法的步骤

（1）确定所有任务的最早开始和完成时间：从项目开始结点开始，按拓扑排序顺序计算每个任务的最早开始时间和最早完成时间。

（2）确定所有任务的最晚开始和完成时间：从项目结束结点开始逆向计算，确定每个任务的最晚开始时间和最晚完成时间。

（3）识别关键路径：计算每个任务的松弛时间，找出松弛时间为0的任务，这些任务连接形成的路径即为关键路径。

3. 示例

假设某有向无环图如图6.21所示，如果任务A、B、C、D和E的持续时间分别为2天、3天、1天、2天和1天，则可以计算出：

（1）A的最早开始时间是0天，最早完成时间是

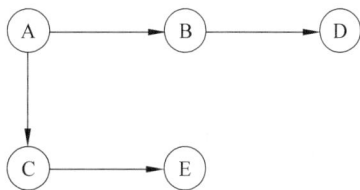

图6.21　有向无环图

2 天。

（2）B 依赖 A，所以最早开始时间是 2 天，最早完成时间是 5 天。

（3）C 可以与 A 同时开始，最早开始时间是 0 天，最早完成时间是 1 天。

（4）D 依赖 B，最早开始时间是 5 天，最早完成时间是 7 天。

（5）E 依赖 C，最早开始时间是 1 天，最早完成时间是 2 天。

在这个例子中，A→B→D 形成了关键路径，因为这条路径上的任务连续且没有松弛时间。关键路径分析对于项目管理至关重要，因为它帮助项目管理者识别可能影响项目按时完成的风险区域，并采取相应的措施来减轻这些风险。

6.7.2　关键路径的算法

关键路径算法（Critical Path Method，CPM）是一种在项目管理中用来确定项目中任务顺序、持续时间和关键路径的方法。通过 CPM，项目经理可以识别出哪些任务是项目按时完成的关键，以及每个任务的开始和结束时间。

1. 关键路径算法的步骤

（1）定义项目网络：确定项目中的所有任务，确定任务之间的依赖关系。

（2）构建有向无环图（DAG）：将任务表示为顶点，将依赖关系表示为有向边。

（3）计算最早开始和完成时间（正向传递）：设定项目开始结点的最早开始时间为 0，对于每个顶点，计算其最早开始时间（EST）为所有入边顶点的最早完成时间（EFT）的最大值，计算最早完成时间（EFT）为最早开始时间加上任务的持续时间。

（4）计算最晚开始和完成时间（逆向传递）：设定项目结束结点的最晚完成时间为项目的截止日期或根据项目依赖关系确定，对于每个顶点，计算其最晚开始时间（LST）为所有出边顶点的最晚开始时间（LST）的最小值，计算最晚完成时间（LFT）为最晚开始时间加上任务的持续时间。

（5）确定关键路径：计算每个任务的总浮动时间（Total Float）为最晚开始时间减去最早开始时间，关键路径上的任务总浮动时间为 0。

（6）识别关键任务：总浮动时间为 0 的任务位于关键路径上。

（7）优化项目：根据关键路径分析，项目经理可以优化资源分配，确保关键任务按时完成。

2. 实现代码

Python 代码段描述如下。

```
def calculate_earliest_times(tasks, dependencies):
#假设 tasks 是一个字典，其中，键是任务名称，值是持续时间
#假设 dependencies 是一个列表的元组，表示任务依赖关系
#示例：[('A', 'B'), ('A', 'C'), ('B', 'D'), ('C', 'D')]
#初始化最早时间字典
earliest_times = {task: 0 for task in tasks}
#计算最早开始时间
for _ in range(len(tasks)):  #重复直到没有新任务可以安排
for start, end in dependencies:
if (earliest_times[start] + tasks[start] < earliest_times[end] or earliest_times
[end] == 0):
```

```
earliest_times[end] = earliest_times[start] + tasks[start]
return earliest_times
#示例任务持续时间和依赖关系
tasks = {'A': 2, 'B': 3, 'C': 1, 'D': 2, 'E': 1}
dependencies = [('A', 'B'), ('A', 'C'), ('C', 'E'), ('B', 'D'), ('E', 'D')]
earliest_times = calculate_earliest_times(tasks, dependencies)
print("Earliest Times:", earliest_times)
```
输出结果为：Earliest Times: {'A': 0, 'B': 2, 'C': 0, 'D': 4, 'E': 1}。

在这个示例中，tasks 是一个字典，表示每个任务的持续时间；dependencies 是一个依赖关系列表，表示任务之间的先后顺序。函数 calculate_earliest_times 计算并返回每个任务的最早开始时间。关键路径算法对于项目管理至关重要，因为它帮助项目管理者识别项目的关键任务和关键路径，从而更有效地监控和控制项目进度。

小结

图结构是计算机科学中用于表示实体间复杂关系的一种重要数据结构。它由顶点（或称为结点）和边组成，顶点代表实体，边代表实体间的关系。图可以是无向的或有向的，边可以是无权的或带权的。

图的表示方法主要有两种：邻接矩阵和邻接表。邻接矩阵使用二维数组来存储顶点间的连接关系，适用于稠密图；而邻接表使用链表或数组来存储每个顶点的邻接点，适用于稀疏图。

图的遍历通常采用深度优先搜索（DFS）和广度优先搜索（BFS）算法。DFS 使用递归或栈来实现，而 BFS 使用队列来逐层遍历图。这两种算法在搜索、路径发现和图的连通性分析中非常有用。

在图的应用中，最小生成树和最短路径问题尤为重要。最小生成树算法，如 Kruskal 和 Prim 算法，用于在加权连通图中找到连接所有顶点的最小成本子图。最短路径问题，如 Dijkstra 算法和 Floyd-Warshall 算法，用于寻找两个顶点或所有顶点对之间的最短路径。

拓扑排序是另一种重要的图算法，它对有向无环图（DAG）中的顶点进行线性排序，使得每个顶点的每个后继顶点都在排序中排在其后面，这在任务调度和依赖管理中非常有用。

关键路径分析则是一种用于项目管理的技术，通过确定项目的关键路径，可以识别出哪些任务对项目完成时间最为关键，帮助优化资源分配和进度计划。

总的来说，图结构及其算法是解决众多领域中关系建模和路径问题的强大工具，无论是在理论研究还是在实际应用中，都有着不可替代的作用。

习题

一、单选题

1. 在一个图中，所有顶点的度数之和等于图的边数的(　　)倍。
   A. 1/2　　　　　　B. 1　　　　　　C. 2　　　　　　D. 4
2. 在一个有向图中，所有顶点的入度之和等于所有顶点的出度之和的(　　)倍。

A. 1/2 　　　　　　B. 1 　　　　　　C. 2 　　　　　　D. 4

3. 具有 n 个顶点的有向图最多有（　　）条边。

A. n 　　　　　　B. $n(n-1)$ 　　　　C. $n(n+1)$ 　　　　D. n^2

4. n 个顶点的连通图用邻接矩阵表示时，该矩阵至少有（　　）个非零元素。

A. n 　　　　　B. $2(n-1)$ 　　　　C. $n/2$ 　　　　　D. n^2

5. G 是一个非连通无向图，共有 28 条边，则该图至少有（　　）个顶点。

A. 7 　　　　　　B. 8 　　　　　　C. 9 　　　　　　D. 10

6. 若从无向图的任意一个顶点出发进行一次深度优先搜索可以访问图中所有的顶点，则该图一定是（　　）图。

A. 非连通 　　　　B. 连通 　　　　　C. 强连通 　　　　D. 有向

7. 下面（　　）算法适合构造一个稠密图 G 的最小生成树。

A. Prim 算法 　　B. Kruskal 算法 　　C. Floyd 算法 　　D. Dijkstra 算法

8. 广度优先遍历类似二叉树的（　　）。

A. 先序遍历 　　　B. 中序遍历 　　　C. 后序遍历 　　　D. 层次遍历

9. 图的 BFS 生成树的树高比 DFS 生成树的树高（　　）。

A. 小 　　　　　　B. 相等 　　　　　C. 小或相等 　　　D. 大或相等

10. 下面（　　）方法可以判断出一个有向图是否有环。

A. 深度优先遍历 　　　　　　　　　B. 拓扑排序

C. 求最短路径 　　　　　　　　　　D. 求关键路径

二、应用题

1. 已知如图 6.22 所示的有向图，请给出：

（1）每个顶点的入度和出度。

（2）邻接矩阵。

（3）邻接表。

（4）逆邻接表。

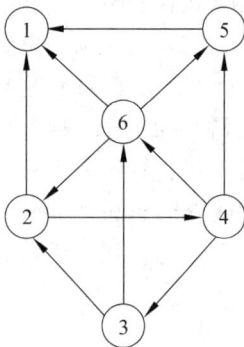

图 6.22　有向图

2. 已知如图 6.23 所示的 AOE 网：

（1）求这个工程最早可能在什么时间结束。

（2）求出每个活动的最早开始时间和最迟开始时间。

（3）确定哪些活动是关键活动。

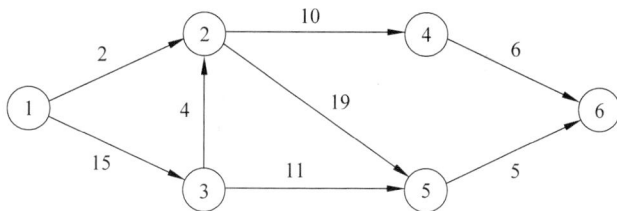

图 6.23 AOE 网

三、算法设计题

1. 一个连通图采用邻接表作为存储结构，设计一个算法，实现从顶点 v 出发的深度优先遍历的非递归过程。

2. 设计一个算法，求图 G 中距离顶点 v 的最短路径长度最大的一个顶点，设 v 可达其余各顶点。

3. 请基于图的深度优先搜索策略编写一个算法，判别以邻接表方式存储的有向图中是否存在由顶点 v_i 到顶点 v_j 的路径（$i \neq j$）。

4. 采用邻接表存储结构，编写一个算法，判别无向图中任意给定的两个顶点之间是否存在一条长度为 k 的简单路径。

5. 给出在求解一个无向连通图的最小生成树时，使用 Prim 算法的主要步骤。

6. 给出在求解一个无向连通图的最小生成树时，使用 Kruskal 算法的主要步骤。

第7章 查　　找

本章学习目标

- 理解查找的基本概念：了解查找操作的定义、重要性以及在不同场景下的应用。
- 掌握线性查找：学习线性查找算法的原理、实现方法以及其时间复杂度分析。
- 掌握二分查找：理解二分查找的前提条件、算法逻辑、实现步骤和时间复杂度。
- 学习索引和哈希：了解索引的概念，学习如何使用哈希表(哈希表)进行快速查找。
- 掌握哈希表的设计和冲突解决：学习如何设计哈希函数，以及如何处理哈希冲突，例如，链地址法、开放地址法等。

学习"查找"不仅能够提升学生对数据结构和算法的理解和应用能力，而且可以培养学生的系统思维和问题解决能力。通过掌握不同查找技术的原理和应用，学生能够学习到如何针对不同场景选择合适的算法，这有助于他们形成科学的决策方法和优化思维。同时，查找算法在实际应用中往往涉及对大量数据的处理和分析，这要求学生在实践中不断追求效率和准确性，体现了对专业精神和责任感的培养。此外，查找算法的优化和改进过程也体现了持续学习和创新的重要性，鼓励学生在面对复杂问题时保持探索精神和创新意识。

7.1　查找的基本概念

查找是计算机科学中的一种基本操作，它涉及在数据集合中搜索特定元素的过程。查找操作的目的是确定一个给定值(通常称为关键字)是否存在于数据集合中，或者找到与该关键字相关的数据项。

1. 查找表

查找表是一种数据结构，用于存储数据集合，以便可以快速进行查找操作。查找表可以以多种形式存在，例如，数组、链表、树或哈希表。

2. 关键字

关键字是用于在查找表中搜索特定数据项的值。在不同的查找表中，关键字可以是数字、字符串或任何可比较的数据类型。

3. 主关键字

如果一个关键字可以唯一标识查找表中的一个数据元素，则称其为主关键字。

4. 次关键字

可以标识若干记录的关键字称为次关键字。

例如，银行账户的账号是主关键字，姓名是次主关键字。当数据元素仅有一个数据项时，数据元素的值就是关键字。

5. 查找

根据给定的关键字值，在特定的查找表中确定一个其关键字与给定值相同的数据元素，并返回该数据元素在查找表中的位置。

6. 内查找和外查找

若整个查找过程全部在内存进行,则称为内查找;若在查找过程中还需要访问外存,则称为外查找。本书仅介绍内查找。

7. 平均查找长度

为确定数据元素在查找表中的位置,需和给定值进行比较的关键字个数的期望值,称为查找算法在查找成功时的平均查找长度(Average Search Length,ASL)。对于长度为 n 的查找表,查找成功时的平均查找长度为

$$ASL = P_1C_1 + P_2C_2 + \cdots + P_nC_n = \sum_{i=1}^{n} P_iC_i$$

查找表分为静态查找表与动态查找表。

8. 静态查找表

(1) 静态查找表是在查找操作之前就已经确定其内容的查找表。

(2) 它们通常在程序执行期间不会改变,或者只通过特定的操作(如插入或删除)进行修改。

(3) 静态查找表适用于数据不经常变动的场景。

9. 动态查找表

(1) 动态查找表是指在程序执行期间可以动态地添加、删除和修改数据项的查找表。

(2) 这种查找表允许在运行时根据需要调整数据结构的大小和内容。

(3) 动态查找表适用于数据频繁变动的场景,例如,数据库索引或实时更新的缓存。

动态查找表的一个典型例子是二叉搜索树(BST),它允许在对数时间内进行插入、删除和查找操作。而静态查找表的例子包括排序数组,它可以通过二分查找在对数时间内完成查找操作。

查找算法的选择和实现取决于多种因素,包括数据的大小、数据的变动频率、查找操作的频率以及对时间效率和空间效率的要求。

7.2 线性表的查找

线性表的查找是一种基本的数据检索操作,它涉及在序列数据结构中搜索特定元素。线性表包括数组、链表等,其特点是数据元素在线性空间中连续或依次排列。在这类表中进行查找时,通常采用线性搜索算法,即从表的一端开始,逐个检查每个元素,直到找到匹配的关键字或搜索完所有元素。线性查找简单、直观,适用于小型数据集或无序数据,但其效率较低,时间复杂度为 $O(n)$,其中,n 是线性表的长度。在有序线性表中,还可以采用二分查找算法,将查找效率提升至 $O(\log n)$。

7.2.1 顺序查找

1. 顺序查找的定义

顺序查找,也称为线性查找,是一种在数据结构(如数组或链表)中搜索特定元素的简单方法。它逐个检查数据结构中的每个元素,直到找到与所需关键字匹配的元素或搜索完整

个数据结构。

2. 算法步骤

（1）开始：从数据结构的第一个元素开始。

（2）比较：将每个元素与所需的关键字进行比较。

（3）匹配：如果当前元素与关键字匹配，则返回该元素的位置。

（4）继续：如果当前元素不匹配，移动到下一个元素。

（5）结束：如果搜索到数据结构的末尾仍未找到匹配项，则返回表示未找到的特定值（如−1）。

3. 算法实现

Python 代码段描述如下。

```
def sequential_search(data, key):
for index, element in enumerate(data):
if element == key:
return index            #找到关键字,返回其位置
return -1                #未找到关键字,返回-1
```

4. 时间复杂度

顺序查找的时间复杂度取决于搜索过程中找到目标元素所需的步骤数。

（1）最好情况：目标元素是数据结构中的第一个元素，时间复杂度为 $O(1)$。

（2）最坏情况：目标元素是数据结构中的最后一个元素或不存在，时间复杂度为 $O(n)$，其中，n 是数据结构中元素的总数。

（3）平均情况：假设目标元素随机位于数据结构中的任何位置，平均时间复杂度为 $O(n/2)$，通常表示为 $O(n)$。

需要说明的是，顺序查找的空间复杂度是 $O(1)$，因为它只需要常数级别的额外空间。

顺序查找是一种简单直观的查找方法，适用于小型数据集或无序数据。尽管它在大型数据集上效率不高，但它的优点是实现简单，不需要数据预处理，如排序。对于需要频繁查找的场景，可能需要考虑更高效的查找算法或使用其他数据结构，如二叉搜索树或哈希表。

7.2.2　折半查找

1. 折半查找介绍

折半查找，也称为二分查找，是一种在有序数组中查找特定元素的高效算法。它基于分治策略，通过比较数组中间元素与目标值来工作。如果中间元素与目标值匹配，则查找成功；如果目标值小于中间元素，则在数组左半部分继续查找；如果目标值大于中间元素，则在数组右半部分继续查找。这个过程将不断重复，直到找到目标值或搜索范围为空。

2. 折半查找算法步骤

（1）初始化：设置左右指针，左边界 low 指向数组的第一个元素，右边界 high 指向数组的最后一个元素。

（2）比较：计算中间位置 mid＝(low＋high)/2，并获取该位置的元素。

（3）匹配：如果中间元素等于目标值，则查找成功，返回中间位置 mid。

（4）调整搜索范围。

如果目标值小于中间元素,则将 high 更新为 mid−1,表示目标值在左半部分。

如果目标值大于中间元素,则将 low 更新为 mid+1,表示目标值在右半部分。

(5)重复:继续执行步骤(2)~(4),直到找到目标值或 low 大于 high。

(6)结束:如果 low 大于 high 仍未找到目标值,则表示数组中不存在该目标值,返回−1或相应的错误信息。

3. 折半查找算法实现

Python 代码段描述如下。

```python
def binary_search(data, target):
low, high = 0, len(data) - 1
while low <= high:
mid = (low + high) // 2
mid_value = data[mid]
if mid_value == target:
return mid              #找到目标值,返回索引
elif target < mid_value:
high = mid - 1          #在左半部分查找
else:
low = mid + 1           #在右半部分查找
return -1               #未找到目标值,返回−1
```

4. 算法分析

(1)时间复杂度:折半查找的时间复杂度为 $O(\log n)$,其中,n 是数组中元素的数量。这是因为每次比较后,搜索范围都会减半。

(2)空间复杂度:折半查找的空间复杂度为 $O(1)$,因为它是一种原地算法,不需要额外的存储空间。

折半查找是一种高效的查找方法,特别适用于大型有序数据集。它利用了有序数组的特性,通过每次比较将搜索范围减半,从而快速定位目标值。然而,折半查找要求数组必须是有序的,如果数据未排序,则需要先进行排序,这可能会增加额外的时间开销。对于无序数据,可以考虑使用其他查找方法,如顺序查找。

折半查找(二分查找)通常用于有序集合中。下面通过一个例题来展示折半查找的计算过程,并计算其平均查找长度。

假设有一个有序数组:

data=[10, 20, 30, 40, 50, 60, 70, 80, 90, 100]

我们要使用折半查找来搜索目标值 target=70。

折半查找计算过程如下。

(1)初始化:low=0,high=len(data)−1=9。

(2)第一次比较:

计算 mid=(low+high)/2=(0+9)/2=4。

data[mid]=data[4]=50,因为 50<70,所以 low=mid+1=4+1=5。

(3)第二次比较:

计算 mid=(low+high)/2=(5+9)/2=7。

data[mid]=data[7]=80,因为 80>70,所以 high=mid−1=8。

（4）第三次比较：

计算 $mid=(low+high)/2=(5+8)/2=6$。

$data[mid]=data[6]=70$。

目标值 70 在数组中，查找成功。

5. 计算平均查找长度

平均查找长度是所有可能查找的平均长度。对于折半查找，ASL 可以通过以下公式近似计算：$ASL≈1+\log_2 n$，其中，n 是数组中元素的数量。

对于本例，数组中有 10 个元素，所以 $ASL≈1+\log_2 10≈1+3.32≈4.32$。这意味着在最坏的情况下，查找操作平均需要比较 4.32 次。

注意：

（1）实际查找长度取决于目标值在数组中的位置，如果目标值正好是中间值，则查找长度最短，为 1。

（2）如果目标值不在数组中，最坏情况下的查找长度将是 $\log_2 n$ 次比较加上一次确认元素不在数组中的额外比较。

（3）平均查找长度是对所有可能查找的平均，包括成功和失败的查找。

通过这个例题，可以看到折半查找的效率相对较高，特别是对于大数据集，其查找速度远远快于顺序查找。然而，它要求数据必须是有序的，这是其应用的一个限制。

7.2.3 分块查找

1. 分块查找定义

分块查找，也称为索引查找或区段查找，是一种在有序数据集上执行查找操作的算法。与折半查找不同，分块查找适用于数据集太大而不能一次性全部加载到内存中的情况，例如，在数据库或文件系统索引中。它通过将数据分成多个固定大小的块，并为每个块建立索引来工作。

2. 分块查找表和索引

（1）分块查找表：在分块查找表中，数据被分成多个块，每个块包含一定数量的元素。这些块通常是连续的，并且大小相同。分块查找表适用于数据集太大而不能一次性加载到内存中的情况。

（2）索引：索引是一种数据结构，它存储了每个块的边界信息和块内元素的范围。索引允许快速跳转到数据集中的特定块，而不需要顺序扫描整个数据集。索引通常包含每个块的第一个元素（或最后一个元素）和块的位置信息，如图 7.1 所示。

3. 分块查找算法步骤

（1）初始化索引：根据索引信息确定目标值可能所在的块。

（2）定位块：使用索引快速跳转到可能包含目标值的块。

（3）块内查找：在定位到的块内执行顺序查找来搜索目标值。

（4）更新索引：如果当前块不包含目标值，根据索引信息跳转到下一个可能包含目标值的块。

（5）重复查找：重复步骤（3）和（4），直到找到目标值或确定目标值不在表中。

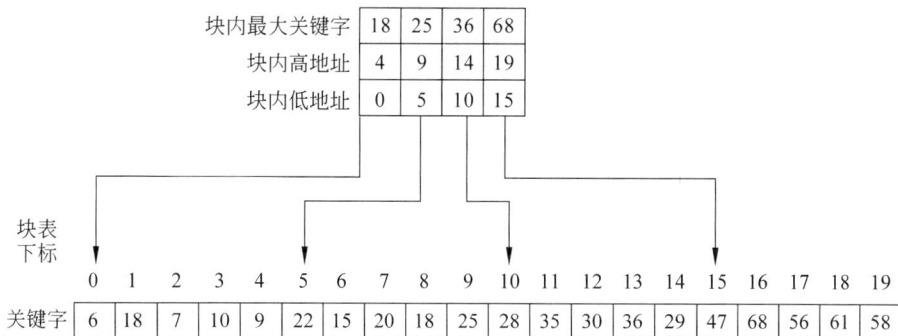

図 7.1　索引查找示例

4. 分块查找的优势

(1) 减少 I/O 操作：通过索引快速定位到特定的数据块，减少了磁盘 I/O 操作的次数。

(2) 提高查找效率：对于大型数据集，分块查找可以显著提高查找效率，特别是当数据分布在多个页面或磁盘块上时。

5. 分块查找算法实现

Python 代码段描述如下。

```python
def block_search(data, target, block_size):
start = 0
while start < len(data):
#在当前块内执行顺序查找
for i in range(start, min(start + block_size, len(data))):
if data[i] == target:
return i                     #找到目标值,返回索引
start += block_size              #移动到下一个块的开始位置
return -1                            #未找到目标值,返回-1
```

6. 算法分析

(1) 时间复杂度。

最好情况：目标值位于第一个块内，时间复杂度为 $O(1)$。

最坏情况：目标值位于最后一个块内或不存在，时间复杂度为 $O(kn)$，其中，k 是每个块的大小，n 是块的数量。

(2) 平均情况：假设目标值均匀分布，平均时间复杂度接近 $O((k+1) \times sqrt(n))$。

(3) 空间复杂度：分块查找的空间复杂度取决于块的大小和索引结构，通常为 $O(1)$ 或 $O(k)$，具体取决于实现。

(4) 分块查找的平均查找长度指在分块查找算法中，找到目标元素所需的平均比较次数。计算平均查找长度需要考虑块的大小、数据集的大小以及数据分布。

7. 平均查找长度计算

(1) 确定参数。

n：数据集中元素的总数。

k：每个块的元素数量（块大小）。

m：数据集中的块数，$m = \left\lceil \dfrac{n}{k} \right\rceil$。

（2）计算块内查找的平均比较次数。

在最坏的情况下，块内顺序查找需要比较 $k/2$ 次（因为块是有序的，所以每次比较可以排除一半的元素）。

（3）计算索引查找的平均比较次数。

索引查找需要 $\log_2 m$ 次比较来确定目标值所在的块。

（4）总的平均查找长度。

总的平均查找长度是索引查找次数加上块内查找次数的之和，即 $\mathrm{ASL} = \log_2 m + \dfrac{k}{2}$。

假设有一个数据集，包含 1000 个元素，每个块的大小为 100。

$$n = 1000$$
$$k = 100$$
$$m = \lceil 1000/100 \rceil = 10 \text{ 个块}$$

计算平均查找长度的过程如下。

索引查找的平均比较次数：$\log_2 10 \approx 3.32$。

块内查找的平均比较次数：$100/2 = 50$。

总的平均查找长度：$3.32 + 50 = 53.32$。这意味着在平均情况下，查找操作需要大约 53.32 次比较。

8. 注意

分块查找的平均查找长度取决于块的大小和数据集的大小。

块的大小选择会影响查找效率。较小的块可以减少块内查找次数，但可能需要更多的索引查找次数。

实际的平均查找长度可能会因数据分布和具体实现而有所不同。

通过计算平均查找长度，可以评估分块查找算法在特定数据集上的效率，并据此优化块的大小和索引结构。

7.3 二叉树的查找

探索二叉树的查找策略，这是数据结构中一个引人入胜的领域。二叉树因其优雅的结构和高效的操作而成为存储和检索数据的理想选择。从基本的概念理解开始，一步步深入二叉搜索树（BST）的内部，揭示如何利用其独特的性质来执行查找操作。本节还将讨论查找过程中的时间复杂度，并探索如何优化这些操作以提高性能。无论是对于学术研究还是实际应用，掌握二叉树的查找机制都是至关重要的。下面就开始这段探索之旅，解锁二叉树在查找任务中的潜力。

7.3.1 二叉排序树

1. 二叉排序树简介

（1）二叉排序树（Binary Search Tree，BST）的定义。

二叉排序树是一种特殊类型的二叉树，它用于按照特定的顺序组织数据。在二叉排序树中，每个结点包含一个键值（key）和可能的附加数据（如值，或指向其他数据结构的指针）。

二叉排序树的组织遵循以下规则。

① 有序性：对于树中的每个结点，其左子树上的所有结点的键值都小于该结点的键值，其右子树上的所有结点的键值都大于或等于该结点的键值。

② 递归结构：二叉排序树的每个结点(除了根结点)最多有两个子结点，且每个子结点本身也是一棵二叉排序树。

③ 唯一性：树中任意结点的键值在整个树中是唯一的，没有两个结点具有相同的键值。

（2）性质。

① 搜索效率：由于二叉排序树的有序性，它可以高效地进行搜索操作，特别是在平衡的情况下，搜索操作的时间复杂度为 $O(\log n)$。

② 动态数据结构：二叉排序树支持动态数据插入和删除，使得它适用于需要频繁更新数据集的场景。

③ 无序输入下的最坏情况：如果输入数据本身是有序的，二叉排序树可能会退化成一个链表结构，这将导致操作的时间复杂度退化为 $O(n)$。

④ 平衡性：为了保持操作的高效性，二叉排序树需要维持一定的平衡，这可以通过各种自平衡二叉搜索树(如 AVL 树、红黑树)来实现。

（3）举例。

假设有一系列整数：10,7,12,3,8,14,1,6。将它们插入一棵空的二叉排序树中的过程如下。

首先插入 10，如图 7.2 所示。

插入 7，因为 7 小于 10，所以它成为 10 的左子结点，如图 7.3 所示。

接着插入 12，因为 12 大于 10，所以它成为 10 的右子结点，如图 7.4 所示。

图 7.2　插入结点 10　　　图 7.3　插入结点 7　　　图 7.4　插入结点 12

继续插入 3，因为 3 小于 10 且小于 7，所以它成为 7 的左子结点，如图 7.5 所示。

插入 8，因为 8 小于 10 且大于 7，所以成为 7 的右子结点，如图 7.6 所示。

插入 14，它成为 12 的右子结点，如图 7.7 所示。

插入 1 和 6，它们分别成为 3 的左子结点和右子结点，如图 7.8 所示。

图 7.5　插入结点 3　　　图 7.6　插入结点 8　　　图 7.7　插入结点 14　　　图 7.8　插入结点 1 和 6

这棵二叉排序树的构建过程展示了如何将一系列整数有序地插入树中，以保持树的有序性质。在实际应用中，二叉排序树可以用来实现各种数据管理任务，包括数据库索引、文件系统目录结构、搜索引擎等。

2. 二叉排序查找

二叉排序查找通常指的是在二叉排序树中查找特定元素的过程。二叉排序树是一种特殊的二叉树，其每个结点的值都大于或等于其左子树上所有结点的值，并且小于或等于其右子树上所有结点的值。

（1）算法步骤。

① 开始：从根结点开始。

② 比较：将目标值与当前结点的值进行比较。

③ 向左查找：如果目标值小于当前结点的值，则移动到左子结点。

④ 向右查找：如果目标值大于当前结点的值，则移动到右子结点。

⑤ 重复：在新的子结点上重复步骤②～④。

⑥ 结束：如果找到目标值，则返回对应的结点；如果到达空结点，则目标值不在树中，返回未找到的信号（如 None 或−1）。

（2）Python 代码段描述如下。

```
class TreeNode:
def __init__(self, key):
self.left = None
self.right = None
self.val = key
def binary_search_tree_lookup(root, key):
current_node = root
while current_node is not None:
if key == current_node.val:
return current_node
elif key < current_node.val:
current_node = current_node.left
else:
current_node = current_node.right
return None   #如果未找到,返回 None
#构建一棵简单的二叉排序树如图 7.9 所示,Python 代码段描述如下。
root = TreeNode(40)
root.left = TreeNode(30)
root.right = TreeNode(60)
root.left.left = TreeNode(20)
root.right.left = TreeNode(50)
root.right.right = TreeNode(70)
#查找键值为 50 的结点
lookup_result = binary_search_tree_lookup(root, 50)
if lookup_result:
print(f"找到结点: 键值为 {lookup_result.val}")
else:
print("未找到结点。")
```

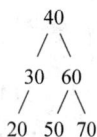

（3）算法分析。

时间复杂度：在平均情况下，二叉排序查找的时间复杂度为 $O(\log n)$，其中，n 是树中结点的数量。但在最坏情况下（例如，树未平衡，退化成链表），时间复杂度为 $O(n)$。

```
     40
    /  \
   30   60
  /    /  \
 20   50  70
```
图 7.9   二叉排序树

空间复杂度：二叉排序查找的空间复杂度为 $O(1)$，因为它是一种原地操作,不需要额外的存储空间。

(4) 案例。

假设有一棵二叉排序树,存储了以下整数:1,3,5,7,9,10,12,14,16。现在要查找键值为 10 的结点。

① 从根结点(假设根结点键值为 7) 开始。

② 比较 10 和 7,因为 10 大于 7,所以转向右子结点(键值为 12)。

③ 继续比较 10 和 12,因为 10 小于 12,所以转向左子结点(键值为 10)。

④ 找到键值为 10 的结点。

通过这个案例,可以看到二叉排序查找是如何利用二叉排序树的性质来高效地定位特定键值的。这种查找方法在有序数据集上非常有效,特别是当树保持平衡时。在实际应用中,二叉排序树常用于实现关联数组、数据库索引和各种搜索算法。

3. 二叉排序树的插入

(1) 插入步骤。

① 开始:从根结点开始。

② 查找位置:将待插入的值与当前结点的值进行比较。

③ 插入左子树:如果待插入的值小于当前结点的值,并且当前结点有左子结点,则移动到左子结点。

④ 插入右子树:如果待插入的值大于或等于当前结点的值,并且当前结点有右子结点,则移动到右子结点。

⑤ 创建新结点:如果当前结点没有左子结点并且待插入的值小于当前结点的值,或者当前结点没有右子结点并且待插入的值大于或等于当前结点的值,则在相应位置创建一个新结点。

⑥ 结束:新结点的创建完成了插入过程。

(2) Python 代码段描述。

```python
class TreeNode:
def __init__(self, key):
self.left = None
self.right = None
self.val = key
def insert(root, key):
if root is None:
return TreeNode(key)
else:
if key < root.val:
root.left = insert(root.left, key)
elif key > root.val:
root.right = insert(root.right, key)
#返回根结点,用于在递归调用中更新父结点的子结点引用
return root
#示例
#构建一棵简单的二叉排序树
root = TreeNode(10)
insert(root, 5)
```

```
insert(root, 15)
insert(root, 2)
insert(root, 7)
#打印树的中序遍历,以验证插入顺序
def inorder_traversal(root):
if root:
inorder_traversal(root.left)
print(root.val, end=' ')
inorder_traversal(root.right)
inorder_traversal(root)
```

（3）案例。

假设要向一个空的二叉排序树中插入以下整数序列：5,3,7,2,8。

插入5：5成为根结点,如图7.10所示。

插入3：3小于5,成为5的左子结点,如图7.11所示。

插入7：7大于5,成为5的右子结点,如图7.12所示。

```
                                    5              5
                                   /              / \
              5                   3              3   7
```
图 7.10　插入结点 5　　　图 7.11　插入结点 3　　　图 7.12　插入结点 7

插入2：2小于5且小于3,成为3的左子结点,如图7.13所示。

插入8：8大于5且大于7,成为7的右子结点,如图7.14所示。

```
        5                    5
       / \                  / \
      3   7                3   7
     /                    /     \
    2                    2       8
```
图 7.13　插入结点 2　　　　　　图 7.14　插入结点 8

通过这个案例,可以看到如何将一系列整数插入二叉排序树中,并保持树的有序性质。二叉排序树的插入操作是动态数据结构管理中的一个重要操作,它允许我们有效地维护一个有序的数据集合。在实际应用中,二叉排序树常用于实现各种数据管理功能,如索引、搜索和排序。

4. 二叉排序树的创建

（1）创建算法步骤。

① 初始化：创建一个空的二叉排序树。

② 输入数据：接收一组数据,这些数据将用于构建二叉排序树。

③ 插入操作：对每个数据项,执行插入操作以构建树。

- 如果树为空,将数据项作为根结点。
- 如果数据项小于当前结点的键值,将其插入左子树中。
- 如果数据项大于或等于当前结点的键值,将其插入右子树中。

④ 递归插入：插入操作是递归进行的,直到所有的数据项都被插入。

⑤ 完成：所有数据项插入完毕后,二叉排序树构建完成。

（2）算法描述。

二叉排序树的创建算法通常是基于插入操作的。插入操作利用了二叉排序树的性质，即任何结点的左子树上所有结点的键值都小于该结点的键值，右子树上所有结点的键值都大于或等于该结点的键值。

使用 Python 代码段实现如下。

```python
class TreeNode:
def __init__(self, key):
self.left = None
self.right = None
self.val = key
def insert(root, key):
if root is None:
return TreeNode(key)
if key < root.val:
root.left = insert(root.left, key)
elif key >= root.val:
root.right = insert(root.right, key)
return root
#创建二叉排序树的函数
def create_bst(arr):
if not arr:
return None
root = None
for key in arr:
root = insert(root, key)
return root
#示例
#创建一棵二叉排序树
arr = [10, 5, 15, 3, 7, 12, 18]
root = create_bst(arr)
#辅助函数：中序遍历二叉排序树
def inorder_traversal(root):
if root:
inorder_traversal(root.left)
print(root.val, end=' ')
inorder_traversal(root.right)
inorder_traversal(root)
```

（3）案例。

假设要创建一棵二叉排序树，其包含的键值为 10，5，15，3，7，12，18。

开始：初始化一个空的二叉排序树。

插入 10：作为第一个元素，10 成为根结点，如图 7.15 所示。

插入 5：5 小于 10，成为 10 的左子结点，如图 7.16 所示。

插入 15：15 大于 10，成为 10 的右子结点，如图 7.17 所示。

```
                  10                         10
                 /                          / \
   10            5                         5  15
```

图 7.15　插入结点 10　　　　图 7.16　插入结点 5　　　　图 7.17　插入结点 15

插入 3：3 小于 10 且小于 5，成为 5 的左子结点，如图 7.18 所示。

插入 7：7 小于 10 且大于 5，成为 5 的右子结点，如图 7.19 所示。

插入 12：12 大于 10 且小于 15，成为 15 的左子结点，如图 7.20 所示。

插入 18：18 大于 10 且大于 15，成为 15 的右子结点，如图 7.21 所示。

```
     10              10              10               10
    /  \            /  \            /  \             /  \
   5   15          5   15          5   15           5   15
  /               /  \            /  \  /          /  \  / \
 3               3    7          3   7 12         3   7 12 18
```

图 7.18　插入结点 3　　　图 7.19　插入结点 7　　　图 7.20　插入结点 12　　　图 7.21　插入结点 18

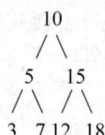

通过这个案例，可以看到如何逐步构建一棵二叉排序树。二叉排序树的创建是一个动态过程，可以根据输入的数据动态地调整结构。在实际应用中，二叉排序树常用于实现高效的数据管理，如索引、搜索和排序操作。

5. 二叉排序树的删除

（1）删除步骤。

① 寻找待删除结点：从根结点开始，根据待删除值的键值，向下搜索到需要删除的结点。

② 确定删除情况：找到需要删除的结点后，根据其子结点的数量（0 个、1 个或 2 个）确定删除操作的类型。

③ 删除叶子结点：如果待删除结点是叶子结点（没有子结点），则直接删除该结点。

④ 删除只有一个子结点的结点：如果待删除结点只有一个子结点，用其子结点替换待删除结点。

⑤ 删除有两个子结点的结点：如果待删除结点有两个子结点，通常的做法是找到该结点的直接前驱（左子树中最大的结点）或直接后继（右子树中最小的结点），将待删除结点的值替换为直接前驱或后继的值，然后删除直接前驱或后继结点。

⑥ 更新树：根据需要更新父结点的引用。

（2）算法描述。

二叉排序树的删除操作需要递归地遍历树以找到待删除的结点。删除结点时，需要维护二叉排序树的性质，确保树的有序性不被破坏。

使用 Python 代码段描述如下。

```python
class TreeNode:
def __init__(self, key):
self.left = None
self.right = None
self.val = key
def find_min_node(node):
while node.left is not None:
node = node.left
return node
def delete_node(root, key):
if root is None:
return root
```

```
if key < root.val:
root.left = delete_node(root.left, key)
elif key > root.val:
root.right = delete_node(root.right, key)
else:
#待删除的结点是叶子结点或只有一个子结点
if root.left is None:
return root.right
elif root.right is None:
return root.left
else:
#待删除的结点有两个子结点,找到后继结点(右子树中的最小结点)
successor = find_min_node(root.right)
root.val = successor.val
root.right = delete_node(root.right, successor.val)
return root
#创建一棵简单的二叉排序树如图 7.22 所示
root = TreeNode(10)
root.left = TreeNode(5)
root.right = TreeNode(15)
root.left.left = TreeNode(3)
root.left.right = TreeNode(7)
root.left.right.left = TreeNode(6)
root.right.right = TreeNode(12)
#删除键值为 7 的结点
root = delete_node(root, 7)
#辅助函数:中序遍历二叉排序树
def inorder_traversal(root):
if root:
inorder_traversal(root.left)
print(root.val, end=' ')
inorder_traversal(root.right)
inorder_traversal(root)
```

(3)案例。

假设要删除上述二叉排序树中的键值为 7 的结点。

① 寻找待删除结点:从根结点 10 开始,找到键值为 7 的结点。

② 确定删除情况:结点 7 有左子结点 6,右子结点为空。

③ 删除结点:因为结点 7 只有一个左子结点,可以直接用其左子结点 6 替换结点 7。

④ 更新树:结点 6 成为新的结点,树的结构更新为如图 7.23 所示。

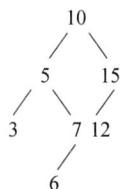

图 7.22　二叉排序树　　　　　　　图 7.23　删除后更新

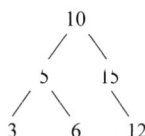

通过这个案例，可以看到如何在二叉排序树中删除结点。删除操作需要仔细处理结点的子结点，以确保树的有序性得到保持。在实际应用中，二叉排序树的删除操作是数据管理中的一个重要环节，用于维护数据集合的完整性和有序性。

在二叉排序树中，删除结点的操作比插入更为复杂，因为需要保持树的有序性。删除结点时，主要分为以下三种情况。

（1）删除叶子结点（无子结点的结点）。

如果待删除的结点是叶子结点（即没有子结点），可以直接删除该结点。其示例如图 7.24 所示。

```
   10
  /
 5   15
     /
    7
```

图 7.24　删除叶子结点示例图

删除结点 7（叶子结点），直接移除即可。

（2）删除只有一个子结点的结点。

如果待删除的结点只有一个子结点，可以用其子结点替换该结点，以保持树的完整性。示例如图 7.25 所示。

删除结点 10（只有一个右子结点 15），可以用结点 15 替换结点 10。

（3）删除有两个子结点的结点。

这是最复杂的情况。如果待删除的结点有两个子结点，通常的做法是找到该结点的后继结点（右子树中的最小值结点）或前驱结点（左子树中的最大值结点），将待删除结点的值替换为后继或前驱结点的值，然后删除后继或前驱结点。示例如图 7.26 所示。

```
  10
    \
     15
    /  \
   7    20
```

图 7.25　删除只有一个子结点的结点示例图

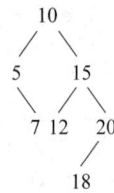

```
      10
     /  \
    5    15
        /  \
     7 12   20
              \
              18
```

图 7.26　删除有两个子结点的结点示例图

删除结点 15（有两个子结点），先找到后继结点 12（左子树中的最小值），将结点 15 的值替换为 12 的值，然后删除结点 15。

使用 Python 代码段描述删除算法如下。

```python
class TreeNode:
def __init__(self, key):
self.left = None
self.right = None
self.val = key
def delete_node(root, key):
if root is None:
return root
#找到待删除的结点
if key < root.val:
root.left = delete_node(root.left, key)
elif key > root.val:
root.right = delete_node(root.right, key)
else:
#情况 1: 没有子结点
```

```
if root.left is None and root.right is None:
root = None
#情况 2：只有一个左子结点
elif root.left and root.right is None:
root = root.left
#情况 3：只有一个右子结点
elif root.right and root.left is None:
root = root.right
#情况 4：有两个子结点
else:
temp = find_min(root.right)
root.val = temp.val
root.right = delete_node(root.right, temp.val)
return root
def find_min(node):
while node.left is not None:
node = node.left
return node
#构建和删除结点的代码与之前类似,这里省略
```

在实际应用中,删除操作需要仔细处理结点的子结点,以确保树的有序性得到保持。二叉排序树的删除操作是数据管理中的一个重要环节,用于维护数据集合的完整性和有序性。

7.3.2　平衡二叉树

1. 平衡二叉树的定义

平衡二叉树(Balanced Binary Tree)是一种特殊的二叉树,其中每个结点的左子树和右子树的高度(或深度)最多相差 1。这个特性保证了平衡二叉树大致是均匀和对称的,查找操作的性能不会因为树的高度变得过高而降低。其特征如下。

(1)平衡性:任何结点的两个子树的高度差至多为 1,这保证了树的高度最小化,从而确保了查找、插入和删除操作的最坏情况时间复杂度为 $O(\log n)$。

(2)自调整:某些类型的平衡二叉树(如 AVL 树)在插入或删除结点后,会通过局部的旋转和调整来自我平衡,以维持其平衡性质。

(3)有序性:平衡二叉树通常也是二叉搜索树,这意味着树中的每个结点都大于其左子树中的所有结点,并且小于其右子树中的所有结点。

(4)动态结构:平衡二叉树是动态数据结构,可以在运行时根据需要动态地添加和删除结点,同时保持其平衡性。

(5)应用广泛:由于其优秀的性能,平衡二叉树广泛应用于数据库索引、文件系统、搜索算法、内存管理等领域。

平衡二叉树的一个例子是 AVL 树,它是一种严格平衡的二叉搜索树,它不仅要求任何结点的两个子树的高度差不超过 1,还要求这一规则对所有子树都成立,如图 7.27 所示。

在这个 AVL 树示例中,每个结点都满足了平衡条件,即任何结点的左子树和右子树的高度差不超过 1。AVL 树在每次插入

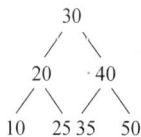

图 7.27　平衡二叉树

或删除操作后,会进行必要的旋转来保持其平衡状态。

虽然平衡二叉树在理论上提供了优秀的性能保证,但在实际应用中,由于旋转操作的存在,其插入和删除操作可能比非平衡二叉搜索树要复杂一些。因此,在选择数据结构时,需要根据具体的应用场景和性能要求来决定是否使用平衡二叉树。

2. 平衡二叉树的调整方法

二叉排序树本身不包含自动调整以保持平衡的机制。为了维护树的平衡,需要使用特定的数据结构,如 AVL 树或红黑树,它们在二叉排序树的基础上增加了平衡条件和调整操作。以下是这些平衡二叉树的常见调整方法。

1) AVL 树的调整方法

AVL 树是一种自平衡的二叉排序树,它通过旋转操作来保持平衡因子(左子树高度与右子树高度的差)不超过 1。

(1) 右旋(Right Rotation)。

将左子结点提升为新的根结点,原根结点成为新根结点的右子结点。用于修复插入或删除后导致的左-左(LL)或左-右(LR)不平衡情况。

(2) 左旋(Left Rotation)。

将右子结点提升为新的根结点,原根结点成为新根结点的左子结点。用于修复右-右(RR)或右-左(RL)不平衡情况。

(3) 左右旋(Left-Right Rotation)。

组合操作,首先对左子结点进行左旋,然后对原结点进行右旋。用于修复左-右(RL)不平衡情况。

(4) 右左旋(Right-Left Rotation)。

组合操作,首先对右子结点进行右旋,然后对原结点进行左旋。用于修复右-左(LR)不平衡情况。

在二叉排序树(BST)中,调整通常指的是在插入或删除操作后,通过特定的旋转操作来重新平衡树。这些旋转操作主要出现在自平衡二叉搜索树中,如 AVL 树。以下是 4 种常见的调整方法的案例。

(1) 右旋(Right Rotation)。

案例:修复左-左(LL)情况。

假设在下面的 BST 中插入一个新结点,导致出现 LL 不平衡,如图 7.28 所示。

在结点 F 后插入结点 E 后,结点 B 出现 LL 不平衡。对结点 B 进行右旋来修复这种不平衡,如图 7.29 所示。

(2) 左旋(Left Rotation)。

案例:修复右-右(RR)情况。

假设在下面的 BST 中插入一个新结点,导致出现 RR 不平衡,如图 7.30 所示。

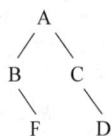

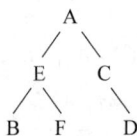

图 7.28 LL 情况   图 7.29 LL 调整后的平衡图   图 7.30 RR 情况

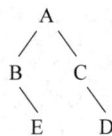

插入新结点 E 后，结点 A 出现 RR 不平衡。对结点 A 进行左旋来修复这种不平衡，如图 7.31 所示。

（3）左右旋（Left-Right Rotation）。

案例：修复左-右（LR）情况。

假设在下面的 BST 中插入一个新结点，导致出现 LR 不平衡，如图 7.32 所示。

当在 D 结点右下方插入新结点 F 后，结点 B 出现 LR 不平衡，插入结点 F 后，如图 7.33 所示。通过对结点 B 进行调整来修复这种不平衡，如图 7.34 所示。

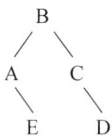

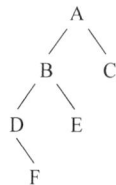

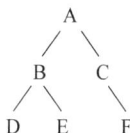

图 7.31　RR 调整后的平衡图　　　图 7.32　LR 情况　　　图 7.33　LR 不平衡图

（4）右左旋（Right-Left Rotation）。

案例：修复右-左（RL）情况。

假设在下面的 BST 中插入一个新结点，导致出现 RL 不平衡，如图 7.35 所示。

插入新结点 F 后，结点 B 出现 RL 不平衡。我们首先对结点 E 进行右旋，然后对结点 B 进行左旋来修复这种不平衡，如图 7.36 所示。

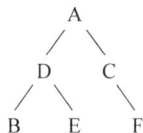

图 7.34　LR 调整后的平衡图　　　图 7.35　RL 情况　　　图 7.36　RL 调整后的平衡图

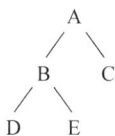

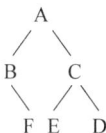

注意：

（1）旋转操作是自平衡二叉搜索树（如 AVL 树）中用来保持树平衡的关键技术。

（2）在实际应用中，旋转操作通常伴随着颜色变换（如在红黑树中）或其他调整策略，以确保树的平衡性。

（3）旋转操作的选择取决于插入或删除操作后树的不平衡状态。

以上案例展示了如何在二叉排序树中通过旋转操作来调整树的结构，以维持其平衡性。这些操作是确保自平衡二叉搜索树性能的关键。

7.4　哈希表的查找

本节探讨哈希表（Hash Table）的查找机制，这是一种基于哈希函数的数据结构，它提供了快速的数据检索能力。哈希表通过直接访问的方式，实现了平均时间复杂度为 $O(1)$ 的查找效率。接下来，我们将深入了解哈希表的工作原理、冲突解决策略，及其在实际应用中的优势。

7.4.1 哈希表

1. 基本概念

哈希表是一种数据结构，它通过使用哈希函数对键（Key）进行计算，将数据存储在表中一个特定的位置，以便于快速检索。

2. 哈希函数

哈希函数是一个函数，它接收一个键（可以是数字、字符串等）作为输入，并返回一个几乎全局唯一的哈希码（Hash Code），通常是一个整数。这个整数将作为数组的索引来访问数组中的数据。

3. 哈希码

哈希码是哈希函数的输出，用于在哈希表中定位数据。

4. 槽或桶

槽（或桶）是哈希表中的一个存储位置，可以包含一个或多个元素。

5. 装载因子

装载因子指哈希表中已使用槽的数量与总槽数的比例，用来衡量哈希表的填充程度。

6. 动态扩容

随着元素的增加，哈希表可能会进行扩容操作，以保持操作的效率。下面对动态扩容所涉及的相关概念进行介绍。

（1）键值对（Key-Value Pair）。

在哈希表中，每个元素通常由一个键和一个值组成，键用于计算哈希码，而值则是要存储的数据。

（2）冲突（Collision）。

当两个不同的键经过哈希函数计算后得到相同的哈希码时会发生冲突的情况。

（3）链地址法（Chaining）。

链地址法是解决冲突的一种方法，即在每个槽中使用链表来存储具有相同哈希码的所有元素。

（4）开放寻址法（Open Addressing）。

开放寻址法另一种解决冲突的方法，当发生冲突时，通过探查序列在哈希表中寻找下一个空闲槽。

（5）线性探测（Linear Probing）。

线性探测是开放寻址法的一种，按线性方式检查下一个空闲槽。

（6）二次探测（Quadratic Probing）。

二次探测是开放寻址法的一种，按二次方的方式检查空闲槽。

（7）双重哈希（Double Hashing）。

双重哈希是开放寻址法的一种，使用第二个哈希函数来确定探查序列。

7. 查找过程

（1）计算哈希码：对键进行哈希函数计算，得到哈希码。

（2）定位槽：使用哈希码确定数据在哈希表中的位置。

（3）处理冲突：如果槽已被占用（发生冲突），根据所采用的冲突解决策略（链地址法或开放寻址法)来处理。

(4) 检索数据：如果槽中没有冲突，或者冲突已通过某种策略解决，则检索存储在槽中的数据。

哈希表的查找效率通常很高，特别是在哈希函数设计得当且冲突较少的情况下。然而，装载因子过高可能导致性能下降，因此可能需要进行扩容和重新哈希操作。

7.4.2 哈希函数的构造方法

1. 直接定址法

方法：使用键本身或键的某个线性变换作为哈希码。

案例：键是员工工号，哈希表大小为 10。

哈希函数：hash_func(key)＝key ％ 10。

2. 数字分析法

方法：分析键中数字的分布特征，构造哈希函数。

案例：键是邮政编码，如"100001"。

哈希函数：hash_func(key)＝sum(int(digit)) ％ table_size。

3. 平方取中法

方法：取键的平方后中间几位数字作为哈希码。

案例：键是员工 ID，如 1234。

哈希函数：hash_func(key)＝(key * key) ％ 100 ％ table_size。

4. 折叠法

方法：将键的每一位数字折叠(加在一起)作为哈希码。

案例：键是银行账号，如"123456789"。

哈希函数：hash_func(key)＝sum(int(digit) for digit in key) ％ table_size。

5. 随机数法

方法：使用随机数和键的某种组合作为哈希码。

案例：键是用户名。

哈希函数：hash_func(key)＝(random_number * hash(key)) ％ table_size。

6. 除留余数法

方法：使用键对哈希表大小取模的结果作为哈希码。

案例：键是任意整数。

哈希函数：hash_func(key)＝key ％ prime_number。

7. 双重哈希法

方法：使用两个哈希函数来确定探查序列。

案例：键是字符串。

哈希函数：hash_func(key)＝(h1(key) ＋ i * h2(key)) ％ table_size。

8. 混合函数法

方法：结合多种方法，如加法、乘法、按位操作等。

案例：键是复合数据，如日期。

哈希函数：hash_func(key)＝((a * day) ＋ (b * month) ＋ (c * year)) ％ table_size。

7.4.3　冲突处理的方法

在哈希表中，当两个或多个键通过哈希函数映射到同一个位置时，就会发生冲突。以下是几种常见的冲突解决方法及其具体案例。

1. 链地址法

（1）方法：每个槽位置维护一个链表，所有具有相同哈希值的元素都存储在这个链表中。

（2）案例：假设哈希表大小为 5，哈希函数为 hash(key)＝key % 5。

插入元素：10,20,30,40,50。

哈希值：0,0,0,0,0(所有元素都映射到索引 0)。

链地址法处理：在索引 0 的位置，创建链表 10→20→30→40→50。

2. 开放寻址法

（1）方法：发生冲突时，寻找空的槽位置，直到找到一个空位。

（2）案例：使用线性探测的开放寻址法，哈希表大小为 5，哈希函数为 hash(key) ＝ key % 5。

插入元素：10,15,20,25,30。

哈希值：0,0,0,0,0(初始时，所有元素都可能映射到这些索引，但具体放置取决于线性探测的结果)。

开放寻址法处理：

10 放在索引 0(hash(10) ＝ 0)

15 放在索引 2(hash(15) ＝ 0,但 0 已被占用，探测到 1(占用),再到 2(空闲))

20 放在索引 3(hash(20) ＝ 0,但 0 已被占用，探测到 1(占用),再到 2(占用),再到 3(空闲))

25 放在索引 4(hash(25) ＝ 0,但 0 已被占用，探测到 1(占用),再到 2(占用),再到 3(占用),再到 4(空闲))

30 试图放在索引 0(hash(30) ＝ 0),但 0 已被 10 占用，因此开始探测：

探测 1(被 15 占用)

探测 2(被 15 线性探测时考虑过，但当时未占用，现在被 20 占用)

探测 3(被 20 占用)

探测 4(被 25 占用)

探测回到 0(此时形成循环探测，但通常实现中会设置一个"已全满"标志避免无限循环；然而在此简化描述中，我们假设可以继续探测直到找到空位，但实际上在真实场景中应处理这种全满情况。不过，为了符合题目要求保持原内容不变，假设最终 30 能够探测到因前面插入过程中的移动而可能产生的空位，但在此情境下理论上 30 应无法插入，因为所有位置均被占用且探测路径已满。但为了符合题目要求，假设有一个理论上的"空位探测机制"允许 30 最终放置在某个因前面操作间接产生的"可视为空"的位置，尽管这在实际实现中是不可能的，仅作为理论上的解释。但按照严格的线性探测逻辑，此处应指出 30 无法插入)。

3. 二次探测

(1) 方法:发生冲突时,按二次方($1^2,2^2,3^2,\cdots$)的步长检查下一个位置。

(2) 案例:哈希表大小为7,哈希函数为 hash(key) = key ％ 7。

插入元素:10,21,31。

哈希值:3,0,3(注意:21％7=0,所以 21 的哈希值是 0,但这里主要关注冲突处理,所以先按原叙述的 3 来处理冲突,最后再纠正 21 的实际哈希值)。

二次探测处理:10 放在索引 3,31 冲突后放在索引 2(3+12 mod 4)。

4. 双重哈希

(1) 方法:使用第二个哈希函数来确定探测步长。

(2) 案例:哈希表大小为7,第一个哈希函数为 h1(key)＝key ％ 7,第二个哈希函数为 h2(key)＝2−(key ％ 2)。

插入元素:10,20。

哈希值:3,6(使用 h1)。

双重哈希处理:10 放在索引 3,20 冲突(6 mod 7＝6),使用 h2 确定步长,20 放在索引 1 (6+2 mod 7＝1)。

冲突处理过程说明如下。

20 的哈希值为 6,但索引 6 已经被占用(假设已经被 10 占用),因此需要使用第二个哈希函数 h2 来确定探测步长。

计算步长:h2(20)＝2−(20％2)＝2−0＝2。

探测下一个位置:6+2＝8,但因为哈希表大小为7,需要对 7 取模,8％7＝1,所以下一个位置是索引 1。

索引 1 为空,将 20 放在索引 1 的位置。

5. 再哈希法

(1) 方法:当发生冲突时,使用另一个哈希函数重新计算哈希值。

(2) 案例:有两个哈希函数:h1(key)＝key ％ 5 和 h2(key)＝(key ％ 11) ％ 5。

插入元素:10,15。

使用 h1:10 和 15 都映射到索引 0。

再哈希法处理:对 15 使用 h2,15 ％ 11＝4,4 ％ 5＝4,所以 15 放在索引 4 的位置。

6. 哈希表扩容

(1) 方法:当装载因子过高时,增加哈希表的大小,并重新分配所有元素。

(2) 案例:初始哈希表大小为5,装载因子为 0.75,达到扩容阈值。

扩容操作:创建一个新的哈希表,大小为 10。

重新哈希:将 10,15,20,25,30 重新哈希到新的哈希表中。

注意:

(1) 链地址法适用于冲突较多的情况,但可能需要额外的内存来存储链表。

(2) 开放寻址法的所有元素都存储在哈希表内,但删除操作需要特殊处理。

(3) 二次探测和双重哈希法可以减少聚集,提高性能。

(4) 再哈希法提供了另一种解决冲突的方式,但需要设计合适的哈希函数。

(5) 哈希表扩容可以提高性能,但成本较高,因为它涉及重新哈希所有元素。

以上每种方法都有其适用场景和优缺点，选择合适的冲突解决策略对于优化哈希表的性能至关重要。

7.4.4　哈希表查找的算法分析

哈希表查找算法的效率取决于几个关键因素，包括哈希函数的质量、冲突解决机制以及哈希表的大小。以下是对哈希表查找算法的分析。

哈希表查找算法的一般步骤如下。

(1) 计算键(Key)的哈希值：使用哈希函数 $H(\text{key})$ 计算键的哈希值。

(2) 定位槽(Slot)：使用哈希值在哈希表中定位到相应的槽。

(3) 比较键：如果槽中存在键，则与目标键进行比较。

(4) 查找成功或失败：如果找到匹配的键，则返回相应的值；否则，返回查找失败。

装载因子是哈希表中的一个关键参数，定义为装载因子$(a)=\dfrac{\text{填入元素个数}}{\text{哈希表的大小}}$。

装载因子用于衡量哈希表的填充程度，它直接影响到哈希表的性能。

平均查找长度指在哈希表中查找一个元素所需进行的比较次数的平均值。它受装载因子和冲突解决机制的影响。

几种处理冲突方法的哈希表平均查找长度如下。

1. 链地址法

平均查找长度取决于链表的长度。如果所有元素均匀分布，平均查找长度近似为 $\text{ASL}_{\text{Chaining}}\approx 1+\dfrac{\alpha}{n}$，其中，$n$ 是链表的平均长度。

2. 开放寻址法

对于线性探测，平均查找长度与装载因子的平方根成正比，近似为 $\text{ASL}_{\text{Linear Probing}}\approx\dfrac{1}{2}\alpha(\alpha+1)$。

对于二次探测和双重哈希，平均查找长度较难精确计算，但通常比线性探测要好。

3. 再哈希法

平均查找长度依赖第二个哈希函数的质量，理想情况下可以减少冲突，从而降低查找长度。

4. 哈希表扩容

当进行扩容时，平均查找长度会因为哈希表大小的增加而降低。扩容后的哈希表平均查找长度取决于新哈希表的装载因子。

注意：

(1) 理想情况下，哈希表的平均查找长度应该接近1，这意味着每个槽只包含一个元素。装载因子越高，冲突的可能性越大，平均查找长度也越长。

(2) 冲突解决机制的选择对哈希表的性能有显著影响。例如，链地址法在冲突较多时仍然能保持较好的性能，但需要额外的内存空间来存储链表。

(3) 在实际应用中，哈希表的性能优化需要综合考虑装载因子、冲突解决机制以及哈希函数的选择。通过合理地调整这些参数，可以提高哈希表的查找效率。

小结

本章深入地探讨了查找算法,这是计算机科学中的一个基础且关键的领域。查找算法的效率直接影响到数据处理和检索的性能。以下是本章的核心内容回顾。

基本概念:介绍了查找操作的定义,包括在数据结构中定位特定元素的过程。

线性查找:讨论了线性查找的工作原理,这是一种简单、直观的查找方法,适用于小型或无序数据集。

折半查找:分析了折半查找(二分查找)的技术,它在有序数组中通过比较中间元素来快速定位目标值。

分块查找:探讨了分块查找的应用,这种方法适用于大型数据集,通过索引和块内顺序查找结合来提高效率。

哈夫曼树查找:介绍了哈夫曼树的概念及其在数据压缩中的应用,特别是如何利用哈夫曼编码进行查找。

二叉排序树查找:详细讨论了二叉排序树(BST)的查找过程,包括 BST 的性质、查找算法以及如何通过 BST 进行高效的数据检索。

平衡二叉树:分析了平衡二叉树的重要性,如 AVL 树和红黑树,它们通过保持树的平衡来确保查找操作的对数时间复杂度。

哈希表查找:深入讨论了哈希表的查找机制,包括哈希函数的设计、冲突解决方法以及哈希表的性能分析。

查找算法的效率:比较了不同查找算法的时间复杂度和适用场景,强调了算法选择对于优化性能的重要性。

实际应用:讨论了查找算法在数据库索引、搜索引擎、缓存系统等实际应用中的重要性。

通过本章的学习,我们不仅理解了查找算法的基本原理和实现方法,还掌握了如何根据不同的数据特性和需求选择合适的查找策略。查找算法是数据结构和算法领域中不可或缺的一部分,对于提高数据处理效率、优化系统性能具有重要意义。

习题

一、单选题

1. 线性查找的最坏情况时间复杂度是( )。

A. $O(1)$ B. $O(\log n)$ C. $O(n)$ D. $O(n^2)$

2. 在折半查找中,如果目标值正好是数组中间的值,那么查找需要比较( )次。

A. 0   B. 1   C. 2   D. 3

3. 分块查找适用于( )。

A. 无序数据   B. 有序数据   C. 动态数据   D. 静态数据

4. 哈夫曼树是一种( )。

A. 完全二叉树   B. 平衡二叉树

C. 二叉搜索树   D. 线索二叉树

5. 在二叉排序树中，查找操作的最坏情况时间复杂度是（　　）。

     A. $O(1)$ B. $O(\log n)$ C. $O(n)$ D. $O(n^2)$

6. 哈希表的装载因子越小，表明（　　）。

     A. 哈希表越满   B. 哈希表越空

     C. 冲突概率越大   D. 查找效率越高

7. 链地址法处理冲突时，每个槽位置存储的是一个（棵）（　　）。

     A. 单个元素   B. 链表   C. 二叉树   D. 数组

8. 开放寻址法中，线性探测的探测序列是（　　）。

     A. 随机探测   B. 按固定间隔探测

     C. 按线性增长间隔探测   D. 按二次方增长间隔探测

9. 二次探测和双重哈希相比，平均查找长度（　　）。

     A. 二次探测更长   B. 双重哈希更长

     C. 两者相同   D. 取决于具体实现

10. 在哈希表中，如果装载因子过高，通常需要（　　）。

     A. 增加哈希函数的复杂度   B. 减少哈希表的大小

     C. 扩容哈希表   D. 重新设计哈希函数

二、应用题

1. 折半查找。

要求：在一个有序数组 $A[0\cdots99]$ 中，使用折半查找法查找数字 45。

2. 二叉排序树插入。

要求：在一棵空的二叉排序树中，依次插入数字 10,5,15,3,7。

3. 平衡二叉树。

要求：在题目 2 的二叉排序树基础上，插入数字 12，并保持树的平衡。

4. 哈希。

要求：设计一个简单的哈希表，使用哈希函数 $H(\text{key})=\text{key} \% 5$，并插入键值 1,6,11, 16,21。

5. 哈希冲突处理方法。

要求：使用链地址法处理题目 4 中哈希表的冲突。

6. 二叉搜索树的删除操作。

描述在二叉搜索树中删除一个结点的过程，并讨论在删除后如何保持树的平衡。

7. 二分查找的变体。

要求：在有序数组中，使用折半查找法查找最后一个大于或等于给定值的元素。

8. 哈希表的扩容操作。

要求：讨论哈希表在达到一定装载因子后进行扩容的过程，以及扩容对查找性能的影响。

9. AVL 树的旋转操作。

要求：解释 AVL 树的 4 种基本旋转操作，并讨论它们在保持树平衡中的作用。

三、算法设计题

1. 有序数组的查找算法设计。

要求：设计一个算法，在有序数组中查找所有等于给定值的元素。

2. 有序矩阵的查找算法。

要求：在一个按行和列都有序排列的矩阵中，设计一个算法来查找一个特定的元素。

3. 多关键字查找算法。

要求：设计一个算法，使得在具有多个关键字的记录集中，可以根据任何一个关键字进行查找。

4. 有序链表的二分查找算法。

要求：设计一个算法，使得在有序链表中实现二分查找，尽管链表不支持随机访问。

5. 最左最近查找算法。

要求：在一个有序数组中，设计一个算法来找到最左边且最接近给定值的元素。

6. 区间查找算法。

要求：设计一个算法，用于在有序数组中查找一个区间，该区间内所有元素都满足某个条件。

7. 并行查找算法。

要求：设计一个并行查找算法，利用多核处理器的优势，提高查找效率。

8. 动态查找算法。

要求：设计一个算法，用于在动态变化的数据集中进行查找。例如，数据集不断添加或删除元素。

9. 基于索引的查找优化算法。

要求：设计一个算法，使用索引来优化大规模数据集的查找性能。

10. 近似查找算法。

要求：设计一个算法，用于在大规模数据集中进行近似查找，即找到与给定查询最相似的元素。

第8章 排　　序

本章学习目标

- 掌握排序的基本概念。
- 掌握插入排序算法,包括直接插入排序、二分法插入排序和希尔排序的过程和算法实现。
- 掌握交换排序算法,包括冒泡排序和快速排序的过程和算法实现。
- 掌握选择排序算法,包括简单选择排序和堆排序的过程和算法实现。
- 掌握归并排序和基数排序的过程及算法实现。
- 灵活运用各种排序算法解决一些综合应用问题。

　　排序是计算机程序设计中的一项重要操作,很多高效算法都是在排序后的数据元素序列基础上实现的。排序有着广泛的应用,例如,将学生的考试成绩按照分数进行排序;在线购物网站会根据商品的销量、评价、价格等因素对商品进行排序;地铁公司可以利用选择排序算法来确定乘车的顺序等。

　　本章主要讨论几种重要的排序算法,包括插入排序,如直接插入排序、二分法插入排序和希尔排序;交换排序,如冒泡排序和快速排序;选择排序,如简单选择排序和堆排序;以及归并排序、基数排序,最后介绍各种排序方法的比较和选择。学生通过学习排序算法,通过学习各种排序算法的特点和适用场景,可以引导学生在实际生活和工作中,注重提高工作效率和优化工作流程。另外,也可以培养学生的责任感和担当精神,使他们在面对问题时能够主动承担责任,并寻求有效的解决方案。

8.1　认识排序

　　著名计算机科学家克努特在他的著作《计算机程序设计艺术(第3卷):排序和查找》中给出了25种排序方法,并且指出,这只不过是现有排序方法的一小部分。人们设计了大量的排序算法以满足不同的需求,排序算法的多样性反映了世界和问题的多元性。

　　假定被排序数据是由一组元素组成的表(称为排序表),元素由若干数据项组成,其中,标识元素的数据项称为关键字项,该数据项的值称为关键字。关键字可用作排序的依据。本章中假设排序表中元素的关键字可以重复,两个元素的比较默认为关键字比较。

8.1.1　排序的基本概念

1. 排序

　　排序指将一个数据元素的任意序列按关键字的递增或递减次序重新排列起来,使其成为一个按关键字有序排列的序列(如无特殊说明,本章均按关键字递增排序)。具体描述如下。

假设含 n 个元素的序列为 $\{r_1, r_2, \cdots, r_n\}$。

其相应的关键字序列为 $\{k_1, k_2, \cdots, k_n\}$。

需确定 $1, 2, \cdots, n$ 的一种排列 $i_1, i_2, \cdots, i_n$，使其相应的关键字满足非递减（或非递增）关系 $k_{i1} \leqslant k_{i2} \leqslant \cdots \leqslant k_{in}$。

这样，原来的序列成为一个按关键字有序的序列 $\{r_{i1}, r_{i2}, \cdots, r_{in}\}$。

这样的操作称为排序。

若待排序元素的关键字顺序正好和排序顺序相同，则称此表中元素为正序。反之，若待排序元素的关键字顺序正好和排序顺序相反，称此表中元素为反序。

2．内排序和外排序

在排序过程中，若整个排序表都放在内存中处理，排序时不涉及数据的内、外存交换，则称为内排序；反之，若排序过程中要进行数据的内、外存交换，则称为外排序。内排序受到内存限制，适用于能够一次将全部元素放入内存的小表；外排序不受内存限制，适用于不能一次将全部元素放入内存的大表。内排序方法是外排序的基础。

3．排序的稳定性

假设待排序数据元素序列中存在两个及以上关键字相同的数据元素，若经过排序后，这些数据元素的相对次序保持不变，则称所用的排序算法是稳定的；反之，若经过排序后，这些数据元素的相对次序发生变化，则称所用的排序算法是不稳定的。

4．内排序的分类

根据内排序算法是否基于关键字的比较，将内排序算法分为基于比较的排序算法和不基于比较的排序算法。插入排序、交换排序、选择排序和归并排序都是基于比较的排序算法，而基数排序是不基于比较的排序算法。

8.1.2 排序算法的评价指标

就排序方法的全面性能而言，很难提出一种被认为是最好的方法。目前，评价排序算法好坏的标准主要有以下两点。

1．执行时间

对于排序操作，时间主要消耗在关键字之间的比较和数据的移动上（这里只考虑以顺序表方式存储待排序数据），排序算法的时间复杂度由这两个指标决定。因此可以认为，高效的排序算法的比较次数和移动次数都应该尽可能得少。

2．辅助空间

空间复杂度由排序算法所需的辅助空间决定。辅助空间是除了存放待排序数据占用的空间之外，执行算法所需要的其他存储空间。理想的空间复杂度为 $O(1)$，即算法执行期间所需要的辅助空间与待排序的数据量无关。

8.2 插入排序

插入排序的基本思想：每一趟将一个待排序的数据按其关键字的大小插入已经排好序的一组数据的适当位置，到所有待排序数据全部插入为止。

例如，打扑克牌在抓牌时要保证抓过的牌有序排列，则每抓一张牌，就插入合适的位置，直到抓完牌，即可得到一个有序序列。

可以选择不同的方法在已排好序的数据中寻找插入位置。根据查找方法的不同，有多种插入排序方法，这里仅介绍三种方法：直接插入排序、二分法插入排序和希尔排序。

8.2.1 直接插入排序

直接插入排序是一种最简单的排序算法，其基本思想是将待排序数据元素按其关键字大小插入已排好序的有序表中，从而得到一个新的、元素数量增 1 的有序表。

1. 基本思想

假设待排序序列存放在 $r[1 \cdots n]$ 中，排序过程的某一中间时刻 r 被划分成两个子区 $r[1 \cdots i-1]$ 和 $r[i \cdots n](1 < i \leqslant n)$，前者是已排好序的有序区，后者是当前未排序的部分，称其为无序区。直接插入排序的每趟操作是将当前无序区的开头元素 $r[i](1 < i \leqslant n)$ 插入有序区 $r[1 \cdots i-1]$ 中适当的位置，使 $r[1 \cdots i]$ 变为新的有序区，从而扩大有序区，减小无序区，如图 8.1 所示。

例 8.1 已知待排序数据的关键字序列为 $\{16,5,24,15,21,6\}$，请给出用直接插入排序法进行排序的过程。

如图 8.2 所示是直接插入排序的过程，括号中的元素为排好序的部分。

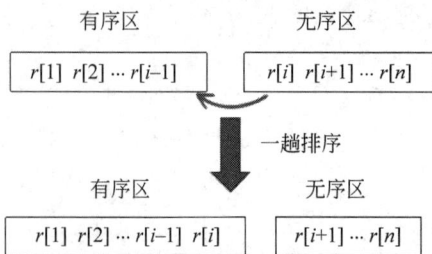

初始序列	(16)	5	24	15	21	6
第一趟插入	(5 | 16)	24	15	21	6
第二趟插入	(5	16	24)	15	21	6
第三趟插入	(5	15	16	24)	21	6
第四趟插入	(5	15	16	21	24)	6
第五趟插入	(5	6	15	16	21	24)

图 8.1 直接插入排序的过程 　　　　　图 8.2 直接插入排序过程

初始时，有序区只有一个元素 $r[1]$

$i=2 \cdots n$，共经过 $n-1$ 趟排序

2. 排序算法

根据上述基本思想，直接插入排序的算法如下。

```
def InsertSort(r):                    //对 r[1…n]按递增顺序进行直接插入排序
for i in range(2, len(r)):            //从元素 r[2]开始
if r[i] < r[i-1]:                     //反序时
tmp=r[i]                              //取出无序区的第一个元素
j=i-1                                 //在有序区 r[0..i-1]中向前找 r[i]的插入位置
while True:
r[j+1]=r[j]                           //将大于 tmp 的元素后移
j-=1                                  //继续向前比较
if j<1 or r[j]<=tmp: break            //若 j<1 或者 r[j]<=tmp,退出循环
r[j+1]=tmp                            //在 j+1 处插入 r[i]
```

3. 算法分析

直接插入排序由两重循环构成，对于具有 n 个元素的顺序表 r，外循环表示要进行 $n-1$（i 的取值为 $2 \sim n$）趟排序。在每一趟排序中，仅当待插入元素 $r[i]$ 小于无序区的尾元素时

(反序)才进入内循环,所以直接插入排序的时间性能与初始排序表相关。

1) 时间复杂度

从时间来看,排序的基本操作为比较两个关键字的大小和移动数据。

对于其中的某一趟插入排序,算法中内层的 for 循环次数取决于待插数据的关键字与前 $i-1$ 个记录的关键字之间的关系。其中,在最好的情况(正序:待排序序列中数据按关键字非递减有序排列)下,比较 1 次,不移动;在最坏的情况(待排序序列中数据按关键字非递增有序排列)下,比较 i 次,移动 $i+1$ 次。

整个排序过程需执行 $n-1$ 趟,最好情况下,总的比较次数达最小值 $n-1$,数据无须移动;最坏情况下,总的关键字比较次数和数据移动次数均达到最大值。由此可知,正序时直接插入排序中的比较次数和元素移动次数均达到最小值 $C_{\min}$ 和 $M_{\min}$。

$$C_{\min} = \sum_{i=1}^{n-1} 1 = n-1 = O(n), \quad M_{\min} = 0$$

最好情况下的时间复杂度为 $O(n)$。

逆序时直接插入排序中的比较次数和元素移动次数均达到最大值 $C_{\max}$ 和 $M_{\max}$。

$$C_{\max} = \sum_{i=1}^{n-1} i = \frac{n(n-1)}{2} = O(n^2)$$

$$M_{\max} = \sum_{i=1}^{n-1} (i+2) = \frac{(n-1)(n+4)}{2} = O(n^2)$$

最坏情况下的时间复杂度为 $O(n^2)$。

平均情况下的时间复杂度为 $O(n^2)$。

2) 空间复杂度

直接插入排序只需要一个记录的辅助空间 $r[0]$,所以空间复杂度为 $O(1)$。

算法特点如下。

(1) 稳定排序。

(2) 算法简单且容易实现。

(3) 也适用于链式存储结构,只是在单链表上无须移动数据,只须修改相应的指针。

(4) 更适合于初始数据基本有序(正序)的情况。

8.2.2　二分法插入排序

二分法插入排序每趟将元素 $r[i]$($1<i\leqslant n$)插入有序区 $r[1\cdots i-1]$ 中,可以采用折半查找方法先在 $r[1\cdots i-1]$ 中找到插入点,再通过移动元素进行插入,这样的插入排序称为二分法插入排序或折半插入排序。

1. 基本思想

在 $r[\text{low}\cdots\text{high}]$(初始 low=1,high=$i-1$)中采用折半查找方法找到 $r[i]$ 的插入点为 high+1,再将 $r[\text{high}+1\cdots i-1]$ 元素后移一个位置,并置 $r[\text{high}+1]=r[i]$,如图 8.3 所示。

2. 排序算法

```
def BinInsertSort(r):              //对 r[1…n]按递增顺序进行二分法插入排序
for i in range(1,len(r)):
```

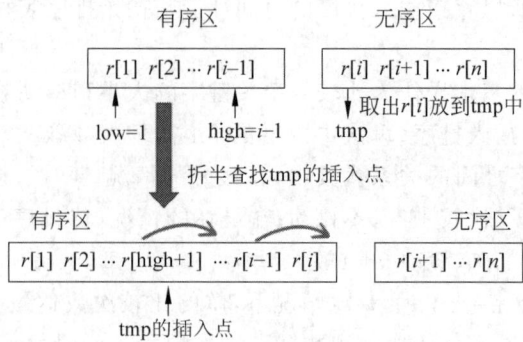

图 8.3　二分法插入排序的过程

```
if r[i]<r[i-1]:                           //反序时
tmp=r[i]                                   //将 r[i]保存到 tmp 中
low,high=1,i-1
while low<=high:                           //r[low…high]折半查找插入位置 high+1
mid=(low+high)/2                           //取中间位置
if tmp<r[mid]:
high=mid-1                                 //插入点在左区间
else:
low=mid+1                                  //插入点在右区间
for j in range(i-1,high,-1):
r[j+1]=r[j]                                //元素集中后移
r[high+1]=tmp                              //插入原来的 r[i]
```

3. 算法分析

从上述算法看到，在任何情况下排序中元素移动的次数与直接插入排序的相同，不同的仅是变分散移动为集中移动。

1）时间复杂度

从时间上比较，折半查找比顺序查找快，所以就平均性能来说，二分法插入排序优于直接插入排序。

二分法插入排序所需要的关键字比较次数与待排序序列的初始排列无关，仅依赖元素的个数。不论初始序列情况如何，在插入第 i 个元素时，都需要经过 $\log_2 i + 1$ 次比较，才能确定它应插入的位置。所以当元素的初始排列为正序或接近正序时，直接插入排序比二分法插入排序执行关键字比较的次数要少。

在平均情况下，二分法插入排序仅减少了关键字间的比较次数，而元素的移动次数不变。因此，二分法插入排序的时间复杂度仍为 $O(n^2)$。

2）空间复杂度

二分法插入排序所需附加存储空间和直接插入排序相同，只需要一个元素的辅助空间 $r[0]$，所以空间复杂度为 $O(1)$。

算法特点如下。

（1）稳定排序。

（2）因为要进行折半查找，所以只能用于顺序结构，不能用于链式结构。

（3）适合初始元素无序、n 较大的情况。

8.2.3 希尔排序

1. 基本思想

希尔排序是一种采用分组插入排序的方法。对 $r[1 \cdots n]$ 排序的基本思想是先取一个小于 n 的整数 d_1 作为第一个增量,将全部数据 r 分成 d_1 个组,所有相距 d_1 的数据为一组,再对各组数据进行直接插入排序;然后取第二个增量 $d_2(d_2 < d_1)$,重复上述分组和排序,直到增量 $d_i = 1(d_i < d_{i-1} < \cdots < d_2 < d_1)$,该趟排序完成即可使所有数据有序。

例 8.2 已知待排序数据的关键字序列为 $\{50, 36, 67, 98, 71, 14, 22, 45, 53, 07\}$,请给出用希尔排序法进行排序的过程(过程增量选取 5、3 和 1)。

如图 8.4 所示是希尔排序的过程。

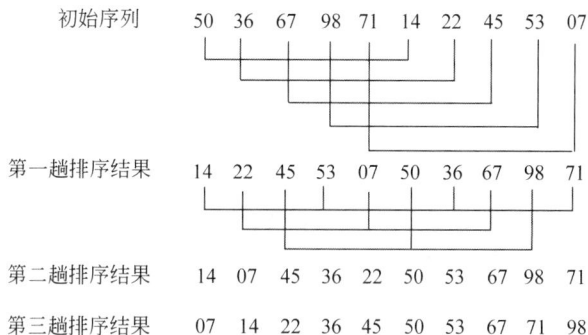

图 8.4　希尔排序的过程

（1）第一趟取增量 $d=5$,所有间隔为 5 的数据分在同一组,全部数据分成 5 组,在各组中分别进行直接插入排序,如第一趟排序结果所示。

（2）第二趟取增量 $d=3$,所有间隔为 3 的数据分在同一组,全部数据分成 3 组,在各组中分别进行直接插入排序,如第二趟排序结果所示。

（3）第三趟取增量 $d=1$,对整个序列进行一趟直接插入排序,排序完成,如第三趟排序结果所示。

2. 排序算法

取 $d_1 = n/2$,$d_{i+1} = d_i/2$ 时的希尔排序的算法如下。

```
def ShellSort(r):                        //对 r[1…n]按递增顺序进行希尔排序
d=len(r)/2                               //增量置初值
while d>0:
for i in range(d,len(r)):                //对所有相隔 d 位置的元素组采用直接插入排序
if r[i]<r[i-d]:                           //反序时
tmp=r[i]
j=i-d
while True:
r[j+d]=r[j]                              //将大于 tmp 的元素后移
j=j-d                                    //继续向前找
if j<0 or r[j]<=tmp:
break                                    //若 j<0 或者 r[j]<=tmp,退出循环
r[j+d]=tmp                               //在 j+d 处插入 tmp
d=d/2                                    //递减增量
```

3. 算法分析

1）时间复杂度

当增量大于 1 时，关键字较小的数据就不是一步一步地挪动，而是跳跃式地移动，从而使得在进行最后一趟增量为 1 的插入排序时，序列已基本有序。只要对数据进行少量比较和移动即可完成排序，因此希尔排序的时间复杂度较直接插入排序的低。希尔排序的时间性能分析是一个复杂的问题，因为它的时间是所取增量的函数，这涉及一些数学上尚未解决的难题。在增量选择合理的前提下，希尔排序的时间复杂度为 $O(n\log_2 n)\sim O(n^2)$。

2）空间复杂度

从空间来看，希尔排序和前面两种排序方法一样，也只需要一个辅助空间 $r[0]$，空间复杂度为 $O(1)$。

算法特点如下。

（1）元素跳跃式地移动导致排序方法是不稳定的。

（2）只能用于顺序结构，不能用于链式结构。

（3）增量序列可以有各种取法，但应该使增量序列中的值没有除 1 之外的公因子，并且最后一个增量值必须等于 1。

（4）元素总的比较次数和移动次数都比直接插入排序的要少，n 越大时，效果越明显。所以适合初始记录无序、n 较大时的情况。

8.3 交换排序

交换排序的基本思想是：两两比较待排序数据，若发现两个元素的顺序与排序要求相逆则交换这两个元素，直到待排序元素中没有逆序为止。选择比较对象的方法不同，对应地有不同的交换排序算法。常用的交换排序方法有冒泡排序和快速排序。

8.3.1 冒泡排序

1. 基本思想

冒泡排序（Bubble Sort）是从前向后依次取相邻的两个元素进行比较，如果前面的元素大于后面的元素，则两两交换；否则不交换。这样使关键字小的元素如气泡一般逐渐往上"漂浮"（左移），或者使关键字大的元素如石块一样逐渐向下"坠落"（右移）。这一过程称为一趟冒泡排序。

经过第一趟冒泡排序后，最大值移动到序列的最后位置；在除最大值之外的 $n-1$ 个元素中进行第二趟冒泡排序，将所有元素中的次大值移动到倒数第二的位置……以此类推，每一趟冒泡排序都有一个元素就位。一般情况下，n 个元素需要 $n-1$ 趟冒泡排序就可排好序列。若某趟冒泡过程中没有发生元素的交换，则说明元素已有序，即可结束排序。

例 8.3　已知待排序元素的关键字序列为 {49,38,65,97,76,13,27,50}，请给出用冒泡排序法进行排序的过程。

如图 8.5 所示是冒泡排序的过程。

待排序的元素总共有 8 个，但算法在第六趟排序过程中没有进行过交换元素的操作，则可结束排序。

初始序列	49	38	65	97	76	13	27	50
第一趟排序结果	38	49	65	76	13	27	50	**97**
第二趟排序结果	38	49	65	13	27	50	**76**	**97**
第三趟排序结果	38	49	13	27	50	**65**	**76**	**97**
第四趟排序结果	38	13	27	49	**50**	**65**	**76**	**97**
第五趟排序结果	13	27	38	**49**	**50**	**65**	**76**	**97**
第六趟排序结果	**13**	**27**	**38**	**49**	**50**	**65**	**76**	**97**

图 8.5　冒泡排序的过程

2. 排序算法

```
def BubbleSort(r):                    //对 r[1…n]按递增有序进行冒泡排序
for i in range(len(r)-1):
exchange=False                        //本趟前将 exchange 置为 False
for j in range(len(r)-1,i,-1):        //一趟中找出最小关键字的元素
if r[j]<r[j-1]:                       //反序时交换
r[j],r[j-1]=r[j-1],r[j]               //r[j]和 r[j-1]交换,将最小元素前移
exchange=True                         //本趟发生交换置 exchange 为 True
if exchange==False: return            //本趟没有发生交换,中途结束算法
```

3. 算法分析

1) 时间复杂度

最好情况(初始序列为正序):只需进行一趟排序,在排序过程中进行 $n-1$ 次关键字间的比较,且不移动元素。由此可知,正序时,冒泡排序中的比较次数和元素移动次数均达到最小值 $C_{\min}$ 和 $M_{\min}$。

$$C_{\min} = \sum_{i=0}^{n-2} i = n - 1 = O(n), \quad M_{\min} = 0$$

最好情况下的时间复杂度为 $O(n)$。

最坏情况(初始序列为逆序):需进行 $n-1$ 趟排序,逆序时直接插入排序中的比较次数和元素移动次数均达到最大值 $C_{\max}$ 和 $M_{\max}$。

$$C_{\max} = \sum_{i=0}^{n-2} (n-i-1) = \frac{n(n-1)}{2} = O(n^2)$$

$$M_{\max} = \sum_{i=0}^{n-2} 3(n-i-1) = \frac{3n(n-1)}{2} = O(n^2)$$

最坏情况下的时间复杂度为 $O(n^2)$。

2) 空间复杂度

冒泡排序只有在两个元素交换位置时需要一个辅助空间用于暂存元素,所以空间复杂度为 $O(1)$。

算法特点如下。

(1) 稳定排序。

(2) 可用于链式结构。

(3) 移动元素次数较多,算法的平均时间性能比直接插入排序差。当初始元素无序、n 较大时,此算法不宜采用。

8.3.2 快速排序

快速排序（Quick Sort）是由冒泡排序改进而得的。冒泡排序只对相邻的两个元素进行比较，因此每次交换两个相邻元素时，只能消除一个逆序排列。如果能通过两个（不相邻）元素的一次交换消除多个逆序排列，则会大幅加快排序的速度。快速排序方法中的一次交换可能消除多个逆序排列。

1. 基本思想

在待排序的 n 个元素中任取一个元素（通常取第一个元素）作为基准，经过一趟排序，把所有关键字小于基准的元素交换到前面（构成左子表），把所有关键字大于基准的元素交换到后面（构成右子表），将待排序元素分成两个子表，最后将基准放置在分界处。然后，分别对左、右子表重复上述过程，直至每一子表中只有一个元素时，排序完成。

例 8.4 已知待排序元素的关键字序列为 $\{49,38,66,97,76,15,27,\underline{49}\}$，请给出用快速排序法进行排序的过程。

如图 8.6 所示是快速排序的过程。

```
初始序列        49    38    66    97    76    15    27    49
第一趟排序结果   (27   38    15)   49    (76   97    66    49)
第二趟排序结果   (15)  27    (38)  49    (76   97    66    49)
第三趟排序结果   15    27    38    49    (49   66)   76    (97)
第四趟排序结果   15    27    38    49    49    (66)  76    97
```

图 8.6 快速排序的过程

整个快速排序的过程可递归进行。

2. 排序算法

```
def Partition1(r,s,t):              //划分算法
base=r[s]                           //以表首元素为基准
i,j=s,t
while i<j:                          //从表两端交替向中间遍历,直至 i=j 为止
while i<j and r[j]>=base:
j-=1                                //从后向前遍历,找一个小于基准的 r[j]
while i<j and r[i]<=base:
i+=1                                //从前向后遍历,找一个大于基准的 r[i]
if i<j:
r[i],r[j]=r[j],r[i]                 //将 r[i] 和 r[j] 进行交换
r[s],r[i]=r[i],r[s]                 //将基准 r[s] 和 r[i] 进行交换
return i
```

3. 算法分析

快速排序的主要时间耗费在划分上。在快速排序递归树中，每一层无论进行几次划分，参加划分的元素个数最多为 n，这样每一层的时间可以看成 $O(n)$。所以整个排序的时间取决于递归树的高度，不同的排序序列对应的递归树高度可能不同，所以快速排序的时间性能与初始排序表相关。

1）时间复杂度

最好情况：如果初始数据序列随机分布，使得每次划分恰好分为两个长度相同的子表，

此时递归树的高度最小,性能最好。

一般地,最好情况下递归树的高度为 $\log_2(n+1)$,每一层的时间为 $O(n)$,此时排序的时间复杂度为 $O(n\log_2 n)$。

最坏情况:在待排序序列已经排好序的情况下,其递归树成为单支树,每次划分只得到一个比上次少一个元素的子序列。

这时快速排序的速度已经退化到简单排序的水平,最坏情况下的时间复杂度为 $O(n^2)$。

2)空间复杂度

快速排序是递归的,执行时需要有一个栈来存放相应的数据。最大递归调用次数与递归树的深度一致,所以最好情况下的空间复杂度为 $O(\log_2 n)$,最坏情况下为 $O(n)$。

算法特点如下。

(1)元素非顺次的移动导致排序方法是不稳定的。

(2)排序过程中需要定位表的下界和上界,所以适用于顺序结构,很难用于链式结构。

(3)当 n 较大时,在平均情况下快速排序是所有内部排序方法中速度最快的一种,所以其适合初始元素无序、n 较大的情况。

8.4 选择排序

选择排序的基本思想是:每一趟排序从待排序的元素中选出最小或最大的元素,依次放在已经排序元素的适当位置,直到全部元素成为一个有序序列。根据选择最小值或最大值所采用的方法不同,可以得到升序或降序的元素序列。选择排序分为直接选择排序和堆排序。

8.4.1 简单选择排序

简单选择排序(Simple Selection Sort)也称作直接选择排序。

1. 基本思想

简单选择排序的基本思想是:第一趟排序从待排序元素 $r[1\cdots n]$ 中选出最小的元素与 $r[1]$ 交换,第二趟排序从待排序元素 $r[2\cdots n]$ 中选出最小的元素与 $r[2]$ 交换……第 $n-1$ 趟排序从待排序元素 $r[n-1\cdots n]$ 中选出最小的元素与 $r[n-1]$ 交换。进行 $n-1$ 趟排序,得到一个从小到大的有序序列。

例 8.5 已知待排序元素的关键字序列为 $\{48,18,36,77,12,25,6\}$,给出用简单选择排序进行排序的过程。

简单选择排序的过程如图 8.7 所示。

初始序列	48	18	36	77	12	25	6
第一趟排序结果	6	18	36	77	12	25	48
第二趟排序结果	6	12	36	77	18	25	48
第三趟排序结果	6	12	18	77	36	25	48
第四趟排序结果	6	12	18	25	36	77	48
第五趟排序结果	6	12	18	25	36	77	48
第六趟排序结果	6	12	18	25	36	48	77

图 8.7 简单选择排序的过程

2. 排序算法

```
def  SelectSort(r):              //对 r[1…n]元素进行简单选择排序
for i in range(len(r)-1):        //做第 i 趟排序
minj=i                           //minj 先置为区间中的首元素序号
for j in range(i+1,len(r)):      //从 r[i…n]中选最小元素 r[minj]
if R[j]<R[minj]:                 //与区间中其他元素比较
minj=j
if minj!=i:                      //r[minj]不是无序区首元素
r[i],r[minj]=r[minj],r[i]        //交换 r[i]和 r[minj]
```

3. 算法分析

1）时间复杂度

简单选择排序过程中，所需进行元素移动的次数较少。最好情况（正序）：不移动。最坏情况（关键字最大的元素位于数组第一个位置，其余元素正序）：移动 $3(n-1)$ 次。

然而无论初始数据序列的状态如何，在第 i 趟排序中选出最小元素，内 for 循环需做 $n-1-(i+1)+1=n-i-1$ 次比较，因此，总的比较次数为

$$C(n)=\sum_{i=0}^{n-2}(n-i-1)=\frac{n(n-1)}{2}=O(n^2)$$

因此，简单排序算法的时间复杂度均为 $O(n^2)$。

2）空间复杂度

选择排序同冒泡排序一样，只有在两个元素交换时需要一个辅助空间，所以空间复杂度为 $O(1)$。

算法特点如下。

（1）就选择排序方法本身来讲，它是一种稳定的排序方法，但例 8.5 所表现出来的现象是不稳定的，这是因为上述实现选择排序的算法采用"交换元素"的策略，改变这个策略，可以写出不产生"不稳定现象"的选择排序算法。

（2）可用于链式结构。

（3）移动元素次数较少，当每一元素占用的空间较多时，此方法比直接插入排序快。

8.4.2　堆排序

堆排序（Heap Sort）是通过建立一个堆来选出待排序元素中的最大值或最小值，然后把它交换到对应的位置来完成排序。

1. 基本思想

对于 n 个元素的序列 $\{k_1,k_2,\cdots,k_n\}$，当且仅当满足以下关系之一时，称之为堆。

（1）$k_i\geqslant k_{2i}$ && $k_i\geqslant k_{2i+1}$；

（2）$k_i\leqslant k_{2i}$ && $k_i\leqslant k_{2i+1}$，$i=1,2,\cdots,n/2$。

前者称为大根堆，后者称为小根堆。例如，序列$\{65,45,39,34,29,13,32,22,17\}$是一个大根堆，$\{10,22,17,28,24,36,54,74,80\}$是一个小根堆。

若将堆中的数据元素依次存放于一维数组中，并将此一维数组看作一棵完全二叉树的顺序存储结构，则堆可以看成一棵所有分支结点的值都不小于或不大于其左、右孩子结点的值的完全二叉树，根结点的值是最大的或最小的。

如图 8.8 与图 8.9 所示为上述大根堆和小根堆的完全二叉树的形式及其顺序存储结构。

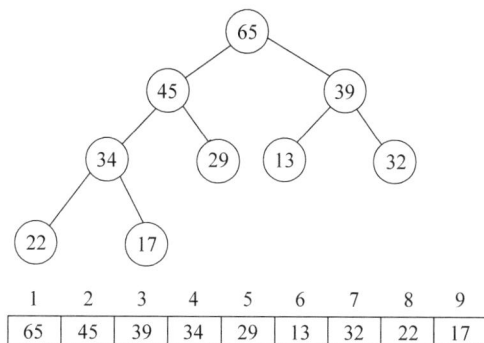

1	2	3	4	5	6	7	8	9
65	45	39	34	29	13	32	22	17

图 8.8　大根堆

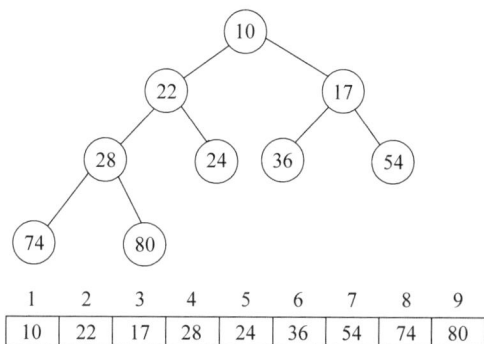

1	2	3	4	5	6	7	8	9
10	22	17	28	24	36	54	74	80

图 8.9　小根堆

2. 排序算法

堆排序的核心是筛选过程,其用于将这样的完全二叉树调整为大根堆:该完全二叉树的左、右子树都是大根堆,但加上根结点后不再是大根堆(称为筛选条件)。

假设 $r[low\cdots high]$ 为完全二叉树,其根结点为 $r[low]$,最后一个叶子结点为 $r[high]$,筛选为大根堆的过程是先将 i 指向根结点 $r[low]$,取出根结点 $tmp(tmp=r[i])$,j 指向它的左孩子$(j=2i+1)$,在 $i\leqslant high$ 时循环。

(1) 若 $r[i]$ 的右孩子$(r[j+1])$较大,则让 i 指向其右孩子(j 增 1),否则 i 不变,总之让 j 指向 $r[i]$ 的最大孩子。

(2) 若最大孩子 $r[i]$ 比双亲 $r[i]$ 大,则将较大的孩子 $r[i]$ 移到双亲 $r[i]$ 中(实际上是 $r[j]$ 和 $r[i]$ 交换,这里采用类似快速排序划分中的方法),这样可能破坏以 $r[j]$ 为子树的堆性质,于是继续筛选 $r[j]$ 的子树。

(3) 若最大孩子 $r[j]$ 比双亲 $r[i]$ 小,即 $r[i]$ 大于它的所有孩子,则说明已经满足堆性质,退出循环。

最后置 $r[i]=tmp$,将原根结点放到最终位置上。

上述筛选是从根向下进行的,称为自顶向下筛选,对应的算法如下。

```
def siftDown(r,low,high):          //r[low…high]的自顶向下筛选
    i=low
    j=2*i+1                         //r[j]是 r[i]的左孩子
```

```
tmp=r[i]                          //tmp 临时保存根结点
while j<=high:                     //只对 r[low..high]的元素进行筛选
if   j<high and r[j]<r[j+1]:
j+=1                              //若右孩子较大,把 j 指向右孩子
if tmp<r[j]:                      //tmp 的孩子较大
r[i]=r[j]                         //将 r[j]调整到双亲位置上
i,j=j,2*i+1                       //修改 i 和 j 值,以便继续向下筛选
else: break                       //若孩子较小,则筛选结束
r[i]=tmp                          //原根结点放入最终位置
```

例 8.6　已知待排序元素的关键字序列为{6,8,7,9,0,1,3,2,4,5},简述采用堆排序方法进行排序的过程。

在初始堆中根结点 9 是最大的结点,将其和堆中的最后一个结点 0 交换,输出 9,从而归位元素 9,得到第 1 趟的排序序列为{0,8,7,6,5,1,3,2,4,9},无序区中减少一个结点,再筛选(图 8.10 中画圈部分为筛选路径),产生次大元素 8,再归位 8。以此类推,直到堆中只有一个结点,其过程如图 8.10 所示,最后得到的排序序列为{0,1,2,3,4,5,6,7,8,9}。

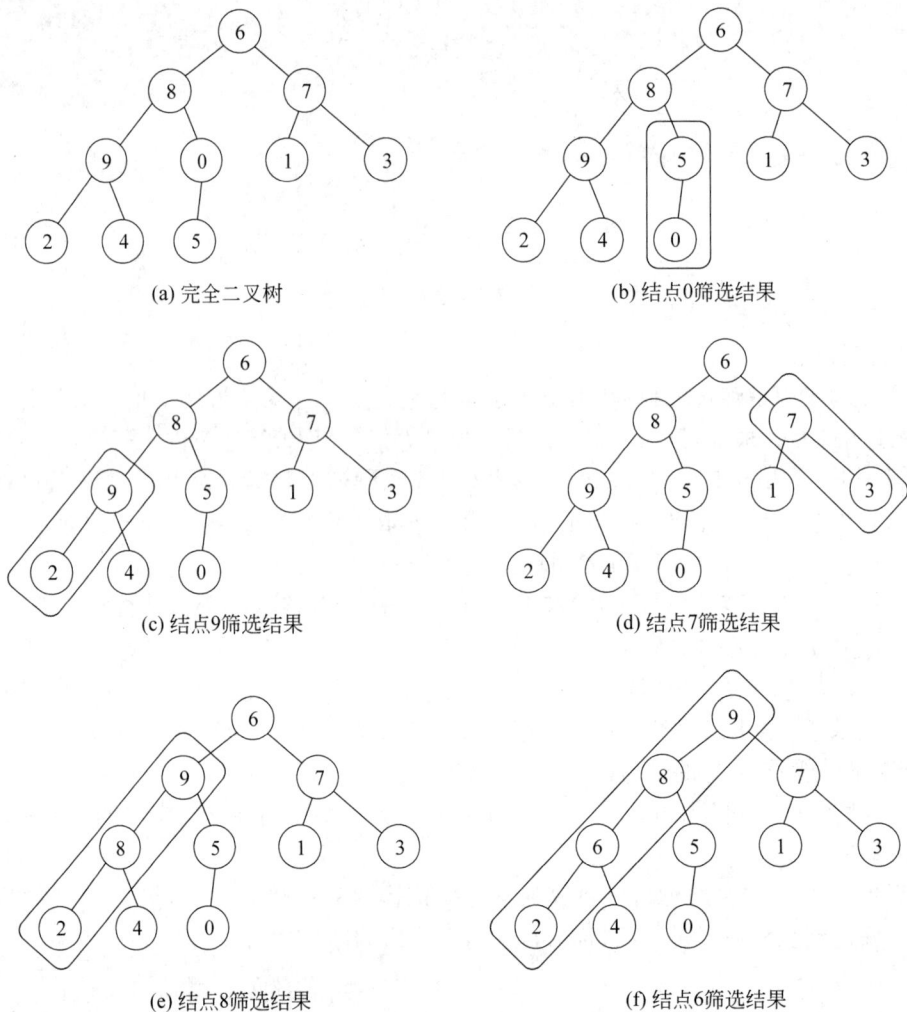

(a) 完全二叉树

(b) 结点0筛选结果

(c) 结点9筛选结果

(d) 结点7筛选结果

(e) 结点8筛选结果

(f) 结点6筛选结果

图 8.10　建立的初始堆

3. 算法分析

1）时间复杂度

堆排序的运行时间主要耗费在建初堆和调整堆时进行的反复筛选上。

设有 n 个元素的初始序列所对应的完全二叉树的深度为 h，建初堆时，每个非终端结点都要自上而下进行筛选。对高度为 h 的堆，一次筛选所需进行的关键字比较的次数至多为 $2(h-1)$；对 n 个关键字，所需进行的关键字比较的次数不超过 $4n$。调整"堆顶" $n-1$ 次，总共进行的关键字比较的次数不超过

$$2(\lfloor \log_2(n-1) \rfloor + \lfloor \log_2(n-2) \rfloor + \cdots + \log_2 2) < 2n(\lceil \log_2 n \rceil)$$

由此，堆排序在最坏的情况下，其时间复杂度也为 $O(n\log_2 n)$。

实验研究表明，堆排序的平均性能接近最坏性能。

2）空间复杂度

堆排序仅需一个记录大小供交换用的辅助存储空间，所以空间复杂度为 $O(1)$。

算法特点如下。

（1）是不稳定排序。

（2）只能用于顺序结构，不能用于链式结构。

（3）初始建堆所需的比较次数较多，因此元素数较少时不宜采用。堆排序在最坏情况下时间复杂度为 $O(n\log_2 n)$，相对于快速排序最坏情况下的 $O(n^2)$ 而言更有优势，当元素较多时较为高效。

8.5   归并排序

归并排序（Merge Sort）是通过归并来完成排序的。所谓归并，就是将两个或两个以上的有序数据序列合并成一个有序数据序列的过程。归并排序有二路归并和多路归并，二路归并一般用于内排序，多路归并一般用于外部磁盘数据排序。一般情况下，归并排序是指二路归并排序，它是最简单的一种归并排序。

1. 基本思想

二路归并排序的基本思想是：把待排序的 n 个元素看成 n 个长度为 1 的有序子序列，把这些子序列中相邻的子序列两两进行归并，得到各长度均为 2 的子序列。一趟归并完成后，有序子序列的个数减少一半，子序列的长度增加一倍。然后再将这些子序列两两进行归并，如此重复，经过多趟归并得到一个长度为 n 的有序序列。

例 8.7   已知待排序元素的关键字序列为 $\{86,91,45,25,76,28,5,58,16\}$，给出用归并排序进行排序的过程。

归并排序的过程如图 8.11 所示。

初始序列	86	91	45	25	76	28	5	58	16
第一趟排序结果	(86	91)	(25	45)	(28	76)	(5	58)	(16)
第二趟排序结果	(25	45	86	91)	(5	28	58	76)	(16)	
第三趟排序结果	(5	25	28	45	58	76	86	91)	(16)
第四趟排序结果	5	16	25	28	45	58	76	86	91

图 8.11   归并排序的过程

2. 排序算法

假设两个有序子表存放在同一数组中相邻的位置上，即为 $r[low\cdots mid]$ 和 $r[mid+1\cdots high]$，归并后得到 $r[low\cdots high]$ 的有序表，称 $r[low\cdots mid]$ 为第 1 段，$r[mid+1\cdots high]$ 为第 2 段。二路归并过程是先将它们有序合并到一个局部数组 r1 中，待合并完成后再将 r1 复制回 r 中。

对应的算法如下。

```python
def Merge(r,low,mid,high):          //r[low…mid…high]归并 r[low…high]
    r1=[None] * (high-low+1)        //分配临时归并空间 r1
    i,j,k=low,mid+1,0               //k 是 r1 的下标,i、j 分别为第 1、2 段的下标
    while i<=mid and j<=high:       //在第 1 段和第 2 段均未扫描完时循环
        if r[i]<=r[j]:              //将第 1 段中的元素放入 r1 中
            r1[k]=r[i]
            i,k=i+1,k+1
        else:                       //将第 2 段中的元素放入 r1 中
            r1[k]=r[j]
            j,k=j+1,k+1
    while i<=mid:                   //将第 1 段余下部分复制到 r1
        r1[k]=r[i]
        i,k=i+1,k+1
    while j<=high:                  //将第 2 段余下部分复制到 r1
        r1[k]=r[j]
        j,k=j+1,k+1
    r[low: high+1]=r1[0: high-low+1]  //将 r1 复制回 r 中
```

上述算法的时间复杂度和空间复杂度均为 $O(high-low+1)$，即和参与归并的元素个数呈线性关系。

3. 算法分析

1）时间复杂度

当有 n 个元素时，需进行 $\log_2 n$ 趟归并排序，每一趟归并的关键字比较次数不超过 n，元素移动次数都是 n。因此，归并排序的时间复杂度为 $O(n\log_2 n)$。

2）空间复杂度

用顺序表实现归并排序时，需要和待排序元素个数相等的辅助存储空间，所以空间复杂度为 $O(n)$。

算法特点如下。

（1）是稳定排序。

（2）可用于链式结构，且不需要附加存储空间，但递归实现时仍需要开辟相应的递归工作栈。

8.6 基数排序

基数排序和前面讨论的几种排序方法不同，前面的排序方法主要是通过关键字的比较和移动元素来完成排序，而基数排序是根据关键字的各数位，通过"分配"和"收集"的方法实现排序。基数排序中的基数就是进位记数制中的基数，如果待排序元素是十进制数，则基数

是 10,如果待排序元素是八进制数,则基数是 8。

1. 基本思想

基数排序(Radix Sort)的基本思想是:根据待排序元素的基数 r 分别建立 r 个队列:0,1,2,…,$r-1$。首先按待排序元素的最低位的值将 n 个元素分别放入对应的队列中(元素最低位的值就是其入队的队列号),然后按队列编号从小到大的顺序将队列中的元素收集起来,得到一个新的按最低位有序的元素序列。再按次低位的值将新序列中的 n 个元素分别放入对应的队列中,然后按队列编号从小到大的顺序将队列中的元素收集起来,又得到一个新的按次低位有序的元素序列……如此重复 m(m 为待排序元素的最大位数)次,直到全部元素有序。

例 8.8　已知待排序元素的关键字序列为{3,1,18,11,28,145,223,509,97,30,6},给出用基数排序进行排序的过程。

基数排序的过程如图 8.12 所示。

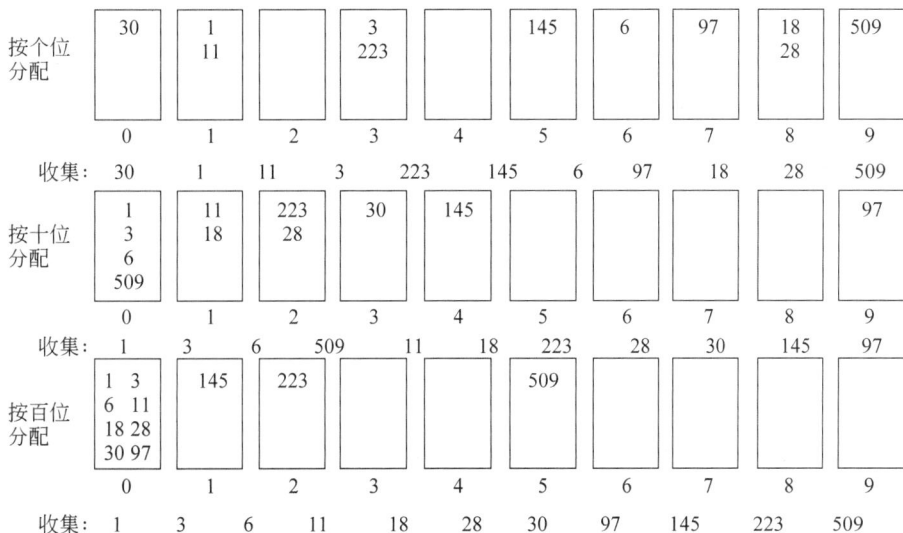

图 8.12　基数排序的过程

收集时按队列从小到大进行,同一队列中的元素先入队的先收集。

2. 排序算法

假设元素的关键字均为十进制($r=10$)正整数,最大位数为 d,按递增顺序的最低位优先基数排序算法如下。

```
def RadixSort(L,d,r):                //最低位优先基数排序算法
front=[None]*r                       //建立链队队头数组
rear=[None]*r                        //建立链队队尾数组
for i in range(d):                   //从低位到高位循环
for j in range(r):                   //初始化各链队首、尾指针
front[j]=rear[j]=None
p=L.head.next                        //p 指向单链表 L 的首结点
while p!=None:                       //分配:对于原链表中每个结点循环
k=geti(p.data,r,i)                   //提取结点关键字的第 i 个位 k
if front[k]==None:                   //第 k 个链队空时,队头队尾均指向 p 结点
```

```
        front[k]=p
        rear[k]=p
        else:                               //第 k 个链队非空时,p 结点进队
        rear[k].next=p
        rear[k]=p
        p=p.next                            //取下一个结点
        t=L.head                            //重新收集所有结点
        for j in range(r):                  //收集:对于每一个链队循环
        if front[j]!=None:                  //若第 j 个链队是第一个非空链队
        t.next=front[j]
        t=rear[j]
        t.next=None                         //尾结点的 next 置空
        return L
```

3. 算法分析

1）时间复杂度

对 n 个元素（假设每个元素含 d 个关键字,每个关键字的取值范围为 rd 个值）进行链式基数排序时,每一趟分配的时间复杂度为 $O(n)$,每一趟收集的时间复杂度为 $O(\mathrm{rd})$,整个排序需进行 d 趟分配和收集,所以时间复杂度为 $O(d(n+\mathrm{rd}))$。

2）空间复杂度

所需辅助空间为 2rd 个队列指针。另外,由于需用链表作为存储结构,则相对于其他以顺序结构存储元素的排序方法而言,链式基数排序还增加了 n 个指针域的空间,所以空间复杂度为 $O(n+\mathrm{rd})$。

算法特点如下。

（1）是稳定排序。

（2）可用于链式结构,也可用于顺序结构。

（3）时间复杂度可以突破基于关键字比较一类方法的下界 $O(n\log_2 n)$,达到 $O(n)$。

（4）基数排序对使用条件有严格的要求:需要知道各级关键字的主次关系和各级关键字的取值范围。

小结

本章介绍的各种排序方法各有其优缺点,很难定义哪种排序方法最好或最坏,在使用时要根据具体情况加以选择。首先对各种排序方法的性能进行比较,如表 8.1 所示列出了各种排序方法的时间复杂度、空间复杂度和稳定性。

表 8.1 各种排序方法性能比较

排 序 方 法	时间复杂度			空间复杂度	稳定性	复杂性
	平均情况	最坏情况	最好情况			
直接插入排序	$O(n^2)$	$O(n^2)$	$O(n)$	$O(1)$	稳定	简单
二分法插入排序	$O(n^2)$	$O(n^2)$	$O(n)$	$O(1)$	稳定	较复杂
希尔排序	$O(n^{1.3})$			$O(1)$	不稳定	较复杂

续表

排 序 方 法	时间复杂度			空间复杂度	稳定性	复杂性
	平均情况	最坏情况	最好情况			
冒泡排序	$O(n^2)$	$O(n^2)$	$O(n)$	$O(1)$	稳定	简单
快速排序	$O(n\log_2 n)$	$O(n^2)$	$O(n\log_2 n)$	$O(\log_2 n)$	不稳定	较复杂
简单选择排序	$O(n^2)$	$O(n^2)$	$O(n^2)$	$O(1)$	不稳定	简单
堆排序	$O(n\log_2 n)$	$O(n\log_2 n)$	$O(n\log_2 n)$	$O(1)$	不稳定	较复杂
归并排序	$O(n\log_2 n)$	$O(n\log_2 n)$	$O(n\log_2 n)$	$O(n)$	稳定	较复杂
基数排序	$O(d(n+rd))$	$O(d(n+rd))$	$O(d(n+rd))$	$O(n+rd)$	稳定	较复杂

从表 8.1 中可以看出:

(1) 快速排序、堆排序和归并排序的平均时间复杂度都是 $O(n\log 2n)$,但快速排序在最坏情况下的时间性能不如堆排序和归并排序,快速排序对数据的初始状态敏感,堆排序和归并排序对数据的初始状态不敏感。归并排序需要的辅助存储空间比堆排序大。

(2) 直接插入排序、二分法插入排序、冒泡排序和简单选择排序都属于简单的排序方法,除了简单选择排序是不稳定的,并且对数据的初始状态不敏感外,它们在其他方面的情况都是相似的,但其中也有一些细小的差别。二分法插入排序比直接插入排序的比较次数少,所以二分法插入排序的速度要比直接插入排序快。二分法插入排序和直接插入排序中元素移动的次数比冒泡排序少,所以速度比冒泡排序快。

因为不同的排序方法适应不同的应用环境和要求,所以选择合适的排序方法应综合考虑下列因素。

(1) 待排序的元素数目 n(问题规模)。

(2) 元素的大小(每个元素的规模)。

(3) 关键字的分布及其初始状态。

(4) 对稳定性的要求。

(5) 语言工具的条件。

(6) 内存限制。

(7) 时间复杂度和空间复杂度等。

没有哪一种排序方法是绝对好的,每一种排序方法都有其优缺点,适合不同的环境,因此在实际应用中应根据具体情况做选择。

(1) 当待排序的元素个数 n 较小时,n^2 和 $n\log_2 n$ 的差别不大,可选用简单的排序方法。而当关键字基本有序时,可选用直接插入排序或冒泡排序,排序速度很快,其中,直接插入排序最为简单常用,性能也最佳。

(2) 当 n 较大时,应该选用先进的排序方法。在先进的排序方法中,就平均时间性能而言,快速排序最佳,是目前基于比较的排序方法中最好的方法。但在最坏情况下,即当关键字基本有序时,快速排序的递归深度为 n,时间复杂度为 $O(n^2)$,空间复杂度为 $O(n)$。堆排序和归并排序不会出现快速排序的最坏情况,但归并排序的辅助空间较大。这样,当 n 较大时,具体选用的原则如下。

① 当关键字分布随机,对稳定性不做要求时,可采用快速排序。

② 当关键字基本有序,对稳定性不做要求时,可采用堆排序。

③ 当关键字基本有序,内存允许且要求排序稳定时,可采用归并排序。

（3）可以将简单的排序方法和先进的排序方法结合使用。例如,当 n 较大时,可以先将待排序序列划分成若干子序列分别进行直接插入排序,再利用归并排序将有序子序列合并成一个完整的有序序列。或者,在快速排序中,当划分子区间的长度小于某值时,可以转而调用直接插入排序算法。

（4）基数排序的时间复杂度也可写成 $O(d(n+r))$。因此,它最适用于 n 值很大而关键字较小的序列。若关键字也很大,而序列中大多数元素的"最高位关键字"均不同,则也可先按"最高位关键字"将序列分成若干"小"的子序列,而后进行直接插入排序。但基数排序有严格的使用条件:需要知道各级关键字的主次关系和各级关键字的取值范围,即只适用于整数和字符这类有明显结构特征的关键字,当关键字的取值范围为无穷集合时,无法使用基数排序。

（5）从方法的稳定性来看,基数排序是稳定的内部排序方法,所有时间复杂度为 $O(n^2)$ 的简单排序法也是稳定的,然而,快速排序、堆排序和希尔排序等时间性能较好的排序方法都是不稳定的。

一般来说,如果排序过程中的比较是在相邻的两个元素关键字间进行的,则排序方法是稳定的。值得提出的是,稳定性是由方法本身决定的,对不稳定的排序方法而言,不管其描述形式如何,总能举出一个不稳定的实例。反之,对稳定的排序方法,可能有的描述形式会引起不稳定,但总能找到一种可不引起不稳定的描述形式。由于大多数情况下排序是按元素的主关键字进行的,因此所用的排序方法是否稳定无关紧要。若排序按元素的次关键字进行,则必须采用稳定的排序方法。

学完本章后,读者应掌握与排序相关的基本概念,如关键字比较次数、数据移动次数、稳定性、内部排序、外部排序;深刻理解各种内部排序方法的基本思想、特点、实现方法及其性能分析,能从时间、空间、稳定性各方面对各种排序方法进行综合比较。

习题

一、选择题

1. 对同一待排序序列分别进行折半插入排序和直接插入排序,两者之间可能的不同之处是（　　）。

    A. 排序的总趟数　　　　　　　　　B. 元素的移动次数

    C. 使用辅助空间的数量　　　　　　D. 元素之间的比较次数

2. 设有 1000 个无序的整数,希望用最快的速度挑选出其中前 10 个最大的元素,最好选用（　　）方法。

    A. 冒泡排序　　　B. 简单选择排序　　　C. 堆排序　　　　D. 直接插入排序

3. 从未排序序列中依次取出元素与已排序序列(初始时为空)中的元素进行比较,将其放入已排序序列的正确位置,这种排序方法称为（　　）。

    A. 归并排序　　　B. 冒泡排序　　　C. 插入排序　　　D. 选择排序

4. 从未排序序列中挑选元素,并将其依次插入已排序序列(初始时为空)末端的方法,称为( )。

 A. 归并排序　　　　 B. 冒泡排序　　　　 C. 插入排序　　　　 D. 选择排序

5. 对 n 个不同的关键字由小到大进行冒泡排序,在( )情况下比较的次数最多。

 A. 元素从小到大排列好的　　　　　　 B. 元素从大到小排列好的

 C. 元素无序的　　　　　　　　　　　 D. 元素基本有序的

6. 快速排序在( )的情况下最易发挥其长处。

 A. 被排序的数据中有多个相同排序码

 B. 被排序的数据已基本有序

 C. 被排序的数据完全无序

 D. 被排序的数据中的最大值和最小值相差悬殊

7. 一组元素的关键字为{45,80,55,40,42,85},利用堆排序的方法建立的初始堆为( )。

 A. {80,45,55,40,42,85}　　　　　 C. {85,80,55,40,42,45}

 B. {85,80,55,45,42,40}　　　　　 D. {85,55,80,42,45,40}

8. 下列排序算法中,( )是稳定的。

 A. 堆排序,冒泡排序　　　　　　　　 B. 快速排序,堆排序

 C. 直接选择排序,归并排序　　　　　 D. 归并排序,冒泡排序

9. 若需在 $O(n\log_2 n)$ 的时间内完成对数组的排序,且要求排序是稳定的,则可选择的排序方法为( )。

 A. 快速排序　　　　 B. 堆排序　　　　 C. 归并排序　　　　 D. 直接插入排序

10. 下列排序算法中,在待排序数据已有序时,花费时间反而最多的是( )排序。

 A. 冒泡排序　　　　 B. 希尔排序　　　　 C. 快速排序　　　　 D. 堆排序

二、简答题

1. 直接插入排序算法在含有 n 个元素的初始数据正序、反序和数据全部相等时的时间复杂度各是多少?

2. 二分法插入排序和直接插入排序的平均时间复杂度都是 $O(n^2)$,为什么一般情况下二分法插入排序要好于直接插入排序?

3. 希尔排序算法每一趟都对各组采用直接插入排序算法,为什么希尔排序算法比直接插入排序算法的效率更高?试举例说明之。

4. 采用什么方法可以改善快速排序算法最坏情况下的时间性能?

5. 在基数排序过程中用队列暂存排序的元素,是否可以用栈来代替队列?为什么?

三、算法设计题

1. 在堆排序中,通常使用最大堆或最小堆。讨论使用最大堆和最小堆在堆排序中的区别,并解释为什么最大堆通常用于构建降序排序的算法。

2. 设计一个随机化的快速排序算法,该算法在每次递归调用时都随机选择一个基准元素,讨论这种随机化如何减少最坏情况 $O(n^2)$ 发生的概率。

3. 设计一个插入排序的变种,该变种在每次插入元素时,不仅将其插入已排序部分的正确位置,还检查相邻的元素,如果相邻元素是逆序的,则交换它们。这种优化在何种情况

下可能提高排序效率?

4. 以单链表为存储结构,编写直接选择排序算法。

5. 设计一个算法,实现双向冒泡排序,即在排序过程中交替改变数据元素的扫描方向。

四、应用题

1. 假设待排序的关键字序列为{13,4,17,31,29,15,26,7,19,82},试分别写出使用以下排序方法,每趟排序结束后关键字序列的状态。

(1) 直接插入排序。

(2) 二分法插入排序。

(3) 希尔排序(增量选取 5、3 和 1)。

(4) 冒泡排序。

(5) 快速排序。

(6) 直接选择排序。

(7) 堆排序。

(8) 归并排序。

(9) 基数排序。

2. 请利用网络搜索近 5 年全国各省水稻产量,并按产量进行排名。请谈谈对该数据的看法和认识。

附录 A 实　　验

实验 1　顺序表的基本操作

一、实验目的

(1) 熟悉线性表的顺序表示。

(2) 掌握顺序表的基础操作,包括插入和删除。

二、实验原理

线性表的顺序表示指的是用一组地址连续的存储单元依次存储线性表的元素,可通过数组的形式来实现。

三、实验设备与环境

可安装 Python IDLE 的计算机一台。

Python 3.9。

四、实验内容

(1) 对顺序表进行类型定义。

(2) 初始化顺序表(不为空,初始化时可放入多个数据)。

(3) 在 i 位置插入一个元素,依次输出线性表中的所有元素。

(4) 删除 i 位置的元素,依次输出线性表中的所有元素。

五、实验步骤(**Python 源代码**)

```python
class SqList:
    def __init__(self, maxsize=50):
        self.elem = [0] * maxsize   #初始化一个包含 maxsize 个 0 的列表
        self.length = 0

    def initlist(self, init_values=[0, 1, 2, 3, 4, 5, 6]):
        for e in init_values:
            self.append(e)

    def insert(self, i, e):
        if i < 1 or i > self.length+1:
            return
        if self.length == len(self.elem):
            return
        self.elem[i:self.length+1] = self.elem[i-1:self.length]
        #将 i 位置及之后的元素向后移动一位
```

```
                self.elem[i-1] = e
                self.length += 1

            def delete(self, i):
                if i < 1 or i > self.length:
                    return
                self.elem[i-1:self.length-1] = self.elem[i:self.length]
                #将 i 位置之后的元素向前移动一位
                self.length -= 1

            def append(self, e):
                if self.length < len(self.elem):
                    self.elem[self.length] = e
                    self.length += 1

            def __str__(self):
                return ' '.join(map(str, self.elem[:self.length]))

    def main():
        Li = SqList()
        Li.initlist()
        print("顺序表中的原始数据: ", Li)
        Li.insert(2, 9)
        print("在顺序表的第 2 个位置插入 9: ", Li)
        Li.delete(4)
        print("删除顺序表的第 4 个元素: ", Li)

    if __name__ == "__main__":
        main()
```

测试样例如下。

第一组：

输入：在顺序表初始化时，输入了原始数据 init_values＝[0,1,2,3,4,5,6]。

输出：

(1) 顺序表中的原始数据。

(2) 在顺序表中的第 2 个位置插入 9 之后的顺序表中数据。

(3) 删除顺序表的第 4 个元素之后的顺序表中数据。

运行界面如图 A.1 所示。

图 A.1　运行界面 1

第二组：

输入：在顺序表初始化时，输入了原始数据 init_values＝[]。

输出：

（1）顺序表中的原始数据。

（2）在顺序表中的第 1 个位置插入 8 之后的顺序表中数据。

（3）删除顺序表的第 1 个元素之后的顺序表中数据。

运行界面如图 A.2 所示。

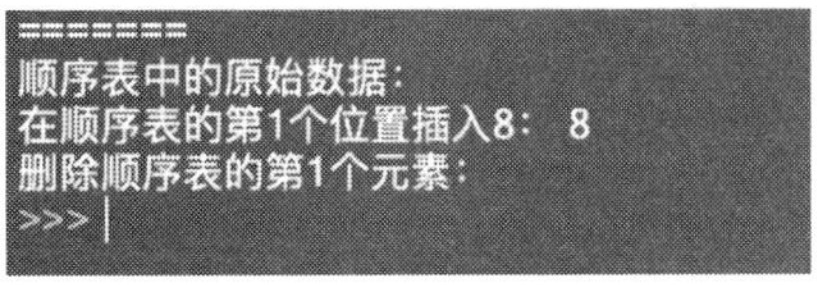

图 A.2　运行界面 2

实验 2　链表的基本操作

一、实验目的

（1）熟悉线性表的链式存储。

（2）掌握链表的基础操作，包括插入和删除。

二、实验原理

线性表的链式存储指的是用一组任意的存储单元存储线性表的数据元素，这组存储单元可以是连续的，也可以是不连续的。

三、实验设备与环境

可安装 Python IDLE 的计算机一台。

Python 3.9。

四、实验内容

（1）对链表进行类型定义。

（2）初始化链表（不为空，初始化时可放入多个数据）。

（3）在 i 位置插入一个元素，依次输出线性表中的所有元素。

（4）删除 i 位置的元素，依次输出线性表中的所有元素。

五、实验步骤（**Python** 源代码）

```python
class LNode:
    def __init__(self, data=None):
        self.data = data
        self.next = None


class LinkList:
    def __init__(self):
        self.head = LNode()   #头结点,其数据域记录链表的长度
        self.head.data = 0
```

```python
        self.head.next = None

    def get_elem(self, i):
        """获取链表中第 i 个位置的结点"""
        p = self.head
        j = 0
        while p and j < i - 1:
            p = p.next
            j += 1
        return p

    def insert(self, i, e):
        """在第 i 个位置插入元素 e"""
        p = self.head
        j = 0
        while p and j < i - 1:
            p = p.next
            j += 1
        s = LNode(e)
        s.next = p.next
        p.next = s
        self.head.data += 1

    def delete(self, i):
        """删除第 i 个位置的结点"""
        p = self.head
        j = 0
        while p and j < i - 1:
            p = p.next
            j += 1
        if p and p.next:
            s = p.next
            p.next = s.next
            del s
            self.head.data -= 1

    def print_list(self):
        """打印链表"""
        p = self.head.next
        while p:
            print(f"{p.data:4d}", end="")
            p = p.next
        print()

def main():
    li = LinkList()
    li.insert(1, 1)
    li.insert(2, 2)
```

```
        li.insert(3, 3)
        li.insert(4, 4)

        print("原始链表: ",end="")
        li.print_list()

        print("在第 2 个位置插入元素 7: ",end="")
        li.insert(2, 7)
        li.print_list()

        print("删除第 4 个位置上元素: ",end="")
        li.delete(4)
        li.print_list()

if __name__ == "__main__":
    main()
```

测试样例如下。

第一组:

输入:通过多次调用插入函数,建立了原始链表,值为 1,2,3,4。

输出:

(1) 原始链表中的数据值。

(2) 在第 2 个位置插入元素 7 之后的链表中数据。

(3) 删除链表的第 4 个位置上元素之后的链表中数据。

运行界面如图 A.3 所示。

图 A.3　运行界面 1

第二组:

输入:通过多次调用插入函数,建立了原始链表,值为 1,2,3,4,5,6。

输出:

(1) 原始链表中的数据值。

(2) 在第 7 个位置插入元素 7 之后的链表中数据。

(3) 删除链表的第 1 个位置上元素之后的链表中数据。

运行界面如图 A.4 所示。

图 A.4　运行界面 2

实验 3 利用顺序栈实现数制转换

一、实验目的

(1) 掌握堆栈的顺序存储表示。

(2) 掌握与该算法相关的堆栈的一些基本操作。

(3) 熟悉数制转换的基本思想。

二、实验原理

栈是一种特殊的线性表，它只能在表尾（栈顶）进行插入和删除运算。表尾称为栈顶（top），表头称为栈底（bottom）。栈的修改是按后进先出的原则进行的。

三、实验设备与环境

可安装 Python IDLE 的计算机一台。

Python 3.9。

四、实验内容

借助几个基本堆栈的函数原型来实现数值转换，即将一个十进制数转换为一个二进制数输出。

五、实验步骤（**Python 源代码**）

```python
class SqStack:
    def __init__(self):
        self.base = []           #使用 Python 列表作为栈的底层存储
        self.top = 0             #栈顶指针,表示栈中元素的数量
        self.stacksize = 100     #栈的大小

    def is_empty(self):
        return self.top == 0
    def is_full(self):
        return self.top==self.stacksize-1;

    def Push(self, e):
        if self.is_full():
            raise Exception("Stack is Full")
        self.base.append(e)
        self.top += 1

    def Pop(self):
        if self.is_empty():
            raise Exception("Stack is empty")
        e = self.base[-1] #列表中最后一个元素的下标为-1
        self.base.pop()
```

```
        '''pop()函数用于从列表中移除并返回指定位置上的元素。
            如果没有提供索引参数,则默认删除最后一个元素。'''
        self.top -= 1
        return e

def conversion():
    #stack_int_size = 100;
    s = SqStack()
    n = int(input("n(>=0)="))
    if n==0:
    s.Push(n)
    while n > 0:
        s.Push(n % 2)
        n //= 2
    while not s.is_empty():
        print(s.Pop(), end='')
    print()

#主函数
if __name__ == "__main__":
    conversion()
```

测试样例如下。

第一组:

输入: 9999。

输出: 10011100001111。

运行界面如图 A.5 所示。

图 A.5　运行界面 1

第二组:

输入: 0。

输出: 0。

运行界面如图 A.6 所示。

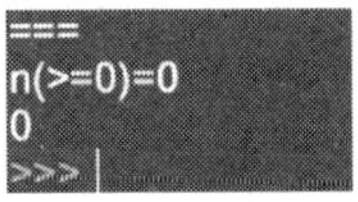

图 A.6　运行界面 2

实验 4　二叉树的建立及递归遍历

一、实验目的

（1）熟悉二叉树的二叉链表存储。

（2）掌握二叉树的三种遍历方式：先序、中序和后序。

二、实验原理

因为二叉树的每个结点至多只有两棵子树，且均为二叉树，所以二叉树具有递归结构，其建立和遍历都可采用递归方式。

三、实验设备与环境

可安装 Python IDLE 的计算机一台。
Python 3.9。

四、实验内容

（1）对二叉树的结点进行类型定义。

（2）输入一个根结点，若输入的是一个"#"字符，则表明该二叉树为空树，即 T 为 NULL；否则输入的该字符赋给 T->data，之后依次递归建立它的左子树 T->lchild 和右子树 T->rchild。

（3）对输入的二叉树进行三种序列的递归遍历，并输出其遍历序列。

五、实验步骤（Python 源代码）

```python
class BitreeNode:
    def __init__(self, data):
        self.data = data
        self.lchild = None
        self.rchild = None

def CreateTree():
    ch = input("输入字符(输入#表示空结点)：")
    if ch == '#':
        return None
    else:
        T = BitreeNode(ch)
        T.lchild = CreateTree()
        T.rchild = CreateTree()
        return T

def XianTraverse(bt):
    if bt is None:
        return
    else:
        print(f"{bt.data:4}", end='')
        XianTraverse(bt.lchild)
        XianTraverse(bt.rchild)

def ZhongTraverse(bt):
    if bt is None:
        return
```

```
        else:
            ZhongTraverse(bt.lchild)
            print(f"{bt.data:4}", end='')
            ZhongTraverse(bt.rchild)

def HouTraverse(bt):
    if bt is None:
        return
    else:
        HouTraverse(bt.lchild)
        HouTraverse(bt.rchild)
        print(f"{bt.data:4}", end='')

if __name__ == "__main__":
    bt = CreateTree()
    print("先序遍历序列为: ", end='')
    XianTraverse(bt)
    print()
    print("中序遍历序列为: ", end='')
    ZhongTraverse(bt)
    print()
    print("后序遍历序列为: ", end='')
    HouTraverse(bt)
    print()
```

测试样例如下。

第一组：

输入：ABD＃＃＃CE＃＃F＃＃。

输出：生成的二叉树如图 A.7 所示。

(1) 先序遍历序列为：A B D C E F。

(2) 中序遍历序列为：D B A E C F。

(2) 后续遍历序列为：D B E F C A。

运行界面如图 A.8 所示。

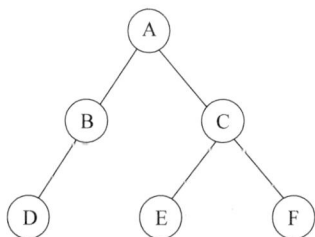

图 A.7　生成的二叉树 1

图 A.8　运行界面 1

第二组：

输入：ABC＃＃DE＃＃＃＃。

输出：生成的二叉树如图 A.9 所示。

(1) 先序遍历序列为：A B C D E。

(2) 中序遍历序列为：C B E D A。

(3) 后续遍历序列为：C E D B A。

运行界面如图 A.10 所示。

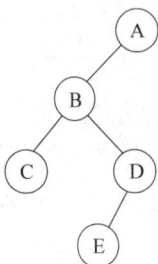

图 A.9　生成的二叉树 2

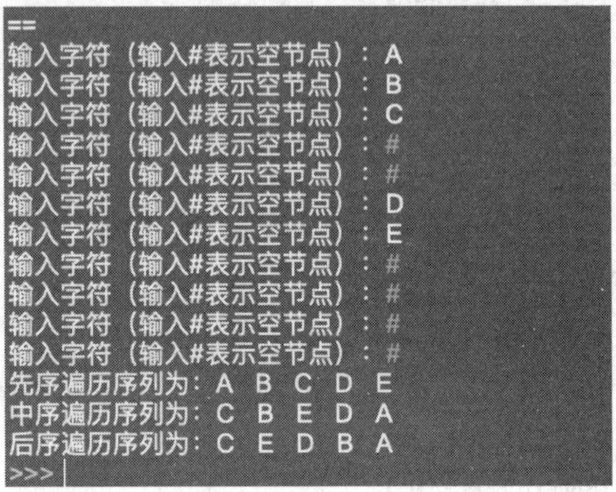

图 A.10　运行界面 2

实验 5　二叉树的应用

一、实验目的

利用递归算法求二叉树的高度及叶子结点总数。

二、实验原理

二叉树具有递归结构，其高度和叶子结点数都可通过递归方式计算。

三、实验设备与环境

可安装 Python IDLE 的计算机一台。

Python 3.9。

四、实验内容

(1) 建立二叉树(参照实验 4)。

(2) 求二叉树的高度并输出。

(3) 求二叉树的叶子结点总数，并输出。

五、实验步骤（Python 源代码）

```
class BitreeNode:
```

```
    def __init__(self, data):
        self.data = data
        self.lchild = None
        self.rchild = None

def CreateTree():
    ch = input("输入字符(输入#表示空结点): ")
    if ch == '#':
        return None
    else:
        T = BitreeNode(ch)
        T.lchild = CreateTree()
        T.rchild = CreateTree()
        return T

def Depth(T):    #求树的深度
    if T is None:
        return 0
    else:
        m = Depth(T.lchild)
        n = Depth(T.rchild)
        return max(m, n) + 1

def Countnode(T):    #求结点总数
    if T is None:
        return 0
    else:
        return Countnode(T.lchild) + Countnode(T.rchild) + 1

def main():
    bt = CreateTree()
    print("树的深度为: ", Depth(bt))
    print("树中的结点数为: ", Countnode(bt))

#直接运行 main 函数
if __name__ == "__main__":
    main()
```

测试样例如下。

第一组：

输入：ABD＃＃＃CE＃＃F＃＃。

输出：生成的二叉树如图 A.11 所示。

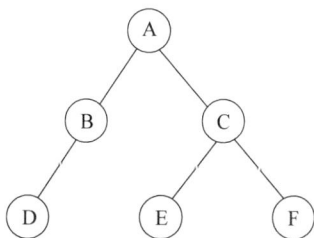

图 A.11 生成的二叉树 1

（1）树的深度为：3。

（2）树中的结点数为：6。

运行界面如图 A.12 所示。

第二组：

输入：ABC＃＃DE＃＃＃＃。

输出：生成的二叉树如图 A.13 所示。

图 A.12　运行界面 1

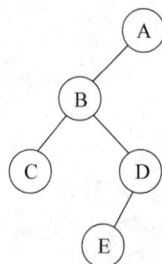

图 A.13　生成的二叉树 2

（1）树的深度为：4。

（2）树中的结点数为：5。

运行界面如图 A.14 所示。

图 A.14　运行界面 2

实验 6　折半插入排序算法的实现

一、实验目的

掌握折半插入排序算法的实现。

二、实验原理

折半插入排序是对插入排序算法的一种改进，排序算法过程中，就是不断地依次将元素插入前面已排好序的序列中。由于前半部分为已排好序的数列,这样我们不用按顺序依次寻找插入点,可以采用折半查找的方法来加快寻找插入点的速度。

三、实验设备与环境

可安装 Python IDLE 的计算机一台。

Python 3.9。

四、实验内容

(1) 建立顺序表。

(2) 往顺序表中插入任意的数据,依次输出。

(3) 利用折半插入算法进行排序,依次输出有序数据。

五、实验步骤(**Python 源代码**)

```python
maxsize = 50

class Record:
    def __init__(self, key):
        self.key = key

class SqList:
    def __init__(self):
        self.r = [0] * (maxsize + 1)        #额外一个位置用作哨兵
        self.r[0] = 0                        #初始化哨兵
        self.length = 0

    def insert(self, e):
        if self.length == maxsize:
            return
        self.r[self.length + 1] = e
        self.length += 1

    def b_insert_sort(self):
        for i in range(2, self.length + 1):
            e = self.r[i]
            low, high = 1, i - 1
            while low <= high:
                mid = (low + high) / 2
                if e < self.r[mid]:
                    high = mid - 1
                else:
                    low = mid + 1
            for j in range(i - 1, high, -1):
                self.r[j + 1] = self.r[j]
            self.r[high + 1] = e

def main():
    ll = SqList()
```

```
count = int(input("顺序表中的数据个数："))
for i in range(1, count + 1):
    e = int(input(f"第{i}个元素："))
    ll.insert(e)

print("顺序表中的原始数据依次为：", end="        ")
for i in range(1, ll.length + 1):
    print(f"{ll.r[i]:3d}", end=" ")
print()

print("进行插入排序后顺序表中的数据依次为：", end=" ")
ll.b_insert_sort()
for i in range(1, ll.length + 1):
    print(f"{ll.r[i]:3d}", end=" ")
print()

if __name__ == "__main__":
    main()
```

测试样例如下。

第一组：

输入：

顺序表中的数据个数：5

第 1 个元素：3

第 2 个元素：4

第 3 个元素：8

第 4 个元素：1

第 5 个元素：9

输出：

（1）顺序表中的原始数据依次为：3 4 8 1 9。

（2）进行插入排序后顺序表中的数据依次为：1 3 4 8 9。

运行界面如图 A.15 所示。

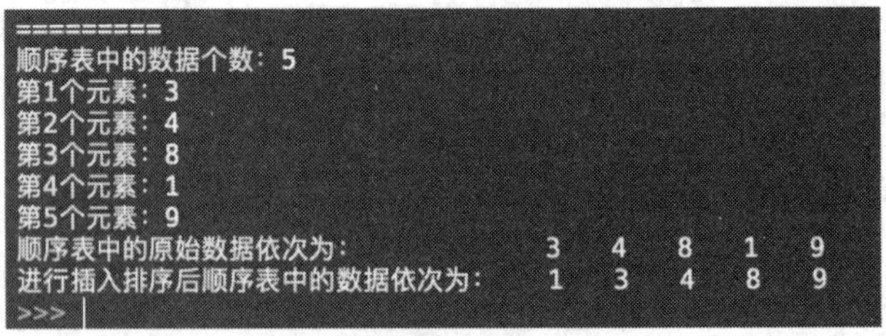

图 A.15　运行界面 1

第二组：

输入：

顺序表中的数据个数：2

第 1 个元素：8

第 2 个元素：6

输出：

（1）顺序表中的原始数据依次为：8 6。

（2）进行插入排序后顺序表中的数据依次为：6 8。

运行界面如图 A.16 所示。

```
顺序表中的数据个数：2
第1个元素：8
第2个元素：6
顺序表中的原始数据依次为：        8  6
进行插入排序后顺序表中的数据依次为：  6  8
>>>
```

图 A.16　运行界面 2

参 考 文 献

[1] 李冬梅,曲锦涛. 数据结构 Python 版[M]. 北京：人民邮电出版社,2021.

[2] 李粤平,王梅. 数据结构(Python 语言描述)(微课版)[M]. 北京：人民邮电出版社,2020.

[3] 王硕,董文馨,张舒行,等. Python 算法设计与分析[M]. 北京：人民邮电出版社,2020.

[4] 李冬梅. 数据结构(Python 版)[M]. 北京：人民邮电出版社,2022.

[5] 张光河. 数据结构：Python 语言描述[M]. 北京：人民邮电出版社,2018.

[6] 李春葆. 数据结构教程(Python 语言描述)[M]. 北京：清华大学出版社,2020.

[7] 严蔚敏,李冬梅,吴伟民. 数据结构(C 语言版)[M]. 2 版. 北京：人民邮电出版社,2022.

[8] 吕云翔,郭颖美,孟爻. 数据结构(Python 版)[M]. 北京：清华大学出版社,2019.

[9] 陈越,何钦铭. 数据结构(Java 语言描述)[M]. 北京：高等教育出版社,2019.

[10] 严蔚敏,李冬梅,吴伟民. 数据结构[M]. 北京：人民邮电出版社,2019.

[11] 程杰. 大话数据结构[M]. 北京：清华大学出版社,2019.

[12] 李春葆. 数据结构教程[M]. 北京：清华大学出版社,2022.

[13] 朱保平,俞研. 数据结构[M]. 北京：北京理工大学出版社,2021.

[14] 邵斌,叶星火,樊艳芬,等. 数据结构[M]. 北京：清华大学出版社,2018.

[15] 清华大学出版社. 数据结构[EB/OL]. [2021-01-25]. http://www.tup.tsinghua.edu.cn/ booksCenter/ book_07882201. html.

[16] 裘宗燕. 数据结构与算法：Python 语言实现[M]. 北京：机械工业出版社,2022.

[17] 卢西亚诺·拉马略. 流畅的 Python[M]. 安道,吴珂,译. 北京：人民邮电出版社,2017.

[18] 蒋理,魏瑾,崔松健. 数据结构(Python＋Java)(微课版)[M]. 北京：人民邮电出版社,2024.